Führung und Gefühl

Eva-Maria Lewkowicz

Beate West-Leuer

(Hrsg.)

Führung und Gefühl

Mit Emotionen zu Authentizität und Führungserfolg

 Springer

Herausgeber
Eva-Maria Lewkowicz
Düsseldorf

Beate West-Leuer
Neuss

ISBN 978-3-662-48919-2   ISBN 978-3-662-48920-8(eBook)
DOI 10.1007/978-3-662-48920-8

Die Deutsche Nationalbibliothek verzeichnet diese Publikation in der Deutschen Nationalbibliografie; detaillierte bibliografische Daten sind im Internet über ▶ http://dnb.d-nb.de abrufbar.

Umschlaggestaltung: deblik Berlin
Satz: Crest Premedia Solutions (P) Ltd., Pune, India

Springer-Verlag ist Teil der Fachverlagsgruppe Springer Science+Business Media
www.springer.com

Vorwort

Die Idee zu einer Veröffentlichung mit dem Titel »Führung und Gefühl« begleitet uns schon lange. Obwohl Top-Manager gerade in den letzten Jahren recht häufig mit negativen Schlagzeilen in der Öffentlichkeit erscheinen, erleben wir in unserer beruflichen Praxis tagtäglich ihr Ringen um einen »guten Weg«.

Der Entschluss zur Realisierung kam nach einem Vortrag von Marius Neukom am Institut für Psychodynamische Organisationsentwicklung und Personalmanagement Düsseldorf e.V. zum Thema »Angst als Antrieb in Management und Führung« und dem Kommentar von Daniel Vasella, dass Führungskräfte in Management- und Topmanagementfunktionen zu ganz außergewöhnlichen Übersprunghandlungen in der Lage seien, um den Stress, der sich aus der Verantwortung ergibt, nicht als Angst wahrnehmen zu müssen. »Zocken an der Börse« und »Bordellbesuche« sind für diese Art »Übersprung« besonders publikumswirksame Beispiele.

Unser Buch richtet sich an Führungskräfte, Berater und Coachs, die sich mit schnellen Antworten und Zuschreibungen nicht zufrieden geben und ein Interesse an der psychodynamischen Arbeits- und Lebensweise haben. **Es ist kein Buch für Feiglinge**, denn es konfrontiert die Leser auch mit den unangenehmen Seiten der Unternehmens- und Mitarbeiterführung. Wer sich traut, wird schnell merken, dass es sich lohnt. Der Gewinn ist ein Mehr an Lust im Arbeitsalltag durch ein Mehr an Authentizität. Denn Führungskräfte müssen nicht perfekt sein. Was ihnen jedoch hilft, ist realistisches Vertrauen zu sich selbst und zu anderen.

Ratgeber für das Management mit Personalverantwortung haben in der Regel den Tenor: Führen leicht gemacht. Wird Emotionalität berücksichtigt oder auch in den Mittelpunkt gestellt, so liegt ein behavioristisches Menschenbild zugrunde. Gefühle werden als willentlich steuer- und auch manipulierbar dargestellt. Fokussiert wird auf die Förderung positiver Gefühle, die eine charismatische Führungskraft zur Leistungssteigerung im Unternehmen nutzen kann.

Unser Projekt versucht den Paradigmenwechsel. Diskutiert werden reale Fallbeispiele. Führungskräfte im Management und Topmanagement werden mit ihren Stärken und Schwächen vorgestellt. Und es wird gezeigt, wie sich auch Schwächen in Stärken umwandeln lassen, wenn sie nicht verdrängt und ausagiert, sondern selbst-reflektiert und integriert werden. Denn Führungskräfte und Manager sind mehr als Funktionsträger. Sie sind Menschen mit ganz persönlichen beruflichen wie privaten Biographien, die zu einer (psycho-)dynamischen (Führungs-)Persönlichkeit verwoben sind.

Leserinnen und Leser unseres Buches lernen unterschiedliche, auch unangenehme und destruktive Gefühle in ihren Wirkzusammenhängen kennen. Dieses Verständnis hilft, die Risiken zu erkennen, zu verstehen und Strategien zu entwickeln, diese Risiken in Chancen umzuwandeln.

Dabei profitieren sie von den unterschiedlichen Sichtweisen eines interdisziplinären Autorenteams: Senior Coachs, Unternehmensführer sowie Wissenschaftler in den Disziplinen Betriebswirtschaftslehre, Neurowissenschaften und Psychoanalyse.

Authentische tiefenpsychologische Fallanalysen und Lösungsansätze lassen sich auf das eigene Unternehmen und die persönliche berufliche Situation übertragen. Als Folge werden die eigenen Emotionen so vorhersehbar und konstruktiv nutzbar.

Das zugrunde liegende Menschenbild ist ein psychodynamisches. Anders als andere Menschenbilder basiert dieses Menschenbild auf der Annahme eines Unbewussten und der Annahme, dass dieses Unbewusste (manchmal allzu) häufig bewirkt, dass nicht wir die Gefühle, sondern die Gefühle uns in unserem Denken und Handeln steuern. Das kann zur Folge haben, dass wir in eine Falle gehen, die ungeahnte Folgen hat. Also gilt es, sich auch mit den im Berufsleben weniger akzeptierten Seiten unserer Gefühlswelt auseinander zu setzen: Eros, Angst, Aggression, Neid, Scham und Trauer. Denn vermeiden lassen sie sich nicht. Das Buch zeigt aber auch, wie mit diesen Gefühlen umzugehen ist, damit sie nicht unkontrolliert Wirksamkeit entfalten, und trägt somit zu einer Erweiterung des Selbstverständnisses bei.

Entstanden ist ein Buch, das einem Konzept folgt. Es nähert sich den Gefühlen von außen, erklärt ihren Ursprung, verweist auf ihre Allgegenwärtigkeit, taucht ab in die Tiefendimensionen psychischen Geschehens, taucht wieder auf, um Hilfen im Umgang zu entwickeln, und endet mit dem Versuch einer Integration gesellschaftlicher Phänomene und Wechselwirkungen. Gleichzeitig sind alle Kapitel in sich geschlossene Essays, die es zu lesen lohnt, auch ohne der Chronologie zu folgen.

Als Einstieg haben wir die Filmanalyse eines deutschen Spielfilms mit dem Titel »Unter Dir die Stadt« gewählt. Dieser Film zeigt einen vorgeblich emotionslosen Banker, der sich in einer ganzen Palette affektiver Verstrickungen verhakt, und die massiven Auswirkungen, die dies auf das Unternehmen und auf das Leben der Beteiligten hat.

Es folgt die wissenschaftstheoretische Fundierung von Affekten, Gefühlen und Mitgefühl auf der Basis neurobiologischer und bindungstheoretischer Emotionsforschung.

Ein Überblick über emotionale Herausforderungen und Chancen der Unternehmensführung stellt Topführungskräfte in unterschiedlichsten Branchen und Lebensspannen vor und zeigt sie in ihrem Ringen mit den emotionalen Fallstricken ihrer Tätigkeit.

Um einen tiefenpsychologische Einblick zu ermöglichen, werden in den folgenden Kapiteln einzelnen Gefühle mit dem psychoanalytischen Brennglas und anhand von Fallbeispielen aus unserer Beratungspraxis untersucht: Eros – Angst – Neid – Scham – Trauer – Aggression.

Nach dieser Tiefenanalyse geht es um psychoanalytisch-interaktionelle Hinweise: Wie könnten, ja wie sollten Führungskräfte mit diesem Ansturm von häufig als störend empfundenen Emotionen umgehen? Es stellt sich heraus: Führung bedeutet Authentizität und Steuerung im Umgang mit eigenen und fremden Emotionen. Und das kann man lernen.

Zum guten Schluss wird die Perspektive noch einmal erweitert. Unternehmen existieren ja nicht auf einer einsamen Insel, und Führungskräfte stehen »nolens volens« im Blickpunkt der Öffentlichkeit. Sie sollen Wohlstand erzeugen, sie werden gefeiert, sie werden verflucht.

Unser Buch will zeigen: Wer immer mehr Wohlstand begehrt, begehrt etwas anderes: Trost, Genugtuung, Geborgenheit, Genuss, Potenz. Das gilt für Führungskräfte, und das gilt für alle Menschen.

Unser ganz besonderer Dank gilt unseren Mitautoren: Matthias Franz, Bernhard Grimmer, Norbert Hartkamp, Marius Neukom, Daniel Vasella und Wolfgang Weigand. Ohne ihre professionelle und gleichzeitig einfühlsame Kooperation wäre ein solcher Konzeptband, in dem jeder Beitrag für sich steht, und doch erst alle Beiträge zusammen ein Ganzes ergeben, nicht möglich gewesen. Sie haben sich auf unsere Idee eingelassen und sie zum Leben erweckt. Dieses Buch ist ein Gemeinschaftswerk.

Darüber hinaus danken wir Joachim Coch und Judith Danziger vom Springer-Verlag für ihre professionelle Begleitung und Geduld sowie den ungenannten Helfern, die uns bei den technischen Arbeiten an den Texten unterstützt haben.

Eva-Maria Lewkowicz und Beate West-Leuer
Düsseldorf, im Juli 2015

Inhaltsverzeichnis

III   Führen und Mitgefühl

Serviceteil

Autorenportraits

Matthias Franz

Universitätsprofessor für Psychosomatische Medizin an der Heinrich-Heine-Universität Düsseldorf, Facharzt für Psychosomatische Medizin, Facharzt für Neurologie und Psychiatrie, Psychoanalytiker, stellv. Direktor des Klinischen Instituts für Psychosomatische Medizin und Psychotherapie des Universitätsklinikums Düsseldorf, Vorsitzender der Akademie für Psychoanalyse und Psychosomatik Düsseldorf. Arbeiten zu: Ursachen und Prävention psychogener Erkrankungen, Präventionsprogramme für Alleinerziehende (► www.wir2-bindungstraining.de), Bedeutung des Vaters, Alexithymie, Pychotherapieforschung, Männergesundheit.
E-Mail: matthias.franz@uni-duesseldorf.de

Bernhard Grimmer

PD Dr. phil., Psychologischer Psychotherapeut; Dozent und Supervisor am Institut für Psychodynamische Organisationsentwicklung + Personalmanagement Düsseldorf e.V. (POP). Leitender Psychologe und therapeutische Bereichsleitung Psychotherapie in der Psychiatrischen Klinik Münsterlingen. Privatdozent für Klinische Psychologie an der Universität Zürich. Arbeitsschwerpunkte: Coaching und Psychotherapie, Gesprächsforschung und Gesprächsführung, stationäre Psychotherapie.
E-Mail: bernhard.grimmer@stgag.ch

Norbert Hartkamp

Dr. med., Hartkamp ist Facharzt für Psychosomatische Medizin und Psychotherapie. Psychoanalytisch und gruppenanalytisch ausgebildet, hat er sich mit den Bereichen des innerseelischen und zwischenmenschlichen Geschehens befasst, die üblicherweise dem »ersten Blick« verborgen bleiben. Nach Tätigkeit an der Universität und als chefärztlicher Leiter einer Krankenhausabteilung ist er seit Jahren in eigener Praxis tätig, wo er neben der Behandlung von Patienten in der Aus- und Weiterbildung von Kolleginnen und Kollegen, als Lehrbeauftragter der Universität, als Supervisor von Beratungsteams und Institutionen im sozialen Feld sowie als Business-Coach tätig ist. Wissenschaftliche und berufspolitische Arbeit runden seine Tätigkeit ab.
E-Mail: hartkamp@pthweb.de

Eva-Maria Lewkowicz

Dr. rer. pol., Dipl.-Volkswirtin, Professorin für Allgemeine Betriebswirtschaftslehre, insbesondere Marketing, Strategie und Organisation an der Westfälischen Hochschule. Business Coach, Organisationsberaterin, Dozentin am Institut für Psychodynamische Organisationsentwicklung + Personalmanagement Düsseldorf e.V. (POP), Reiss-Profile Master. Arbeiten zu: Coaching in multinationalen Unternehmen, Konfliktmanagement, zielorientiertes Führen, Gesundheitscoaching mit Gruppen, Masse und Macht, transformationale Führung.
E-Mail: eva-maria.lewkowicz@w-hs.de

Marius Neukom

Dr. phil., Psychoanalytiker, eidgenössisch anerkannter Psychotherapeut und Business-Coach in eigener Praxis (▶ www.mneukom.ch). Forschungsarbeiten und Publikationen in den Bereichen Coaching, Psychotherapie, Psychoanalyse und Literaturpsychologie. Langjährige Tätigkeit als Geschäftsleiter eines Handelsbetriebs. Kulturschaffender.
E-Mail: info@mneukom.ch

Daniel L. Vasella

Dr. med., Dr. h.c., Abschluss des Medizinstudiums 1979 an der Universität Bern. Management-Ausbildung an der Harvard Business School. 1980-1988 tätig als Arzt und Psychoanalytiker. 1988-1992 bei Sandoz Pharmaceuticals USA. CEO (1996-2010) und Präsident des Verwaltungsrats (1999-2013) von Novartis, zuvor Chief Executive Officer von Sandoz Pharma. Seit 2013 Ehrenpräsident des Verwaltungsrats der Novartis AG, unabhängiger Coach und strategischer Berater für Führungskräfte. Mitglied des Verwaltungsrats der PepsiCo, Inc., der American Express Company und von XBiotech; ausländisches Ehrenmitglied der American Academy of Arts and Sciences und Kuratoriumsmitglied der Stiftung Carnegie Endowment for International Peace sowie Präsident des Antikenmuseums Basel. Ehrendoktor der medizinische Fakultät der Universität Basel, Träger der französischen Ehrenlegion, des brasilianischen Cruzeiro del Sul, Harvard Business School Alumnus Award sowie zahlreiche weitere Auszeichnungen.
E-Mail: lucius.dv@gmail.com

Wolfgang Weigand

Prof. Dr., Studium der Theologie und Sozialwissenschaften, Dozent und geschäftsführender Direktor einer bundeszentralen Fortbildungsakademie in Münster/Westf. (1974-1982). Fachhochschullehrer für Personal-und Organisationsentwicklung in Bielefeld. Supervisor (DGSv), gruppendynamischer Trainer (DGGO); Organisationsberater in Wirtschaftsunternehmen, Kliniken und psychosozialen Einrichtungen; seit 2007 Stiftungsratsvorsitzender der Stiftung Supervision; Gründer und Mitherausgeber der Zeitschrift Supervision (seit 1982); Gründungsmitglied und langjähriger Vorsitzender der Deutschen Gesellschaft für Supervision (DGSv). Zahlreiche Veröffentlichungen zur Supervision und Beratung,
E-Mail: wweigand@online.de

Beate West-Leuer

Dr. phil., Psychologische Psychotherapeutin, Senior Coach (DBVC), Supervisorin (DGSv), Lehrsupervisorin, Lehrbeauftragte der Heinrich-Heine-Universität Düsseldorf, stellv. Vorsitzende der Akademie für Psychoanalyse und Psychosomatik Düsseldorf e.V., Leiterin des Instituts für Psychodynamische Organisationsentwicklung + Personalmanagement Düsseldorf e.V. (POP), Forschung und Publikationen in der Bereichen: Psychoanalyse und Coaching, Psychoanalyse und Film. Redaktion der Zeitschrift »Agora. Düsseldorfer Beiträge zu Psychoanalyse und Gesellschaft«,
E-Mail: West-Leuer@t-online.de

Führen und Affekt

»Der Banker des Jahres kann sich Gefühle nicht erlauben!« – ein Filmbeispiel statt einer Einführung

Daniel L. Vasella, Beate West-Leuer

E.-M. Lewkowicz, B. West-Leuer (Hrsg.), *Führung und Gefühl*,
DOI 10.1007/978-3-662-48920-8_1, © Springer-Verlag Berlin Heidelberg 2016

1

» Der Banker des Jahres kann sich Gefühle nicht erlauben!
   Titel: Unter dir die Stadt (2010)
   Regie: Christoph Hochhäusler
   Drehbuch: Ulrich Peltzer und Christoph Hochhäusler

1.1   Prolog: König David und Bathseba

Im zweiten Buch Samuel wird die biblische Geschichte von König David und Bathseba erzählt: Während Urija, einer der höchsten Offiziere König Davids, mit dem israelitischen Heer fern der Heimat Krieg gegen die Ammoniter führt, erblickt David dessen schöne Frau Bathseba beim Baden, lässt sie zu sich holen und schläft mit ihr. Als ihm Bathseba offenbart, dass sie ein Kind erwartet, versucht der König den Ehebruch zu vertuschen: Er befiehlt Urija nach Jerusalem zurück, in der Hoffnung, dieser werde mit seiner schwangeren Frau schlafen und das Kind Davids später als sein eigenes anerkennen. Urija verweigert jedoch das Privileg, trotz des Kriegs in sein Haus zurückkehren zu dürfen, während die Armee auf dem Feld nächtigen muss. Um den potenziellen Ankläger des Ehebruchs aus dem Weg zu räumen, schreckt David nun auch vor Mord und Totschlag nicht zurück: Er beauftragt den Heerführer Joab in einem Brief, den Urija selbst überbringen muss, diesen im Kampf an vorderste Front zu stellen. Nach dem Tod Urijas und der anschließenden Trauerzeit wird Bathseba zur weiteren Gemahlin Davids. Es folgt eine berühmte Szene, in der der weise Prophet Nathan mittels einer Parabel den König mit seinem niederträchtigen Verhalten konfrontiert. Das Gleichnis handelt von einem reichen und einem armen Mann, wobei der eine viele Schafe besitzt, der andere nur ein einziges, das er liebt »wie eine Tochter«. Als der Reiche einen Gast zu bewirten hat, ist er zu geizig, eines von seinen eigenen Schafen zu schlachten und tötet stattdessen das Tier des armen Manns – eine Handlungsweise, die den Zorn Davids provoziert: »Dieser Mann, der das gemacht hat, ist ein Kind des Todes.« Nathan erwidert: »Du bist der Mann.« Als Strafe für Ehebruch und Verrat mit Todesfolgen verkündet der Prophet den Tod von Davids und Bathsebas neugeborenem Kind. Da David seine Schuld erkennt und Buße tut, wird ihm schließlich von Gott vergeben (▶ Internetquelle 1).

1.2   Gleich und doch anders (I)

Christoph Hochhäusler bekam das biblische Drama »König David und Bathseba« von seinem Vater erzählt. Die Verquickung von Macht, Begierde, Verführung, Niedertracht und Strafe inspirierten ihn Jahre später, das Thema zum Film zu machen (Hochhäusler 2011, ▶ Internetquelle 2). »Unter dir die Stadt« spielt in der zwar nicht kriegs-, dafür aber krisengeschüttelten Bankenwelt des zeitgenössischen Kapitalismus. In dieser Welt lenken allmächtige Finanzmanager, hier ein »Banker des Jahres«, die Geschicke der Welt der Hochfinanz, so wie König David, der Liebling Gottes, die Geschicke der Menschen einst gelenkt haben mag.

Gehen wir davon aus, dass die biblische Geschichte ein allgemein gültiges menschliches Verhaltensmuster beinhaltet, das in Hochhäuslers Neuinterpretation aktuelle Bedeutung erlangt. Was wäre dieses? Macht, Reichtum und Ruhm führen zu Hybris und mörderischer Rücksichtslosigkeit? Kann die Tatsache, dass leidenschaftliche Liebesgefühle im Spiel sind, möglicherweise Verständnis für den Machtmissbrauch wecken? Hat der Mächtige auf Dauer nur Erfolg, wenn er über Leichen geht? Und doch gibt es offenbar Grenzen, die respektiert werden müssen, um eine einmal erlangte Machtposition nicht zu gefährden. So meint Machiavelli in Kapitel 19 von »Der Fürst«:

> » Verhaßt macht ihn [den Fürsten] vor allem, wie ich sagte, die Raubgier und Usurpation der Güter und der Frauen seiner Unterthanen, deren er sich enthalten muss.
> (Machiavelli 1513, S. 74, ► Internetquelle 3)

Während König David eine zweite Chance erhält, Bathseba heiratet und ein gemeinsames weiteres Kind als weiser König Salomon Davids Nachfolger wird, quittiert der »Banker des Jahres« in Hochhäuslers Film seinen Job und bleibt allein in seinem Haus zurück.

Im Mittelpunkt von »Unter dir die Stadt« steht die intime und getriebene Beziehung von Roland Cordes (Robert Hunger-Bühler), Vorstandsmitglied einer Frankfurter Investmentbank, mit Svenja Steve (Nicolette Krebitz), der Ehefrau eines kürzlich eingestellten Mitarbeiters. Wie König David in der biblischen Version räumt auch Cordes seinen Widersacher – Svenjas Gatten Oliver Steve (Mark Waschke) – aus dem Weg. Nachdem der indonesische Filialleiter der Bank entführt und ermordet wurde – ein Verbrechen, das der CEO der Bank zur Vermeidung negativer Publizität zu vertuschen sucht –, sorgt Cordes dafür, dass Oliver Steve auf diesen zwar hoch dotierten, aber lebensgefährlichen Posten versetzt wird.

Bei den Akteuren des Dramas, die in den folgenden Kapiteln näher beschrieben werden, lassen sich folgende Handlungsträger unterscheiden:
1. die Bank als institutioneller Handlungsträger und Repräsentant einer materialistischen Gesellschaft,
2. das Paar als gruppendynamischer Handlungsträger und Repräsentant unbewusster Wünsche und Bedürfnisse bankinterner Gruppen
3. sowie einzelne Person im Spannungsbogen zwischen Privatheit und Funktion (► Abb. 3.1, ► Kap. 4).

Mehr Geld macht glücklich (vgl. Türcke 2015), so das Credo der Hochfinanz. Geldvermehrung ist die Primäraufgabe der Bank; Verbrechen aus Geldgier sind das Primärrisiko. Doch im Film ist Geld auf den ersten Blick weder Handlungsträger noch Thema. Atmosphärisch ist Geld jedoch allgegenwärtig, ein »fantastisches Objekt" mit Allmachtcharakter. Es verleiht den Bankern ihre herausragende (fast sakrale) Bedeutung in Wirtschaft und Gesellschaft, weil es die tiefsten und sehnlichsten Wünsche der Menschen repräsentiert, eine Illusion, die flächendeckend geteilt und zäh verteidigt wird. Entführung und Mord an einem Bankmitarbeiter gilt es daher intern als »Unfall« zu deklarieren und nach außen unbedingt zu vertuschen; alles andere könnte den Mythos des Heilsbringers »Geld« gefährden (Tuckett 2011).

1.2.1 Die Bank

In einer ersten Szene des Films wird gezeigt, wie Bankmanager einen Kunden bei einer Übernahme als Interlooper beraten. Das Gespräch findet in der gepflegten Umgebung eines eleganten Restaurants statt, wohl jenem der Bank, hoch über der Stadt. Anlässlich einer Vorstandsitzung lernen die Zuschauer den eiskalten Vorstandsvorsitzenden der Bank kennen: Hermann Josef Esch (Paul Fassnacht). Mit diesem Vorstandsvorsitzenden steht ein zynischer Führer an der Spitze dieser Welt, der »im Dienste der Sache« Mitarbeiter wissentlich und ohne Skrupel lebensgefährlichen Situationen aussetzt.

1

Transaktionen und Übernahmen von Firmen werden mit Plaketten in Anspielung auf Jagden für erlegtes Großwild gefeiert. Bei sensitiven Themen muss der Sekretär den Raum verlassen, und die Verhandlung findet außerhalb des Protokolls statt. So auch, als man den Mord am Geschäftsführer der Bank in Indonesien bespricht und darüber berät, wie man diesen vertuschen kann. Einwände dagegen schiebt Esch mit den Worten beiseite »Man wird doch nicht wegen eines Unfalls die Autobahn schließen«.

Die Hackordnung im Vorstand wird vorgeführt: Nur Roland Cordes darf den Vorstandsvorsitzenden unterbrechen. Denn Cordes kommt als Banker des Jahres auf die Titelseite der Zeitungen. Eine solche Auszeichnung eines Vorstandsmitglieds unterstützt den guten Ruf der Bank. Wird bei Cordes jedoch die vom System gewünschte und gedeckte Mischung von Macht, Begierde, Verführung und Niedertracht nach außen offenkundig, muss dieser – was er offenbar weiß – mit harten Sanktionen und Opfern rechnen. Dabei geht es allein darum, die Fassade zu wahren, und nicht etwa darum, moralische Schulden zu begleichen.

Werner Löbau (Wolfgang Böck) ist Leiter »Strategie« der Bank und Vorgesetzter eines Teams, dem auch Svenjas Ehemann, Oliver Steve, und sein Kollege und Freund Andrew Lau angehören. Es wird intensiv gearbeitet. Dabei fällt der respektlose Umgang mit den weiblichen Bürohilfen auf, die mit Aktenbergen und Fotokopierarbeiten eingedeckt werden, aber bei Feiern nicht mit auf das gemeinsame Foto dürfen. Löbau ist Cordes untergeordnet und strebt einen Platz im Vorstand an. Als Cordes Löbau dahingehende verklausulierte Versprechungen macht, falls er Steve nach Indonesien schickt, ist er bereit, den bisher für den Posten favorisierten Andrew Lau (Van-Lam Vissay) fallen zu lassen. Vor dem Team kanzelt Löbau Lau wütend und spöttisch ab und macht ihn lächerlich, um zugleich Steve als den wirklich fähigen Mitarbeiter herauszustellen. Lau verbirgt seine Enttäuschung und bewirbt sich bei einer anderen Bank. Bei der nächsten Vorstandssitzung schlägt Löbau Steve als neuen Geschäftsleiter der Bank in Indonesien vor. Cordes bringt Einwände vor, die protokolliert werden, von denen er aber genau weiß, dass sie die Berufung von Steve nicht verhindern werden. Insofern kann auf ihn kein Verdacht der Begünstigung und Unterstützung von Steve fallen. Die Verantwortung trägt allein Löbau.

1.2.2 Roland Cordes

Roland Cordes ist sehr einflussreich. In den Vorstandssitzungen hat sein Wort Gewicht. Persönlich ist der Endfünfziger intelligent, kühl und distanziert. Stets perfekt gekleidet und kontrolliert, kalkuliert er jedes Wort, und es gelingt ihm, dabei auch noch freundlich zu erscheinen. Seine Frau Claudia (Corinna Kirchhoff), die aus einer Bankerfamilie stammt, interessiert sich für Kunst und leitet einen Förderkreis. Gemeinsam lädt das Ehepaar Gäste zu eleganten Empfängen und Hauskonzerten. Ihr Bekanntenkreis ist groß, doch wirkliche Freunde oder weitere Familienmitglieder gibt es nicht. Dass er als Banker des Jahres in den Medien gefeiert wird, passt perfekt zum stereotypen Bild des einflussreichen Machers. Einzig die Tatsache, dass Cordes gegen Bezahlung anonym einem jungen Drogenabhängigen beim Spritzen zusieht, lässt erahnen, wie brüchig seine nach außen perfekte Fassade ist. Cordes Gesichtsausdruck wechselt beim voyeuristischen Beobachten der Szene von Neugier zu Verzweiflung – ein Hinweis auf die Verstrickung seiner Wünsche und Gefühle, deren tiefere Ursachen weder ihm selbst noch dem Zuschauer an dieser Stelle des Films klar sein dürften.

Als Cordes im weiteren Verlauf eine Banksitzung mit wichtigen Kunden verlässt, um mit Svenja zu telefonieren, zieht er sich den Unmut des Vorstandsvorsitzenden zu. So eine Sitzung verlässt man nicht, scheint dieser auszudrücken. Als Cordes dann im Affekt einem Journalisten das Hemd zerreißt, als dieser meint, ein Banker des Jahres könne sich keine Gefühle erlauben, wird darüber sofort in der Presse berichtet wird. Der Vorstandsvorsitzende ist über Cordes »Ausfälle« empört. Er sucht Cordes in dessen Büro auf, was offenbar völlig außergewöhnlich ist, um ihn zur Rede zu stellen. Doch Cordes hat seinen Entschluss gefasst. Er lässt Löbau kommen und übergibt ihm seine Kündigung. Er verlässt die Bank.

1.2.3 Svenja Steve

Svenja Steve mag Anfang 30 sein und ist mit Oliver verheiratet. Kinder haben sie keine. Vor einigen Wochen ist das Paar aus Houston nach Frankfurt gezogen, wo Oliver nun als Investmentbanker in einem kleinen Team arbeitet, während Svenja etwas gelangweilt ihre Tage zuhause verbringt. Ihre Wohnung ist noch nicht eingerichtet, die Möbel sind kaum ausgepackt. In einer ersten aufschlussreichen Szene sieht man, wie Svenja in der Stadt einer jungen Frau folgt, die dieselbe Bluse wie sie selbst trägt – als würde sie nach jemandem mit Gemeinsamkeiten oder nach einer Identität suchen. Die Partnerschaft mit Oliver scheint wenig Konflikt geladen. Der gemeinsame Sex und die affektive Beziehung wirken eher routiniert als gefühlsbestimmt. Dies lässt sich als Hinweis verstehen, dass es Svenjas Beziehungen an emotionalem Tiefgang mangelt. Ihre Ehe erscheint nach außen zwar wie eine Musterehe, ist aber möglicherweise von innen her bereits des Gemeinsamen entkernt. Scham ist Svenja weitgehend fremd. Das zeigt sich in der Art, wie sie nackt durch die Wohnung geht, aber auch, als sie beim Lügen ertappt wird – sie hat sich bei einer Agentur mit einer geschönten Biographie beworben. Wer bewusst lügt, hat nach klinischer Erfahrung wenig Angst und leidet nicht an sich selbst. Die Lüge geht mit einer perversen Erregung einher; der gefakte Lebenslauf, den sie benutzt, passt gut zur Dynamik des Zockens oder zu der Übernahmeschlacht in der Wirtschaft, die die Bank orchestriert. Lügen stellt einen manipulativen Umgang mit den Anderen dar, der darauf abzielt, sich eine eigene Realität zu erschaffen (vgl. Martin 2014, S. 93). Sonst droht – aufgrund einer inneren Leere – unerträgliche Langeweile und Bedeutungslosigkeit.

So müssen rasche Stimmungswechsel, Impulsivität und mangelhafte Abgrenzung der inneren Leere entgegenwirken. Am Ende des Films geht sie joggen. Sie hat nichts gelernt und auf Alltag zurückgeschaltet. Ihr Mann kommt nach Hause. Er weiß zwar von ihrer Affäre, wird deswegen jedoch nicht viel unternehmen. Sie hatte ihn ja gebeten, nicht nach Jakarta zu gehen, und fühlte sich im Stich gelassen. Mit ihrer Sichtweise der Dinge wird sie kaum Mühe haben, die richtigen Lügen vor sich selbst und für andere zusammen zu basteln.

1.2.4 Das Paar

Die erste Begegnung zwischen Cordes und Svenja findet anlässlich einer Benefizveranstaltung statt. Svenja raucht gelangweilt eine Zigarette, die Cordes unverfroren weiterraucht und meint, dass Rauchen hier verboten sei, womit die verbotene Beziehung symbolisch beginnt. Anlässlich der zweiten Begegnung lädt er Svenja zu einem Kaffee ein. Sie isst ihm die Kekse weg und erzählt ihm von einer Rockband, die ihr gefiel, während der Klingelton seines Handys klassische Musik spielt. Wenig später landen sie in einem Hotelzimmer. Doch im letzten Moment macht sie einen Rückzieher und verweigert sich. Dies scheint Cordes zu beschäftigen und anzuziehen. Mit Kopfhörer lauscht er der Aufnahme jener Rockband, von der ihm Svenja erzählte. Er bleibt zu Hause, geht nicht ins Büro, eine völlig unübliche Durchbrechung seiner gewohnten Disziplin. Bei einem Empfang in seinem Haus meint Cordes im Konversationston zu Svenja, er wolle mit ihr schlafen; sie antwortet, man könne nicht alles haben.

Es ist ihre dritte Begegnung, die Cordes veranlasst, einen Plan zu ersinnen, wie er Steve nach Jakarta abschieben kann, um so freie Bahn für seine Beziehung mit Svenja zu haben. Svenjas Einwände gegen seine Auslandsentsendung schiebt Steve beiseite. Seine Karriere ist ihm wichtiger als die Sorgen und Bedürfnisse seiner Frau. Nun interveniert Svenja bei Cordes, der sie im Dienstwagen abholt. Er gibt ein vages Versprechen ab, einzugreifen. Cordes und Svenja fahren nach Mannheim, um sich das Haus anzusehen, in dem Cordes angeblich aufgewachsen ist. Er erzählt ihr von der Jugend des ermordeten Mitarbeiters als sei es seine eigene. Es sei eine schwierige Zeit in einem einfachen Milieu gewesen.

Cordes und Svenja treffen sich zum zweiten Mal im Hotel. Sie schlafen zusammen und sinnieren über die erste Zigarette, den Erwerb des Führerscheins. Er meint, »alles geht so schnell«. Die Beziehung dringt nun in ihre beiden Leben ein. Sie will ihn sehen, er aber möchte zeitweise mehr Distanz. Durch einen Trick verschafft sich Svenja eine Begegnung mit Cordes Frau und erfährt nun, dass die von Cordes dargestellte Jugend eine Lüge war und er als Sohn eines Bankers in Zürich aufwuchs. Bei der nächsten Verabredung im Hotel lässt Svenja Cordes erstmals warten. Sie schlafen zusammen, doch nun zeigen sich neue Persönlichkeitszüge bei Svenja. Sie erzählt, sie sei ein Junkie gewesen und habe ein Baby abgetrieben. Von ihrem damaligen Freund sei ihr nur eine Zigarettenbrandnarbe geblieben. Cordes meint, er könne ihr eine zweite Brandwunde verpassen, tut es dann aber doch nicht, obwohl sie ihre Bereitschaft signalisiert. Das Paar bewegt sich am Rande einer sado-masochistischen Beziehung. Noch einmal zeigen sich Svenjas Impulsivität und ihre Tendenz zu Selbstdestruktion und Cordes mangelnde Empathie und seine narzisstischen Züge.

Die beiden werden von Lau zufällig im Hotel beobachtet. Lau erzählt Löbau, seinem ehemaligen Chef, was er gesehen hat, und dieser gibt die Information in der Bank weiter. Svenja realisiert, dass ihr Mann durch Cordes Manöver in Indonesien in Gefahr ist, und attackiert ihren Liebhaber: »Bist Du wirklich so ein Schwein? Wer bist Du denn? Was machst Du denn? Für wen hältst Du Dich denn?« Sie verlässt ihn, was er äußerlich emotionslos zulässt. Stattdessen zerreisst er einem aufdringlichen Reporter das Hemd, wodurch es zum öffentlichen Skandal kommt. Claudia Cordes konfrontiert ihren Mann mit seiner Affäre und verlässt ihn ebenfalls. Cordes möchte Svenja nicht verlieren und fragt seinen Fahrer, den er normalerweise als »Unperson« behandelt, um Rat, wie er sie zurückgewinnen kann. Umsonst. Am Ende bleibt er allein in seinem großen Haus. Svenja geht joggen.

1.3   Der Fall des Bankers Roland Cordes

»Unter dir die Stadt« ist eine Neufassung der Geschichte von König David und Bathseba bar »göttlicher« Präsenz. In der Bankenwelt des 21. Jahrhunderts fehlt die transzendente, übergeordnete Macht, die nach Strafe und Reue auch vergeben kann. Sie wird ersetzt durch ökonomische Erfolge oder Niederlagen. Erfolg spiegelt sich in den hoch aufragenden Banken-Glasbauten, weithin sichtbar und doch undurchschaubar. Scheitern ist unverzeihlich.

1.3.1 Scheitern am Verhaltenskodex

Die Macht von Management und Führung liegt mehr in der Institution als beim Individuum. Die Interaktionen innerhalb des Vorstands laufen nach etablierten Mustern ab. Einerseits ist man traditionsbewusst, funktioniert nach hierarchischen Stufen und verhält sich untereinander kontrolliert korrekt. Zugleich wird intrigiert, gelogen und manipuliert. Die Szene des Mittagessens, in der die Übernahme eines Unternehmens diskutiert wird, zeigt, dass das Zielobjekt entrealisiert ist. Es geht nur um abstrakte Zahlen und Konzepte. Die Konsequenzen der Transaktion interessieren in diesem Moment zumindest die Investmentbanker überhaupt nicht.

Man kann und soll sich fragen, ob die Mitarbeiter der Bank die Kultur bestimmen oder ob vielmehr sie selbst von der bestehenden Kultur geprägt werden. Beides trifft zu. Gruppendynamische Prozesse verlangen nach Anpassung. Zugleich verstärken die am besten angepassten Mitarbeiter gerade jene Prozesse, an denen sie scheitern. Eine entscheidende Rolle spielt dabei die Unternehmensführung. Der Vorstandsvorsitzende der Bank ist ein kaltschnäuziger Typ, der über Leichen geht: Nach der Ermordung eines Mitarbeiters in Indonesien schickt er einen Kollegen in das Land, ohne diesen über die Gefahren dort zu informieren. Grundsätzlich anders als der in sich versteinerte, präzise wie ein Uhrwerk funktionierende Vorstandsvorsitzende präsentiert sich Löbau in seiner Funktion als Leiter »Strategie«: Nach dem Motto »nach unten treten, nach oben buckeln« gebärdet er sich gegenüber seinen Mitarbeitern aggressiv-tobend, während er sich gegenüber Vorgesetzten und als mächtiger erlebten Kollegen unterwürfig verhält. Dadurch beeinflusst er maßgeblich das Verhalten der Teammitglieder in seiner Abteilung. Sie agieren ehrgeizig und rivalisierend, schrecken auch vor anzüglichen Bemerkungen nicht zurück und versuchen, ihr Gegenüber zu beschämen.

Die das Unternehmen prägenden Verhaltensmuster, wie kalt und kontrollierend, sauber, ordentlich und diszipliniert, weisen auf viel Zwanghaftigkeit hin. Ein solcher Führungs- und Umgangsstil ist immer auch mit unterschwelliger, gelegentlich sadistischer Aggressivität verbunden. So fragt ein Kollege ihres Mannes Svenja hämisch lachend und zugleich einladend, was sie abends mache, denn ihr Mann müsse ja arbeiten. Dass dabei Geld und das Akkumulieren von Reichtum eine wesentliche Rolle spielen, liegt auf der Hand. Seine große psychische Bedeutung erlangt Geld als Mittel zur Kontrolle und Macht; diese Bedeutung entsteht, wenn sich das Kind im Zusammenhang mit der Reinlichkeitserziehung an die Regeln und Normen des sozialen Miteinanders anpassen muss. Kontrolle und Macht über den eigenen Körper ermöglichen dem Kind in gewisser Weise Ersatzbefriedigung. Die Persönlichkeit (oder der sog. anale Charakter), die sich bei einer übermäßigen Fixierung auf diese Phase herausbildet, ist durch einen Hang zu Ordnung und Sauberkeit ebenso geprägt wie durch Geiz und das Ansammeln von materiellen Gütern.

Es liegt auf der Hand, warum die Bank solche Mitarbeiter auf allen Ebenen favorisiert: Sie fungieren als Rädchen im Getriebe, die man benutzen und schinden kann, aber nicht wirklich als Individuen. Sie sind Funktionsträger und damit ein Stück weit enthumanisiert. Die Firma soll so glatt, geschmiert und uhrwerkmäßig laufen, wie der Vorstandsvorsitzende es vorlebt. Die Firma als Maschine – ein schizoides Verständnis.

In der Bank besteht ein unausgesprochener, aber deswegen nicht weniger klarer Verhaltenskodex, der ungehemmte und authentische Gefühlsäußerungen, sei es Liebe oder Aggression, tabuisiert. Offene Aggression ist nur von oben nach unten erlaubt. Wut gegen Vorgesetzte darf nur verschoben an direkten Mitarbeitern ausgelassen werden. Liebesaffären zwischen Vorgesetzten und Beschäftigten oder deren Partnern sind allerdings trotz aller firmeninternen Verbote, solche Beziehungen einzugehen, eine Realität (▶ Kap. 4). Nicht toleriert wird insbesondere auch eine Affäre mit der Ehefrau eines Mitarbeiters. Denn wenn diese öffentlich würde, könnte dies dem Image der Bank schaden. Das weiß Lau, als er seinem ehemaligen Vorgesetzten Löbau von der Affäre zwischen Cordes und der Frau seines Freundes Steve berichtet. Das zehnte Gebot »Du sollst nicht begehren deines Nächsten Weib, Knecht, Magd, Vieh noch alles, was dein Nächster hat« (▶ Internetquelle 4, ▶ Kap. 6) gilt nicht nur für politische Machthaber, wie König David und Machiavellis Fürst, sondern auch für die wirtschaftlichen Machthaber der globalen Finanzwelt.

1.3.2   Scheitern in der Funktion und als Person

Erfolgreiche Führungskräfte müssen über einen Mix verschiedenster Eigenschaften und Fähigkeiten verfügen: Intelligenz und die Fähigkeit, zu konzeptualisieren, gesunden Narzissmus mit Durchsetzungskraft, einen gewissen Grad an antizipatorischer Paranoia, stabile emotionale Beziehungen und Integrität gepaart mit der Gabe, Versuchungen zu widerstehen (vgl. Kernberg 2000). Cordes ist intelligent, er kann kombinieren, kreieren und gestalten. Er kann sich durchsetzen und ist sicherlich nicht naiv. Was ihm allerdings fehlt, ist Integrität. Und er ist verführbar. Stabile emotionale Beziehungen hat er keine.

Sein Führungsstil weist fast ausschließlich die negativen Aspekte des narzisstischen Persönlichkeitstyps auf: Macht und deren Missbrauch, Rücksichtslosigkeit und Manipulation, Lüge und Untreue. Sein Mangel an Empathie für andere basiert auf seinem Unverständnis für sein eigenes, wahres Selbst. Cordes besucht mit Svenja das ärmliche Elternhaus des in Indonesien getöteten Arbeitskollegen und präsentiert ihr dessen Herkunft als die eigene. Wie zu seiner Entschuldung verbirgt er ein Einschulungsfoto des im Dienste der Bank Getöteten im Türrahmen von dessen elterlicher Wohnung. Er bringt den Ermordeten nach Hause zurück. Doch Svenja überprüft die Angaben, so dass die Inszenierung nicht funktioniert. Und der Versuch, seine Geliebte über seine »wahre« Herkunft zu informieren, kommt zu spät. Die Chance, sich von seiner Schuld zu befreien, hatte er bereits früher vergeben: Indem er Svenjas Mann Oliver als »weiteres Opfer« nach Indonesien entsenden und damit aus dem Weg schaffen wollte.

Cordes verschüttete Wünsche deutet der Film nur an: die Sehnsucht nach Leidenschaft und echten Gefühlen, nach Aufgabe der ununterbrochenen Selbstkontrolle und letztlich nach Liebe. Dem stehen die Verhaltensregeln der Bank nach Selbstbeherrschung, Disziplin und stets tadellosem Äußeren entgegen, die er verinnerlicht hat. Es sind Prinzipien, die er – aufgewachsen als Sohn eines Bankers und verheiratet mit der Tochter eines Bankers – aus seinem familiären Umfeld kennt. Seine Stellung und sein öffentliches Image, seine Erfolge und seine gelungenen Intrigen stärken sein Selbstwertgefühl und ermöglichen es ihm, sich innerlich als überlegen zu erfahren. Er kontrolliert sich und seine Umgebung und vermeidet damit sowohl die Angst, ausgeliefert zu sein, als auch die Scham, innerlich hohl zu sein. Sein reges, wenn auch oberflächliches Sozialleben dient dazu, aufkeimende Einsamkeitsgefühle zu vermeiden.

Cordes verliert zunehmend die Orientierung. Im Film gibt es dafür keine biographischen Anhaltspunkte, aus psychoanalytischer Sicht kann man jedoch unterstellen, dass er niemals wirklich als derjenige geliebt wurde, der er ist, sondern nur für das, was er darstellte und leistete (▶ Kap. 2). Als eine Art perverser Selbstheilungsversuch erscheinen Cordes Besuche im Druckraum eines Junkies. Hier geht es um mehr als nur um den Abbau von beruflichem »Druck«. Cordes fühlt sich voyeuristisch angezogen von dem jungen Drogenabhängigen. Er beobachtet die Penetration der Spritze in den Körper des Junkies – ein Akt projektiver Selbstbefriedigung, der unter die Haut geht und bei Cordes Schrecken und Faszination, Ekel und Scham auslöst. Eros und Thanatos, Lebens- und Todestrieb sind bei ihm zu Gunsten von selbstdestruktiven Tendenzen verschoben. Mit Hilfe seines Voyeurismus kann er diese stellvertretend ausagieren und damit vorerst in Schach halten.

1.3.3 Scheitern in der Liebe

Auf den ersten Blick wirken Svenja Steve und Roland Cordes wie ein perfektes Paar: the perfect match. Der Bankmanager sagt in einer Szene diktatorisch: »Ich will mit Ihnen schlafen.« Er will Svenja wie ein Objekt besitzen. Für diese ist er als mächtiger Vorgesetzter ihres Mannes attraktiv, der sie zu verführen sucht und den sie verführen will. Sie ist zugleich Akteurin und Objekt. Macht wirkt als mächtiges Aphrodisiakum, wie Henry Kissinger einst sagte (*New York Times*, January 19, 1971). Beide usurpieren die Biographien Dritter im Ringen, um eine eigene Identität zu konstruieren. Svenjas angebliche Biographie als Künstlerin ist genauso konstruiert wie Cordes ärmliche Vergangenheit.

Svenja fasziniert Cordes: Ihre Jugendlichkeit schmeichelt ihm, und ihre Unberechenbarkeit erzeugt eine Spannung, die ihn mit einer gewissen Lebendigkeit erfüllt. Sie lügt mit derselben Kaltblütigkeit wie er. Sie gibt sich ihm hin, um sich ihm gleich wieder zu entziehen. Sie betrügt ihren Mann, um sich anschließend wieder um ihn zu sorgen.

Svenja hat sich im Leben getraut, hat ausagiert, wovor Cordes zurückschreckt: Sex, Drogen und Gewalt. Als sie Cordes fragt: »Glaubst Du, ich sollte ein Kind bekommen?«, fragt er zurück: »Von mir?« Und sie antwortet: »Natürlich nicht von Dir.« Und er wirkt erleichtert: »Dann ja!« Anschließend berichtet sie über ihre Schwangerschaft und Abtreibung. Sie war schwanger von ihrem Freund, einem Junkie, der auf ihrem Arm ein Souvenir hinterlassen hat, eine Narbe, die von seiner Zigarette stammt. Doch als Svenja zu Cordes sagt: »Ich fürchte mich nicht vor Dir«, antwortet dieser: »Das solltest Du aber.« Dass er letztlich die Zigarette dann doch nur auf ihrer Handtasche und nicht auf ihrem Körper ausdrückt, ist dennoch ein Hinweis auf sein destruktives Aggressionspotenzial. Erst als Svenja erfährt, dass Cordes ihren Mann aus dem Weg schaffen wollte, wird ihr das Ausmaß seiner subversiven Aggressivität bewusst. Sie beginnt, ihn zu fürchten, und entzieht sich.

Cordes ahnt das Scheitern seiner narzisstischen Illusion. Seine offene Aggression gegen den Journalisten und sein vergeblicher Ruf nach der Geliebten führen zum Zusammenbruch seiner bisher so erfolgreich aufrecht erhaltenen Fassade. Und mit dem Verlust des äußeren Scheins schwinden auch seine Macht und Attraktivität: Cordes verliert Frau, Geliebte und Karriere. In seiner Ratlosigkeit bittet er sogar seinen Fahrer um Hilfe, um Svenja zurückzugewinnen. Doch der »Berater« versteht sich so wenig auf die Liebe wie Cordes selbst. Er rät ihm, der Geliebten zu versprechen, mit dem Rauchen aufzuhören – ein Ratschlag, der sich jedoch weder bei dem Berater selbst, noch bei Cordes als zielführend erweist. Denn er blendet das Bedürfnis der Geliebten, als Person gesehen zu werden, komplett aus. Am Schluss des Filmes ist Cordes einmal ehrlich und entschuldigt sich bei beiden Frauen.

1.3.4 Ausbruch aus den Spielregeln

Cordes soll von der Bank bestraft und entlassen, also geopfert werden, weil er sich nicht an die Spielregeln der Institution gehalten hat und dies noch dazu nach außen gedrungen ist. Als Hinweis darauf legt der Vorstandsvorsitzende Cordes gut sichtbar den Zeitungsbericht seiner Verfehlungen auf den Schreibtisch. Hätte Cordes sich an die Spielregeln gehalten, hätte er sich nicht die Frau eines Untergebenen zur Geliebten genommen, und hätte er keine Gefühlsausbrüche gezeigt, wäre sein Leben wie bisher, äußerlich erfolgreich weiter verlaufen.

Doch Cordes lässt sich nicht von der Bank bestrafen und von seinem obersten Chef ob seiner Verfehlungen beschämen. Er hat die Reißleine gezogen und seinen Rücktritt eingereicht.

Von der Bank hat er sich schnell gelöst. Nun ist er allein und wohl auch einsam. Die bedrückende Szene gibt keinen Hinweis darauf, ob er einen Neuanfang wagen wird – und ob dieser neben einem beruflichen eventuell auch ein persönlicher sein könnte. Dies würde allerdings Introspektion und ein neues reifes Selbstverständnis voraussetzen, die er im Milieu seiner Herkunft nicht erlernt hat. Dort hatten materielle Werte eine solche Bedeutung, dass tragfähige, zwischenmenschliche Beziehungen nicht zustande kamen oder erstickt wurden. Cordes war bisher in dieser Welt gefangen. Sein materieller Erfolg und sein vordergründiges Gesellschaftsleben schützten ihn lange vor schmerzhaften Einsichten und Gefühlen, vor Selbstzweifeln, Entfremdung und Einsamkeit. Möglicherweise kommen dazu noch Schamgefühle in Zusammenhang mit seiner gesellschaftlichen Ächtung, welche die Berichterstattung in der Presse über seinen Abgang von der Bank nach sich gezogen haben mag. Der Zeitungsbericht, den der CEO auf Cordes Schreibtisch hinterlegt hat, lässt ein solches Szenario zumindest plausibel erscheinen. Eine solche gesellschaftliche Ächtung würde zusätzliche Gefühle von Einsamkeit und Scham nach sich ziehen.

1.3.5 Cordes Traum: »Unter mir die Stadt«

Hochhäusler lässt der Schwarzblende am Ende des Films eine weitere Szene folgen und schließt seinen Film mit einer Szene, die an den Anfang anknüpft: dem Blick der Protagonisten von hoch oben durch ein Fenster hinab in die Stadt. In der Finanzhochburg Frankfurt bricht ein neuer Tag an. Die Atmosphäre ist allerdings surrealistisch, als handele es sich um eine Vision oder einen Traum. Roland Cordes liegt mit Svenja Steve in einem Hotelbett und schläft.[1] Svenja wird wach und kommentiert das Geschehen distanziert: »Jetzt geht's los.« Menschen fliehen unten auf der Straße vor einer diffusen Gefahr. Panik liegt in der Luft. Cordes hebt kaum merklich den Kopf, schläft dann weiter. In psychoanalytischer Auffassung erfüllt sich der Schläfer in seinen Träumen, sogar in seinen Alpträumen, Wünsche, die im Wachen zensiert sind (Freud 1900/1997). Für Cordes werden in dieser Schlussszene zwei Wünsche wahr: Erstens hat der Träumer Svenja zurückerobert. Sie hat ihm den Verrat an ihrem Mann nicht nur verziehen, sondern sie hat ihren Mann für Cordes verlassen. Und zweitens rächt sich der Träumer an der Finanzwelt, wenn er die Mitarbeiter aus der Bank rennen lässt; eine solche Flucht – wodurch auch immer begründet – hätte den Zusammenbruch des Bankensystems zur Folge und würde nicht nur die ganze Stadt in Panik versetzen. Und der Schläfer ruht entrückt und wie ein König hoch über der Stadt.

In dieser »Sichtweise« ist die Schlussszene ein Traum, den Cordes träumt, nachdem Svenja joggen geht und er allein in seinem Haus zurückbleibt. Die Interpretation geht davon aus, dass der Träumer Schuld und Scham zu verdrängen sucht und einer selbstreflexiven Aufarbeitung des Geschehens zumindest zu diesem Zeitpunkt aus dem Wege gehen möchte.

Doch langfristig lässt sich die Realität nicht leugnen. Nach den aufwühlenden Ereignissen in seiner Beziehung zu Svenja und deren wahrscheinlichen Verlust mag er zunächst in einen Zustand gefühlsmäßiger Anästhesie übergehen und sein Leben in anderer Form, aber dann doch als »betuchter« Herr weiterführen. Dank seinem Wohlstand wird es auch in Zukunft

---

1   An dieser Stelle möchten wir uns bei Christoph Hochhäusler bedanken, der uns in einer E-Mail am 28.06.2014 bestätigt hat: »Im Bett liegt Roland Cordes (Robert Hunger-Bühler). Diese Ambivalenz war, ehrlich gesagt, keine Absicht. Ich hätte eine andere Kameraperspektive wählen müssen. Mir war lange nicht klar, dass da Verwechselungsgefahr besteht. Aber ich kann Sie beruhigen: Sie sind nicht die Einzige, die Oliver im Bett liegen sehen wollte!«

nicht an Bediensteten, Bücklingen und Mätressen fehlen, bevor er alt und krank und gänzlich einsam wird.

1.4 Gleich und doch anders (II)

Das Schicksal will es, dass die Tugendhaftigkeit von Bathsebas Mann, der nicht mit seiner Frau schlafen will, solange seine Männer leiden, ihn zum Tode verurteilt. Denn Urijas Tugendhaftigkeit durchkreuzt König Davids Versuche, den Ehebruch zu vertuschen. Er schickt Urija in den Tod. Gottes Strafe folgt auf dem Fuß, bleibt aber im Verhältnis zu König Davids großer Niedertracht milde. Gott sandte ihm den Propheten Nathan, der mit Hilfe einer Parabel Davids Vergehen spiegelt und ihn mit sich selbst konfrontiert. Da David die Herausforderung annimmt, lässt Gott ihn am Leben, erteilt ihm aber eine Lehre, die David motiviert, sich zu ändern und zu einem respektierten König zu werden. Der Tod des Kindes von David und Bathseba ist mehr Signal als Strafe.

Im Vergleich mit König David ist Roland Cordes, selbst in dieser Interpretation der Schlussszene als Traum und nicht als Weiterführung der Handlung, glimpflich davon gekommen: Er hat den Mann seiner Geliebten nicht auf dem Gewissen, denn Oliver Steve kommt, nach einem gescheiterten Entführungsversuch, mit dem Schrecken davon und kehrt zu seiner Frau zurück. Diese ist nicht schwanger. Die Kinderlosigkeit des Paares erscheint hier nicht als Strafe, sondern als selbst »verschuldet«: Svenjas diesbezügliche verbale Einladung an Cordes ist eher Provokation als Signal, denn Cordes achtet auf Verhütung. Schwangerschaft und Abtreibung werden auf eine gewalttätige Nebenbeziehung in Svenjas Vergangenheit verschoben. Cordes Unfähigkeit zur Introspektion und Selbstreflexion zeigt sich auch in der völlig falschen Wahl seiner »Berater«, die nicht die Unabhängigkeit eines Nathans haben: Löbau ist verstrickt in die skrupellosen Machenschaften seines Chefs und nur um die eigene Karriere besorgt. Auch der Chauffeur kann natürlich nicht weiterhelfen, denn er ist ähnlich beziehungsblind wie Cordes. Sein halbherziger Ratschlag, auf die Ersatzbefriedung durch Zigaretten zu verzichten, kann weder Selbsterkenntnis noch die Akzeptanz von Schuld und Strafe auslösen.

König David dagegen hatte sich eine zweite Chance erarbeitet. Als Reaktion auf die intervenierende Strafrede seines Ratgebers Nathan durchlief er einen fast psychoanalytisch zu nennenden Prozess des »Erinnerns, Wiederholens, Durcharbeitens« (Freud 1914/1997) und begegnete dabei seinen verleugneten und verdrängten Gefühlen. Er stellte sich seinem **Neid** und seiner Habgier, die ihn dazu verleitet hatten, einem ranghohen Offizier die schöne, junge Frau zu stehlen. Er war konfrontiert mit seiner Feigheit; aus **Angst**, sein Amt wegen einer Liebschaft mit der Frau eines Untergebenen zu verlieren, stellte er einem pflichttreuen Offizier eine Falle. Er ließ die **Scham** zu, dass ihn **erotische Wünsche und Bedürfnisse** zu Unrecht verführt hatten. Er stellte sich der Strafe, die ihn daraufhin traf, weil seine **Aggressionen** zum Tod eines ihm treu Untergebenen geführt hatten. Und er **trauerte** um den Verlust seines Kindes, das schuldlos wegen seiner Schuld sterben musste.

Anders wohl Roland Cordes. Er hat nicht gekämpft, weder um seine berufliche Stellung noch um sich selbst. So bleibt der Film bis zum Schluss in vielen Punkten offen, viele Szenen werden nicht aufgelöst und sind verwirrend. Emotionen und Konflikte werden dargestellt, und Themen werden angeschnitten, ohne dass diese immer zu Ende erzählt werden. Aber es gibt viele Anregungen für die Zuschauer, sich mit den psychischen Mustern und Beweggründen der agierenden Menschen, allen voran der beiden Protagonisten, auseinanderzusetzen, ohne aber letztlich Gewissheit über deren Innenwelten und Biographie zu erlangen.

1.5   Fazit: Emotionslos Führen – eine Illusion

Der Film zeigt deutlich, dass das Credo der emotionslosen Führung eine Illusion ist. Mit der Aussage »Der Banker des Jahres kann sich Gefühle nicht leisten«, provoziert ein Journalist Cordes und triggert so dessen entlarvenden Impulsdurchbruch. Gerade die Tabuisierung von Emotionen in Unternehmen führt jedoch dazu, dass Gefühle, die nicht erwünscht und doch allgegenwärtig sind, ihre Wirksamkeit unkontrolliert und häufig auch destruktiv entfalten. Affekte wie Angst, Neid, Scham, Trauer, Aggression und Eros sind von so grundlegender Bedeutung, dass sie ihren festen Platz auch in Wirtschaft und Management haben. Wie konstruktiv die Beteiligten mit diesen Emotionen umgehen, macht den qualitativen Unterschied aus.

Internetquellen

1. ▶ http://de.wikipedia.org/wiki/Bathseba (Zugriff: 10.06.2015)
2. ▶ http://www.unter-dir-die-stadt.de/interviews.php (Zugriff: 10.06.2015)
3. ▶ https://archive.org/stream/Machiavelli-Niccolo-Der-Fuerst/MachiavelliNiccolo-DerFuerst152S.Text#page/n101/mode/2up (Zugriff: 10.06.2015)
4. ▶ http://www.ekd.de/glauben/zehn_gebote.html (Zugriff: 10.06.2015)

Literatur

Freud, S. (1900/1997). *Die Traumdeutung*. Bd. 2. Frankfurt a. Main: S. Fischer.
Freud, S. (1914/1997). Erinnern, Wiederholen und Durcharbeiten (Weitere Ratschläge zur Technik der Psychoanalyse II). *Schriften zur Behandlungstechnik* (S. 205–215). Frankfurt a. Main: S. Fischer.
Kernberg, O. F. (2000). *Ideologie, Konflikt und Führung: Psychoanalyse von Gruppenprozessen und Persönlichkeitsstruktur*. Stuttgart: Klett-Cotta.
Martin, R. (2014). Das Gold in den Köpfen – Kreativität als Zu-Mutung von Organisationen. Eine psychoanalytische Interpretation des Spielfilmes »Unter dir die Stadt«. *Freie Assoziation. Zeitschrift für das Unbewusste in Organisation und Kultur* 17(1 + 2), 91–101.
Tuckett, D. (2011). *Minding the Markets. An Emotional Finance View of Financial Instability*. New York, NY: Palgrave Macmillan.
Türcke, C. (2015). *Mehr. Philosophie des Geldes*. München: Beck.

Vom Affekt zu Gefühl und Mitgefühl – eine neurobiologische und bindungstheoretische Einführung

Matthias Franz

E.-M. Lewkowicz, B. West-Leuer (Hrsg.), *Führung und Gefühl*,
DOI 10.1007/978-3-662-48920-8_2, © Springer-Verlag Berlin Heidelberg 2016

2.1 Affekte und Gefühle als überflüssige Störquellen oder entscheidende Hinweisgeber

Zu Beginn und am Ende unseres Lebens, nämlich dann, wenn Worte als beziehungsregulative Sprachsymbole noch nicht oder nicht mehr tragen, sind wir ausschließlich affektgesteuerte Wesen. Aber auch über den Lebenszyklus hinweg signalisieren wir, was wir vom Anderen brauchen, mit Hilfe unserer angeborenen Basisaffekte: Angst, Wut, Trauer, Ekel und Freude. Diese elementaren Affektsysteme beeinflussen simultan und permanent unsere Wahrnehmung und unser Verhalten. Sie arbeiten gewissermaßen im Hintergrund als zielgerichtete Anpassungsprogramme zum großen Teil ohne bewusste Kontrolle und mit hoher Geschwindigkeit für unsere Sicherheit und unser Überleben. Zu den wichtigsten Trägern affektvermittelter Information zählen Mimik, Blickrichtung, Gestik, Körperhaltung, motorische Dynamik, Gangbild, Klang, Dynamik und Prosodie der Stimme. Etwas verdeckter wahrnehmbar sind vegetative Affektkorrelate wie beispielsweise Atemtiefe und -frequenz, Hautdurchblutung, Schwitzen, Zittern, herzschlagabhängige Oszillationen, Pupillenweite, Aufrichtung der Haarwurzeln u.a. Ohne jede Esoterik kann man das Gesamtmuster der von einer Person auf zahlreichen Kanälen gesendeten (oder auch nicht gesendeten) affektiven Mikrosignale durchaus als eine Art persönliche Aura bezeichnen.

Von daher gibt es keine sinnlosen oder moralisch zu verurteilenden oder gar negativen Affekte und Gefühle. Angst, Wut und auch komplexere, sozial gelernte Gefühle wie Neid, Eifersucht, ja sogar Schadenfreude sind unter bestimmten Bedingungen förderlich für die Stabilisierung zwischenmenschlicher Beziehungen oder das Überleben der Bezugsgruppe. Affektzustände und die damit zusammenhängenden Körperzustände und Gefühle sind wertvolle Hinweisgeber. Im Parlament der Gefühle hat gewissermaßen jedes Gefühl zunächst einmal Rederecht. Abgestimmt wird, wenn alle zu Wort gekommen sind. Alle Gefühle sind also zunächst einmal in sich sinnvoll. Gefährlich werden Affekte und Gefühle erst, wenn man aufgrund tiefer liegender Probleme nichts von ihnen weiß oder wenn man sie nicht sozial verträglich kontrollieren kann.

Menschen sind gerade wegen ihres komplexen, auf Kooperation hin angelegten Sozialverhaltens also in umfassender Weise auch Affektwesen. Deshalb sind emotionale Kompetenzen im Umgang mit anderen Menschen von entscheidender Wichtigkeit für den biologischen und sozialen Erfolg. Sind die emotionalen Kompetenzen eingeschränkt oder beeinträchtigt, erhöht sich das Risiko für psychische Erkrankungen erheblich.

2.2 Die Basisaffekte als evolutionär erworbene Überlebensprogramme

Unsere emotionalen Kompetenzen im Umgang mit Affekten entwickeln sich in einem langandauernden Austausch mit den elterlichen Bezugspersonen während unserer ersten etwa sechs Lebensjahre. Die Entwicklung und Reifung unserer affektverarbeitenden Systeme während der Kindheit möchte ich nun im Folgenden beschreiben.

Ein Set von fünf angeborenen basalen Affektsystemen bestimmt unsere Wahrnehmung und unser Verhalten von Anfang an: **Angst, Wut, Ekel, Freude und Trauer.** Aus evolutionsbiologischer Sicht verfügen wir über diese Basisaffekte nicht etwa vor allem deshalb, damit wir als Individuen unser Leben erfüllt und intensiv erleben können. Das wäre ein verständlicher, aber typisch narzisstischer Fehlschluss, motiviert durch illusionäre Vorstellungen von der Wichtigkeit der eigenen Person. Die Basisaffekte sind aus evolutionsbiologischer Sicht die wesentliche Voraussetzung, um in einer potenziell gefährlichen Umgebung mittels altruistischer Kooperation in einer Gruppe überleben zu können.

Das angeborene Wissen unserer Affektprogramme über die Welt ermöglicht uns – gewissermaßen als eine Erstmaßnahme – eine schnelle, grobe Anpassungsreaktion für den Notfall, der allerdings bei einem Baby, einem Kleinkind oder bei psychisch beeinträchtigten Personen sehr schnell eintreten kann. Deshalb wird das Repertoire unserer affektgesteuerten Verhaltensweisen sinnvollerweise im Laufe der kindlichen Entwicklung zum einen quantitativ durch eine nuancierende Affektkontrolle und zum anderen qualitativ durch Ausbildung komplexerer, sozial gelernter Affekte weiterentwickelt. Zu den sozial gelernten komplexen Affekten und Gefühlen zählen beispielsweise Schamgefühl, Schuldgefühl, Eifersucht, Neid, Schadenfreude, Verachtung und Besorgtheit. Diese Gefühle setzen im Gegensatz zu den angeborenen Basisaffekten eine bereits verinnerlichte Beziehung und den inneren Dialog mit einem intern repräsentierten Gegenüber voraus. So basiert das kindliche Schuldgefühl zunächst auf den in der Gewissensinstanz repräsentierten, explizit oder implizit vermittelten Forderungen der Elternbilder und der Befürchtung, bei Verstoß deren Schutz und Liebe zu verlieren. Später kann ein Schuldgefühl auch aus der empathischen Identifikation mit den schuldhaft verletzten Bedürfnissen des Gegenübers erwachsen.

Bereits wenige Wochen nach der Geburt können Säuglinge alle Basisaffekte mimisch aktiv zum Ausdruck bringen und sich so nicht nur mit ihrer Stimme in ihrer Bedürftigkeit vermitteln. Mit Hilfe der kindlichen Affektsignale können feinfühlige Bezugspersonen die Bedürfnisse des Kindes über das gesamte Spektrum aller kindlichen Affektzustände hinweg intuitiv erfassen, sich mit ihnen identifizieren und »artgerecht« im Sinne liebevoller elterlicher Fürsorglichkeit antworten. Eine längere Beziehung zu mindestens einer emotional feinfühligen und zuverlässigen Bezugsperson ist entscheidend für die weitere Entwicklung der sozialen Fähigkeiten des Kindes. Eine kompetente Bezugsperson erkennt Stresszustände des Kindes an seinen unterschiedlichen Affektsignalen und reguliert sie in empathischer Affektresonanz intuitiv bedürfnisgerecht. So lernt das Kind im ersten Lebensjahr Abhängigkeit und ab dem zweiten Lebensjahr Selbstständigkeit angstfrei zu ertragen.

Die zuverlässig erfahrene, bedürfnisgerechte, die kindlichen Affektsignale wertschätzende Aufmerksamkeit der Bezugsperson verinnerlicht das Kind schließlich. Damit stellt diese Erfahrung auch die Grundlage eines positiven Selbstwertgefühls und späterer Selbstfürsorglichkeit dar: »Ich und meine Bedürfnisse sind für meine Bezugsperson so wichtig, dass sie alles dafür tut, damit es mir gut geht. Ich bin Teil ihres Glücks und deshalb auch selbst etwas wert.« Der Psychoanalytiker Kohut hat für diesen Zusammenhang den bekannten Ausdruck vom »Glanz im Auge der Mutter« geprägt.

Funktionale elterliche Bezugspersonen lassen sich gewissermaßen über die kindlichen Affektsignale manipulieren und werden so zu empathiegesteuerten »Regulationsprothesen« ihres Kindes, indem sie dessen Bedürfnisse da (und nur da) erfüllen, wo es das Kind aufgrund seiner eigenen Unreife noch nicht selber kann. Für jeden Basisaffekt existiert im Gehirn nun ein eigenes Generatorsystem, ein neurofunktionelles Steuerzentrum, bei dessen Aktivierung verschiedene Teilmodule sehr schnell, simultan und konvergent wichtige, arterhaltende Verhaltensprogramme auslösen (Krause 1983, 2012) und den Organismus so auf ein affektspezifisches Handlungsziel hin orchestrieren. Diese Teilmodule ermöglichen eine vorbewusste Wahrnehmung und Bewertung einer Situation und bahnen eine zielorientierte Reaktionsantwort des autonomen Nervensystems samt dazugehörigen Körperempfindungen. Jedes Affektsystem verfügt zudem über ein eigenes unbewusstes Langzeitgedächtnis und einen nach außen gerichteten expressiven Signalcode, der sich an die Gruppenmitglieder richtet.

Diese simultan aktiven modularen Teilprogramme eines Affektgenerators stellen die angeborenen **Low-level-Mechanismen der Affektverarbeitung** dar. Sie konzertieren ein elementares Verhaltensmuster, das eine erste zielgerichtete Einstellreaktion des Organismus gegenüber wichtigen äußeren Objekten, Personen und Umweltbedingungen ermöglicht. Dabei bahnt jedes Affektsystem, jeder Affektgenerator eine spezifische Handlungstendenz:

- **Angst** zeigt eine Bedrohung an und organisiert die Flucht vor einem gefährlichen Objekt oder einer bedrohlichen Situation. Wenn Flucht (»flight«) oder Kampf (»fight«) im Extremfall nicht mehr möglich ist, kommt es zur Panik oder zum Totstellreflex (»freeze«). Als appellatives Warnsignal dient Angst auch der Mobilisierung von Unterstützung und Hilfe. Die automatische Achtmonatsangst eines fremdelnden Babys, das ein fremdes Gesicht erblickt und in diesem Moment den Schutz der bekannten Bezugsperson vermisst und diese herbeiruft, ist ein bekanntes Beispiel. Ziel der Angst ist die Erhaltung der eigenen körperlichen Integrität sowie auch der von nahen Bezugspersonen. Der zugeordnete Affektgenerator ist die Amygdala im medialen Schläfenlappen. Prototypisches Signal des Kindes: Angstmimik und Schreien, schutzsuchendes Anklammern; artgerechtes Antwortverhalten der Bezugsperson: kontrollierte und begrenzende Bestätigung des mitempfundenen Affektes, auf den Auslöser gerichtete, hohe Aufmerksamkeit und Schutz vor dem bedrohlichen Objekt.

- **Wut** – in der Extremvariante als Hass oder Zorn – bahnt die Zerstörung eines gefährlichen äußeren Objektes, das eine kritische Annäherungsdistanz unterschreitet und mit seinen Handlungen die Befriedigung eigener Bedürfnisse gefährdet. Auch bei der Initiierung dieses Affektsystems spielt die Amygdala eine wichtige Rolle. Prototypisches Signal des Kindes: aggressive Mimik und Vokalisation, Kampf- und Zerstörungsbereitschaft; artgerechtes Antwortverhalten der Bezugsperson: kontrollierte und begrenzende Bestätigung des mitempfundenen Affektes, auf den Auslöser gerichtete, hohe Aufmerksamkeit, ggf. dessen Bekämpfung und Begrenzung der Wut.

- **Ekel** führt zur Ausstoßung eines bedrohlichen Objektes, das möglicherweise schon teilweise in den Körper eingedrungen ist. Extremvariante ist das Erbrechen. Dieser Basisaffekt verhindert beispielsweise die wiederholte Aufnahme potenziell giftiger Substanzen. Das Ekelgedächtnis ist wie das Angstgedächtnis außerordentlich effektiv und löschungsresistent. Zugeordnetes Generatorsystem sind die Basalganglien und die Insel im Temporallappen. Prototypisches Signal des Kindes: Ekelmimik, Würgen, Abscheu und Distanzierung; artgerechtes Antwortverhalten der Bezugsperson: kontrollierte und begrenzende Bestätigung des mitempfundenen Affektes, auf den Auslöser gerichtete, hohe Aufmerksamkeit und protektive Entfernung des Auslösers.

- **Freude** unterstützt und ermöglicht die beziehungsstabilisierende, lustvolle Annäherung an ein gutes Objekt (z.B. eine für die eigene Sicherheit oder Fortpflanzung wichtige Bezugsperson). Wesentlicher Generator ist hier das Belohnungserwartungssystem (Nucleus accumbens). Prototypisches Signal des Kindes: Lächelmimik, Lachen, freudige Vokalisation, Ausstrecken der Arme, Annäherung; artgerechtes Antwortverhalten der Bezugsperson: verstärkende Bestätigung des mitempfundenen Affektes, freudige Erwiderung.

- **Trauer** intendiert die soziale Unterstützung in einer Verlustsituation. Dieses Affektsystem soll ein getrenntes/verlorenes wichtiges Objekt (z.B. Bezugsperson) zur Rückkehr bewegen oder die Bezugsgruppe motivieren, einen Ersatz zur Verfügung zu stellen. Für die Initiierung dieses Basisaffektes wichtige Generatorregionen befinden sich wahrscheinlich im Zingulum und im inferioren frontalen Gyrus. Prototypisches Signal des Kindes: Trauermimik, Wimmern, Weinen, Schluchzen, Anschmiegen; artgerechtes Antwortverhalten der Bezugsperson: kontrollierte und begrenzende Bestätigung des mitempfundenen Affektes, auf den Auslöser gerichtete, hohe Aufmerksamkeit und **Trost**.

2.3 Vom Affektgenerator zur Affektmodulation

Die kindliche Entwicklung von zunächst einfachen (»low level«) zu später komplexeren (»high level«) Kompetenzen in der Verarbeitung eigener affektiver Zustände beginnt mit dem Stadium der fast völligen Angewiesenheit des Kindes auf die externe Regulation seiner affektiven Spannungszustände, gefolgt von der Fähigkeit zur Differenzierung und Symbolisierung eigener affektiver Zustände auch mittels Sprache und reift schließlich zur Fähigkeit, auch die Affekte und Gefühle anderer empathisch mitzufühlen.

Diese Transformation von der unmodulierten maximalen Aktivierung eines angeborenen Primäraffektes zum kontrollierten Umgang des Erwachsenen auch mit komplexen, sozial gelernten Gefühlen (z.B. Scham, Verachtung, Schuld, Neid, Eifersucht) erfolgt in einem jahrelangen Reifungsprozess. Zunächst initiieren die von spezifischen Generatorsystemen aktivierten Affektmodule angeborene Reaktionsmuster, die bei Babys und Kleinkindern als Low-level-Mechanismen der Affektverarbeitung ablaufen. Die Affektgeneratoren richten ihre Signale gewissermaßen autonom an die Bezugsperson, ohne dass der Säugling über ein differenziertes inneres Bild seiner Beziehung zur Bezugsperson verfügen muss. Die Repräsentanzen der Beziehung zur Bezugsperson werden erst später verinnerlicht, und erst diese Erinnerungsbilder erlauben die zunächst durch Phantasien verzerrte und später zunehmend realistischere Wahrnehmung und Adressierung der auf die Bezugsperson gerichteten Bedürfnisse und Gefühle und den inneren Dialog mit ihr. Diese Fähigkeit des Kindes bezeichnen Psychoanalytiker als »Objektkonstanz«. Dem Säugling und Kleinkind steht in der frühen Entwicklungsphase der Affektverarbeitung ausschließlich das rohe Affektsignal der Generatorsysteme für die Mitteilung seiner inneren Zustände und Bedürfnisse zur Verfügung.

Die noch kaum gestufte On-off-Dynamik der kleinkindlichen Affektsysteme ist unter evolutionären Aspekten auch sinnvoll. Um von den Bezugspersonen unmissverständlich korrekt verstanden zu werden, wird über die »volle Lautstärke« eines Affektes sichergestellt, dass die jeweilige Botschaft auch unter Störbedingungen ankommt und verstanden wird. Das Baby und auch noch das Kleinkind sendet seine Affektsignale meist in Hochdosis, überdeutlich, unmissverständlich und noch wenig nuanciert, da die übergeordneten affektmodulierenden Systeme in seinem Gehirn noch lange nicht ausgereift sind. Angst – z.B. vor der Trennung von der Bezugsperson – ist bei einem Baby, das allein nicht überleben kann, deshalb sehr schnell Todesangst. Aus Trauer nach einem Verlust entwickelt sich ohne tröstende Zuwendung bald stumme Verzweiflung. Die Heftigkeit der kindlichen Affektsignale bewirkt also, dass die Ursache von der Bezugsperson meistens sicher erkannt und dass regulativ interveniert werden kann.

Die geringe Selbstregulationsfähigkeit des Babys bewirkt aber auch, dass es sich in seinen Bedürfnissen unter hochenergetischen Bedingungen z.B. mit heftigem Schreien, Herzrasen und starker Muskelaktivität vermittelt. Aus diesem Grund ist es sinnvoll, dass die körpernahen, teilweise sehr heftigen affektiven Erregungszustände im Laufe der weiteren Entwicklung einer moderierenden Steuerung unterworfen werden.

Die basalen Routinen der affektgesteuerten Anpassung werden mit fortschreitender Entwicklung des Kindes einer bewertenden und integrierenden Kontrolle durch die funktionell übergeordnete Systeme des Präfrontalkortex unterworfen (Hariri et al. 2003; Seitz et al. 2006; Schore 2007; Rolls u. Grabenhorst 2008). Diese Kontrolle ermöglicht die Berücksichtigung situativer und normativer Aspekte und hemmt und moduliert den direkten Ausdruck des unverarbeiteten Rohaffekts im Sinne der sozialen Anpassung und des Schutzes wichtiger Beziehungen. Die in diesen Funktionssystemen repräsentierten High-level-Kompetenzen der Affektverarbeitung sind nicht mehr in erster Linie phylogenetisch festgelegt, sondern sie ermöglichen erst die Kontrolle und Steuerung primärer affektiver Handlungsimpulse sowie den zielorientierten Umgang mit aktivierten Basisaffekten im Sinne einer sozial adaptiven Bewältigung intrapsychischer oder zwischenmenschlicher Konflikte.

So wird es möglich, dass in Entscheidungssituationen nicht allein das unbewusste Affektgedächtnis sich handlungsbestimmend durchsetzt, sondern dass auch übergeordnete Zentren mit entscheiden, in denen komplexe soziale Lernerfahrungen repräsentiert sind. Diese höheren Kompetenzen und die ihnen zugeordneten Kontrollsysteme der präfrontalen Hirnrinde entwickeln sich jedoch erst in einem komplexen wechselseitigen Prozess kontingenten sozial-emotionalen Lernens zwischen Kind und Bezugspersonen in den ersten Lebensjahren. Sie werden also sozial vermittelt, und zwar in Abhängigkeit von der Qualität des frühkindlich erfahrenen, emotionalen Austauschs (Schore 2007).

Zu diesen sozial erworbenen **High-level-Kompetenzen** in der Affektverarbeitung zählen
- eine differenzierte und vollständige Affektwahrnehmung über alle Affekte hinweg,
- die sprachbewusste Wahrnehmung (Affektsymbolisierung) und
- die introspektive Differenzierung von Affekten als Gefühle (affective awareness),
- die Fähigkeit, analytisch über die Ursachen erlebter Gefühle reflektieren und
- sie hinsichtlich eigener Bedürfnisse in einen sozialen Kontext einordnen zu können,
- die mitfühlende Wahrnehmung der Affekte und Gefühle anderer Personen sowie
- die vorausschauende Einbeziehung ihrer Gefühlsreaktionen in Bezug auf die eigene Verhaltensplanung.

Eine bewusste Wahrnehmung eigener affektiver Zustände, die Fähigkeit, einen im eigenen Gehirn aktivierten Basisaffekt sprachbewusst zu repräsentieren, ist die neurowissenschaftliche Definition eines »Gefühls«. Die Fähigkeit, die Aktivierung eines eigenen Basisaffektsystems differenzierend und introspektiv wahrzunehmen (»zu fühlen«), ist die Voraussetzung für einen reflektierenden und verarbeitenden Umgang mit eigenen Affektzuständen. Andere High-level-Kompetenzen im Umgang mit affektiven Primärimpulsen sind kognitive Bewältigungsstrategien unter Nutzung individueller Lernerfahrungen, Erwartungen und Überzeugungen. Diese erlauben das »beherrschte« Nachdenken über die Ursachen eigener affektiver Zustände und das bewusste Abwägen angemessener Verhaltensoptionen. Auch die Fähigkeit, affektive Zustände mittels komplexer Zeichencodes symbolisch zum Ausdruck zu bringen und für andere verständlich mitzuteilen, gehört hierher.

Gerade die sprachsymbolische Kommunikation primärer Basisaffekte ermöglicht auch eine Hemmung impulsiver, potenziell gefährlicher oder dysfunktionaler Affekthandlungen und eine effektive, schadensbegrenzende, soziale Interessenaushandlung bei konflikthaften Motivationslagen der Beteiligten.

Schließlich stellt die empathiebasierte Antizipation der vermutlichen Wirkung eigener Affektsignale auf andere und die Berücksichtigung dieser vermutlichen Wirkungen in die eigene Verhaltensplanung die höchstentwickelte Kompetenz im Umgang mit affektiven Impulsen dar. Die Entwicklung derartiger High-level-Kompetenzen, wie die Fähigkeit zur Einfühlung oder zur Generierung eines kognitiven Modells der wahrscheinlichen Wahrnehmungen, Affektlagen, Denkmuster, Motivationen und Reaktionsweisen des Gegenübers sind sehr effektive Anpassungsstrategien.

2.4 Die Entwicklung von High-level-Kompetenzen

Die langfristig wiederholte und kontingente Erfahrung, in belastenden Stresszuständen, aber auch in lustvollen Zuständen von der Bezugsperson empathisch verstanden und zuverlässig reguliert bzw. bestätigt zu werden, stabilisiert die Beziehung des Babys zur Bezugsperson.

Aus der normalerweise regelmäßigen Erfahrung des Kindes, die Mutter (oder den Vater) mittels eigener Wünsche – und Affektsignale sind im Grunde nichts anderes als Wunschäquivalente – offensichtlich in Richtung Bedürfniserfüllung steuern zu können, resultiert der ganz normale Größenwahn des Babys und Kleinkindes: »Die Anderen und die Welt sind nur für mich da.« Dieser narzisstische Fehlschluss von der eigenen Bedürftigkeit auf die selbstverständlich vorausgesetzte Bereitschaft der Anderen, sich entsprechend den eigenen Bedürfnissen zu verhalten, wird unter günstigen Entwicklungsbedingungen in der späteren Kindheit, etwa mit Erreichen der Schulreife, durch ein realitätsbezogeneres Konzept von Wechselseitigkeit in zwischenmenschlichen Beziehungen ersetzt.

Auf der Basis des so entstehenden Urvertrauens lernt das Baby über die **teilnehmende Spiegelung** seiner Affektzustände durch die Eltern, zwischen seinen eigenen unterschiedlichen Affekten zu unterscheiden. Die für die teilnehmende Spiegelung entscheidenden, angeborenen Verhaltensprogramme laufen zwischen den Beteiligten mit hoher Geschwindigkeit und weitgehend unbewusst ab.

Auf erste unlustvolle Affektsignale ihres Babys (z.B. angstvolles Wimmern oder Schreien) reagiert jede gesunde Mutter mit einer automatischen Einschwingreaktion. Sie identifiziert sich in Sekundenbruchteilen mit dem affektiven Zustand ihres Kindes und diagnostiziert durch diese Einstellreaktion gewissermaßen dessen Affekt. In Analogie zu einem abgestimmten Sender-Empfänger-System bezeichnet man diese automatisch ablaufende empathische Einstellreaktion als »affect attunement«. Die Affektgeneratoren im mütterlichen Gehirn vollziehen die Aktivierung der entsprechenden Affektsysteme im Gehirn ihres Kindes fast verzögerungsfrei mit. Die Mutter teilt den Affekt ihres Kindes im Sinne eines »affect sharing«. Dies erfolgt aber dann im Weiteren in einer kontrollierteren Weise als im Gehirn des Kindes.

Dabei spielt das Gesicht der Mutter eine wichtige Rolle. Das, was mit dem Begriff »Zuwendung« gemeint ist, bezeichnet im Kern ganz konkret die Zuwendung des spiegelungsbereiten Gesichts und den Augenkontakt mit der empathisch auf die Affektsignale des Kindes eingeschwungenen Mutter. Das mütterliche Gesicht befindet sich z.B. beim Stillen in interaktiver Echtzeitresonanz mit dem Inneren des Babys. Es ist gewissermaßen der »Seelenspiegel« des Babys. Über den Umweg des mütterlichen Gesichts, über dessen spiegelnde und leicht übertriebene, mütterliche Mimik erfährt das Kind mit einer zeitlichen Feedback-Verzögerung von etwa 300 Millisekunden – also fast »online« – wie es sich »fühlt«, weil es das selber noch nicht »weiß«. Die Mutter macht ihm auf diese Weise vor, was es selber noch nicht kann. Lustvolle Affektzustände des Kindes werden so verstärkt, unlustvolle begrenzt. Deshalb trinkt der Säugling nicht nur mit dem Mund aus der Brust, sondern auch mit den Augen aus dem Gesicht der Mutter.

Das Display des mütterlichen Gesichts ist für die Reifung der Affektverarbeitung des Kindes von großer Bedeutung. Bildschirme oder Smartphones können diese Funktion nicht ersetzen, da diese nicht resonant auf die inneren Affektzustände des Kindes reagieren, sondern ihm im Gegenteil affektinduktive Stimuli oktroyieren, die wie verinnerlichte Fremdkörper das Kind von seiner emotionalen Authentizität entfremden. Wenn die affektmodulierende Spiegelfunktion des elterlichen Gesichts beispielsweise durch anhaltende Depressionen oder Persönlichkeitsstörungen ernsthaft beeinträchtigt ist, kann das ebenfalls negative Folgen für die betroffenen Kinder nach sich ziehen (Field 1994; Dawsen et al. 1997; Cohn u. Tronick 1983; McLearn et al. 2006; Weinberg et al. 2006).

Aus dem empathisch spiegelnden Gesicht der elterlichen Bezugsperson liest das Kind also »kindgerecht aufbereitet« permanent seine eigenen affektiven Zustände ab. Wenn diese Feed-back-Schleifen häufig und kontingent durchlaufen werden, kondensieren sie zu verinnerlichten, affektiven Schemata, und das Kind lernt zunehmend besser, zwischen seinen eigenen unterschiedlichen Basisaffekten zu unterscheiden.

Das zugewandte Gesicht der Mutter stellt den Affekt des Kindes dar und spiegelt ihm so dessen eigenen Affektstatus. Dies geschieht aber nun nicht unverändert im Sinne einer mechanischen Spiegelung. Vielmehr modifiziert oder »kommentiert« die Mutter den kindlichen Affekt durch mimische oder auch stimmliche Eigenbeiträge. Beispielsweise erscheint der unlustvolle kindliche Angstaffekt nur in abgeschwächter (»verdauter«) Form im Gesicht der Mutter. Die Angst oder die Wut des Kindes werden im Gesicht der Mutter quasi in entschärfter, abgemilderter, also verarbeiteter Form gespiegelt und mit Besorgnis oder Kummer, vielleicht auch mit einem Trostlächeln unterlegt.

Die Mutter (selbstverständlich auch der Vater) kann dem Kind durch diese – von dem Psychoanalytiker Fonagy so bezeichnete – **Affektmarkierung** vermitteln: »Du bist sehr wichtig für mich. Was ich dir in meinem Gesicht zeige (= für dich markiere), ist nicht meine, sondern deine Angst. Ich zeige dir damit, dass ich weiß, was du fühlst. Aber ich kann mit diesem Affekt umgehen, und deshalb weiß ich auch, was du brauchst und was zu tun ist. Das kannst du selber noch nicht. Dir zuliebe werde ich das aber immer genau dann tun, wenn du es brauchst.« Durch diese teilnehmende, d.h. modifizierende Spiegelung leistet die Mutter für das Kind eine Verarbeitung seiner Rohaffekte und reguliert durch mütterliches Antwortverhalten die dahinterliegenden Bedürfnisse des Kindes.

Eine durch die Angst des Kindes ausgelöste, unverarbeitete und dann auch im Gesicht der Mutter erscheinende eigene Angst der Mutter würde das Kind hingegen nicht beruhigen, sondern es noch weiter ängstigen. Psychisch belastete Eltern, die aufgrund eigener Bedürftigkeit oder belastender Vorerfahrungen die aversiven Affektzustände ihres Kindes als (erneute) Bedrohung erleben und mit eigener Angst auf die Angst des Kindes reagieren oder aber aufgrund einer eigenen Depression die Affektsignale des Kindes erst gar nicht in sich abbilden und dann auch nicht mimisch spiegeln können, sind manchmal nur eingeschränkt in der Lage, die aversiven Spannungszustände ihres Kindes feinfühlig zu »entgiften«.

Mittels ihrer transmodalen Affektsymbolisierung (Mimik, Stimme, Körperkontakt) fördert die Mutter die Fähigkeit ihres Kindes, seine Affekte schließlich auch selber differenzierter wahrzunehmen. Dadurch, dass sie auf unterschiedliche Affektsignale des Kindes mit spezifischen Regulationsantworten reagiert, lernt das Kind (und mit ihm auch die Mutter) mit der Zeit seine unterschiedlichen Bedürfnisse und die dazugehörigen Affekte zu unterscheiden und immer genauer auszudrücken. So ermöglicht die Bezugsperson durch ihre differenzierenden Spiegelungsantworten dem Kind als wichtigen Entwicklungsschritt in der Affektverarbeitung die Fähigkeit zur **Affektdifferenzierung**.

Eine Bezugsperson, die auf die unterschiedlichen Affektsignale ihres Kindes nicht differenzierend sondern gar nicht oder nur sehr eingeschränkt und monoton – beispielsweise mit Essen – reagiert, vermittelt ihrem Kind: »Es ist egal, wie Du Dich fühlst. Es gibt immer nur dieselbe Antwort, weil ich Dich nicht verstehe.« Eine Mutter, die die Trauer oder Wut ihres Kindes aufgrund eigener Abwehrbedürfnisse nicht erträgt, wird beispielsweise dazu tendieren, diese Affekte dysfunktional oder gar nicht zu spiegeln. Ein Kind lernt unter solchen Umständen, dass seine Affekte einen Störreiz für die Bezugsperson darstellen, der beseitigt und nicht beantwortet wird. Es kann so nicht lernen, seine verschiedenen Affekte zu unterscheiden.

Vielmehr lernt es fatalerweise, dass Affekte dazu da sind, sie nicht zu zeigen. Es wird dann später vielleicht auch als Erwachsener Probleme haben, seine Affekte zu bemerken und sie als Gefühle zu benennen.

Etwa im dritten Lebensjahr macht das Kleinkind mit Hilfe seiner Bezugspersonen einen weiteren Reifungsschritt von größter Wichtigkeit. Mit Hilfe seiner spiegelnden Bezugsperson und anhand ihrer Reaktionen auf seine eigenen Affektsignale hat das Kind nach und nach gelernt, dass seinen unterschiedlichen Affektzuständen auch unterschiedliche Ausdrucksymbole zugeordnet sind. So erwirbt das Kind ein sich stetig erweiterndes Repertoire beispielsweise mimischer oder stimmlicher Zeichen für seine inneren Affektzustände. Schließlich entwickelt das Kleinkind die Fähigkeit, seine unterschiedlichen Affektzustände auch auf sprachsymbolischer Ebene auszudrücken: Eine Leistung, die mit einem erheblichen energetischen Gewinn und wachsender Selbstwirksamkeit verbunden ist.

Die zuverlässig wiederholten Spiegelungserfahrungen mit der Bezugsperson ermöglichen dem Kind die »mutter«sprachliche Symbolisierung seiner eigenen Affektzustände. Das heißt, aus dem zunächst automatisierten Affektgeschehen, dem rohen körperlichen Affektsignal, wird langsam ein Gefühl, das bewusster wahrgenommen und sprachsymbolisch ausgedrückt werden kann. Affekte erscheinen nun als Wortsymbole an der Verhaltensoberfläche und definieren so die Soziosphäre des Kindes neu.

Die situative Kontextualisierung eines Gefühls im Hinblick auf den Auslöser kann allerdings durchaus einigen analytischen und introspektiven Aufwand und auch die Hilfe von anderen Personen erfordern. Diesem gedanklichen Klärungsprozess hat beispielsweise der liebesbedürftige Heinrich Heine in seiner Gedichtzeile »Ich weiß nicht, was soll es bedeuten, dass ich so traurig bin« ein berührendes Denkmal gesetzt. Bezugspersonen können bei diesem Klärungsprozess sehr hilfreich sein, wenn mit ihrer Hilfe der Affekt zuvor erst einmal benannt wurde: »Was hat Dich/Sie denn so traurig gemacht?«

Eigene Affektzustände als Gefühle fühlen und benennen zu können macht das Leben jedenfalls deutlich leichter und weniger verwirrend. Für das Kind ist es ein enormer Fortschritt und ein großer energetischer Gewinn, wenn es die Entwicklungsstufe der **sprachlichen Affektsymbolisierung** erreicht hat. Diese Fähigkeit bedeutet eine erhebliche Aufwandreduktion, da nun nicht mehr jeder Affekt körpernah über ein volles Hochfahren des Generatorsystems kommuniziert werden muss. Die Anpassung der Bezugsperson und seiner Umgebung an seine Bedürfnisse erreicht es mit sprachlichen Mitteln sehr viel leichter. Ein dreijähriger Junge, der seiner Mutter in der Abschiedssituation morgens am Frühstückstisch vor dem Kindergarten sagen kann »Mama, wenn Du gleich gehst, bin ich traurig!« hat eine sehr viel größere Wahrscheinlichkeit, eine kindgerechte Trostreaktion der Mutter hervorzurufen als ein gleichalter Junge, der in der gleichen Situation nur seine körperlichen Affektkorrelate spürt und deshalb nur in der Lage ist zu sagen: »Mama, ich habe Bauchweh.«

Die sprachliche Affektsymbolisierung ermöglicht es der Mutter im ersten Beispiel, sehr schnell und eindeutig die Trauer ihres Kindes zunächst zu teilen (»Ja, das ist wirklich traurig«) und so den Affekt des Kindes zu bestätigen. Auch die Begrenzung der kindlichen Trauer durch tröstende, liebevolle Zuwendung ist leichter möglich. Im zweiten Beispiel wird das geäußerte Bauchweh möglicherweise dazu führen, dass der Junge von der besorgten Mutter, wenn sie den dahinterliegenden Affekt des Kindes nicht dekodieren kann, einem Arzt vorgestellt wird. Ein kompetenter Arzt würde – nach einer gründlichen klinischen Untersuchung mit unauffälligem körperlichen Befund – im günstigen Fall bemerken, welches Beziehungsproblem hinter dem Symptom des Kindes stehen könnte und die Mutter zunächst einmal verständnisvoll-stützend und das Kind tröstend ansprechen (und den Bauchschmerz vielleicht mit einem Pflaster »behandeln«, ohne dem Kind weitere invasive diagnostische Maßnahmen zuzumuten).

2.5   Ohne Affekte keine Bindung

Das feinfühlige emotionale Feedback der Mutter ist die fundamentale Voraussetzung für die Entwicklung eines sicheren Bindungsmusters des Kindes (Gergely u. Watson 1996; Fonagy et al. 2007). Unter diesen Bedingungen entwickeln sich im Gehirn des Kindes auch die neuronalen Systeme, die später für eine kompetente und selbstständige emotionale Affekt- und Verhaltensregulation von Bedeutung sind. Lebenslang regulieren die über die teilnehmende Spiegelung erworbenen und verinnerlichten, affektiv gefärbten Bindungserfahrungen wie Interaktionsengramme (in psychoanalytischer Begrifflichkeit als Introjekte, aus kognitionspsychologischer Sicht als affektive Schemata benannt) das Selbstwertgefühl und enge Beziehungen zu wichtigen Beziehungspartnern. Als unbewusste Muster organisieren sie noch beim Erwachsenen wie interaktionelle Attraktoren die mehr oder eben weniger effektive emotionale Abstimmung mit nahen Anderen.

Auf der Basis eines sicheren Bindungsmusters und mittels der erreichten Fähigkeiten der Affektdifferenzierung und sprachlichen Affektsymbolisierung erfolgt ein weiterer wesentlicher Entwicklungsschritt in der kindlichen Entwicklung der Affektverarbeitung: die Mentalisierungsfähigkeit.

Verinnerlicht wurde vom Kind während des bisher geschilderten Prozesses auch die Fähigkeit der Bezugsperson, das Erleben des Kindes besonders auch in Stresszuständen empathisch in sich abzubilden, aber auch verarbeiten (»entgiften«) zu können. Diese Affektverarbeitung durch die Bezugsperson ermöglicht dem Kind erste Vorerfahrungen von Alterität eines Gegenübers. Es beginnt sich seinerseits in seine Bezugspersonen einzufühlen und stößt in ihrem Inneren auch auf deren genuine Affekte und Bedürfnisse. In dieser Phase entwickeln sich auch die komplexeren, objektbezogenen »sozialen« Gefühle wie Schuld und Scham, die im Kind die Fähigkeit voraussetzen, den Anderen und die Beziehung zu ihm in sich zu repräsentieren.

Etwa mit fünf bis sechs Jahren entwickelt das Kind also langsam die Fähigkeit, Affektsignale nicht nur bei sich, sondern auch bei anderen zuverlässig wahrzunehmen, zutreffend von diesen Signalen auf deren Gefühle zu schließen, sie kontextuell einzuordnen und als Ausdruck der Bedürfnisse einer von ihm selbst getrennten, eigenständigen Person anzuerkennen. Die empathische Fähigkeit des Kindes, sich ein realistisches, nicht mehr von eigenen Phantasien und Bedürfnissen verzerrtes Bild (ein mentales Modell) vom Denken und Fühlen sowie von den Motivations- und Bedürfnislagen des Anderen zu machen, hat der Psychoanalytiker Fonagy als **Mentalisierungsfähigkeit** bezeichnet (Fonagy et al. 2004). Schon die Zentrierung des Kindes auf den Geschlechtsunterschied und die Konsolidierung der eigenen sexuellen Identität etwa ab dem vierten Lebensjahr förderte die Fähigkeit zum explorativen Perspektivwechsel und relativierte die narzisstische Grandiosität des Kleinkindes. Die Mentalisierungsfähigkeit erlaubt nun die realistischere und vorausschauende Wahrnehmung und diagnostische Exploration des separierten Anderen einschließlich seiner verhaltensrelevanten Motivationen und seiner möglicherweise vorhandenen Bereitschaft zu altruistischer Wechselseitigkeit oder auch seiner verdeckten destruktiven Absichten, das Entdecken seiner Lügen.

In den vorangegangenen Entwicklungsstadien erlebte der Säugling und das Kleinkind die Mutter noch nicht im Sinne einer abgegrenzten, an eigenen Bedürfnissen ausgerichteten und deshalb zuweilen abwesenden, anderen Person - sondern eher als exekutiven Teil seiner selbst. Die exekutive Mutter, ja die ganze Welt hat sich eigentlich ganz um die über Affektsignale vermittelten Bedürfnisse des Kindes zu drehen, alles andere führte sonst sehr schnell geradewegs in die »Hölle«. Unter solchen Bedingungen entsteht völlig normal und geradezu zwangsläufig das, was man als kindlichen Größenwahn bezeichnet: Der erfahrungsbasierte Rückschluss von der eigenen Bedürftigkeit auf die selbstverständlich vom Kleinkind vorausgesetzte Bereitschaft der Anderen, diese Bedürfnisse auch zu erfüllen. Hieraus resultiert der klassische narzisstische Fehlschluss, der, wenn er nicht aufgegeben werden kann, beim Erwachsenen zu massiven Störungen des Sozialverhaltens führen kann: »Ich bin der Mittelpunkt der Welt, und diese ist dazu da meine Wünsche zu erfühlen und zu erfüllen. Wenn das nicht geschieht, werde ich (aus Angst und Wut) entweder alles zerstören, was diesem Anspruch nicht gerecht wird, oder – wenn das nicht möglich ist – mich selber. Andere Menschen haben in Wirklichkeit keine eigenen Wünsche.«

Dieser automatischen Rückschluss des noch nicht mentalisierungsfähigen, drei- oder vierjährigen Kindes von sich auf andere wurde von Fonagy als Äquivalenzmodus des kindlichen Welt- und Beziehungserlebens bezeichnet. Freud bezeichnete diese ungetrennte Wahrnehmung des Kindes und seine Tendenz, innere Phantasien und äußere Vorgänge noch nicht sicher unterscheiden zu können, als magisches Welterleben. Das Kind lernt erst später – vor allem durch das Spiel –, zwischen inneren Phantasien und äußeren Realitäten zu unterscheiden.

Die innerhalb wechselseitig förderlicher Beziehungserfahrungen mit den Eltern etwa im Schulalter entstehende Mentalisierungsfähigkeit des Kindes eröffnet schließlich auch die Möglichkeit zur reflektierenden Affektkontrolle und zum Mitgefühl. Die Fähigkeit zur empathischen Wahrnehmung der Gefühle und Bedürfnisse auch bei anderen erlaubt eine zunehmend reifere Beziehungsregulation unter Berücksichtigung des vermutlichen Verhaltens des Gegenübers in Reaktion auf das eigene Verhalten. Dessen Gefühle und die empathische Identifikation mit ihnen können nun auch zur Verarbeitung eigener Affektzustände genutzt werden. Beispielsweise wird ein mentalisierungsfähiges Kind einem traurigen Spielpartner eher nicht seine eigene Wut vollumfänglich zeigen, wenn ein gemeinsames Spielzeug zerstört wurde. Nach heutiger Kenntnis entwickelt und verbessert sich dieser reflektierende Umgang mit eigenen Affekten und den Affekten anderer mit fortschreitender Reifung der involvierten Funktionssysteme des präfrontalen Kortex bis hinein ins junge Erwachsenenalter.

Mittels dieser nun erreichten Mentalisierungsfähigkeit werden andere anhand ihrer Affektsignale und ihrer Fähigkeit zu empathischer Resonanz emotional intuitiv als Personen »erkannt«, die ebenfalls zu einer wechselseitigen Identifikation mit den Bedürfnissen des jeweils anderen fähig und bereit sind: »Dein Glück ist Teil meines Glücks.« Auf dieser Basis können dann auf Dauer angelegte, konstruktive Abhängigkeitsbeziehungen im Arbeits- oder Privatleben eingegangen werden. An dieser Stelle schließt sich der transgenerationale Entwicklungskreis der Affektverarbeitung, indem die früher in der eigenen Kindheit im Austausch mit teilnehmend spiegelnden Eltern erworbenen, emotionalen Fähigkeiten nun in den Dienst der Entwicklung der eigenen Kinder und deren emotionaler Entwicklung gestellt werden.

Die Übertragung interpersonal erworbener Vertrauensfähigkeit auf großformatige soziale oder ökonomische Systeme wie Rechts- oder Währungssysteme oder große Unternehmen erfordert natürlich zusätzliche Kompetenzen und Vereinbarungen. Wichtig sind hier für eine kritische und kompetente Risikoabschätzung von Abhängigkeiten natürlich auch auf äußere Fakten bezogene, analytische Fähigkeiten, um potenziell schädliche Manipulationsversuche durch rücksichtslose Andere (= unempathisch ausschließlich an eigenen Interessen und Bedürfnissen ausgerichtet agierende Individuen oder Organisationen) möglichst frühzeitig zu erkennen. Weiterhin erforderlich sind kollektiv getragene verbindliche Werte, wie z.B. die Meinungsfreiheit oder die Einigung auf ein staatliches Gewaltmonopol, und juristisch durchsetzbare Sanktionsmöglichkeiten bei deren Verletzung.

2.6   Klinischer Exkurs

Nachhaltige Störungen der emotionalen Lernprozesse während der kindlichen Entwicklung führen zu einer Beeinträchtigung der Affektverarbeitung und zu neuronalen Ausreifungsstörungen der affektmodulierenden Systeme und tragen so zum Entstehen beeinträchtigter emotionaler und sozialer Kompetenzen bei.

Derartige Beeinträchtigungen können zu einem klinisch bedeutsamen Syndrom beitragen, das der Psychoanalytiker Sifneos als Alexithymie (wörtlich: »keine Worte für Gefühle«) bezeichnet hat. Etwa zehn Prozent der erwachsenen Normalbevölkerung in Deutschland weisen eine alexithyme Beeinträchtigung auf und sind in ihrer Fähigkeit, eigene Gefühle oder die von anderen Personen zu erkennen, zu empfinden, zu differenzieren und auszudrücken deutlich beeinträchtigt (Franz et al. 2008; Schäfer u. Franz 2009). Diesen Personen stehen zur Affektverarbeitung vorwiegend nur die Low-level-Kompetenzen des Generatorsystems zur Verfügung. Das bedeutet, dass diese Erwachsenen, durchaus auch bei hoher formaler Intelligenz in operativen Handlungsfeldern emotional noch wie kleine Kinder »funktionieren« und nur wenig oder gar nichts von ihren Gefühlen und denen der Anderen wissen. Auch viele psychosomatische Patienten verarbeiten ihre Affekte als Erwachsene immer noch in einem vorsprachlichen und körpernahen Modus. Statt zu Emotionen kommt es lediglich zu Symptomen, also körperlichen Affektkorrelaten, die dem Patienten aber meistens unverständlich bleiben. Diese Krankheitsbilder werden als Somatoforme Störungen bezeichnet. Hierzu zählen beispielsweise Herzängste, funktionelle Magen-Darm-Beschwerden oder chronische Rückenschmerzen, für die sich keine organischen Ursachen finden lassen. Hinter all diesen Beschwerden stecken im Grunde unverarbeitete und unverstandene, anhaltende Aktivierungszustände zumeist der Affektsysteme Trauer, Wut oder Angst, die dann als Gram, Groll oder habituelle Ängstlichkeit chronifiziert erlebt und ausgestrahlt werden und so die Beziehungen zu anderen deformieren können. Man könnte diese Unfähigkeit, emotionale Signale wahrzunehmen und zu nutzen, fast als emotionalen Analphabetismus bezeichnen.

Nicht ausgeschlossen ist dabei allerdings, dass solche alexithyme Personen im späteren Leben lernen, an der Verhaltensoberfläche so etwas wie eine Pseudoemotionalität darzustellen. Sie simulieren Gefühle gewissermaßen wie auswendig gelernt, ohne dass diese authentisch, das heißt von eigenen Affekten getragen und situationsgerecht empfunden werden. Vielmehr erfolgt eine solche – für die Betreffenden sehr anstrengende – Außendarstellung entlang einer auf genauer Beobachtung beruhenden Wenn-dann-Dekodierung emotionsbezogener Erwartungen und Verhaltensweisen der Umgebung. Diese enorme Anpassungsleistung entspricht dem lautlichen Nachsprechen einer fremden Sprache, ohne das Gesprochene inhaltlich verstehen zu können.

Eine solche Pseudoemotionalität kann als Ausdruck eines von Winnicott (1984) so bezeichneten falschen Selbst verstanden werden. Dies mag in beruflichen Zusammenhängen kurzfristig soziale Funktionalität oder mittelfristig sogar Erfolg ermöglichen. Solche Menschen sind jedoch häufig nicht oder kaum in der Lage, ihre affektiven Zustände differenziert zu benennen, weil ihnen eben nur schwer bewusst wird, welches ihrer Affektsysteme aktuell oder länger andauernd aktiviert ist. Die einfache Frage: »Wie fühlen Sie sich?« löst Ratlosigkeit aus, die dann vielleicht mit konventionellen Sprachfloskeln überdeckt wird. Sie wissen nicht sicher, ob sie z.B. gerade wütend, traurig oder ängstlich sind.

Die körperlichen Zeichen einer Affektaktivierung (z.B. das mulmige Bauchgefühl, Rückenverspannungen, die Halsenge durch den Trauerkloß, die Erhöhung der Herzfrequenz bei beginnender Verängstigung), diese low-level-generierten Affektzustände werden von alexithymen oder somatoform erkrankten Personen nicht als Signale in ihrer Bedeutung verstanden. Sie werden im Gegenteil oft sogar zum Ausgangspunkt von Krankheitsbefürchtungen, die dann ihrerseits Anlass zu langwierigen, vergeblichen, medizinischen Abklärungs- und Behandlungsversuchen werden.

Diese symptomatischen körperlichen Affektkorrelate üben aber – wie alle heftigen Affektsignale – auch auf die Umgebung einen starken Handlungsdruck aus. Dies ist bei Babys und Kleinkindern ja auch absolut sinnvoll. Klagen jedoch Erwachsene (wie Kleinkinder) über chronische somatoforme Magen-Darm-Beschwerden oder Rückenschmerzen, für die sich keine (organische) Ursache und auch keine hilfreiche Therapie finden lässt, erzeugt dies im Gegenüber auf Dauer die gleichen schwer erträglichen Affekte (Wut, Ekel, Angst), die auch den Klagen des Patienten zugrunde liegen. Die Affekte des Patienten werden vom Gegenüber aufgrund ihrer Heftigkeit intuitiv wahr- und aufgenommen und setzen sich in diesem fest. Der Patient deponiert also gewissermaßen seine eigenen unerträglichen, aus kindheitlichen Belastungen stammenden Affektzustände im Inneren seines Gegenübers – in der unbewussten Hoffnung, endlich verstanden und reguliert zu werden. Diese unbewusst ablaufende Ausstoßung unerträglicher Affekte in das Gegenüber ähnelt einer emotionalen Infektion. Psychoanalytiker bezeichnen diesen grundlegenden Vorgang nicht als empathische, sondern als »projektive Identifikation« und erklären damit, dass das infizierte Gegenüber sich aufgrund der Übertragung schwer erträglichen Affektzustände schließlich (aus Selbstschutz) genauso ablehnend und destruktiv verhält wie die dysfunktionalen kindlichen Bezugspersonen des Patienten in dessen Kindheit.

Dies wird für das Gegenüber (den Vorgesetzten, die Teamkollegen, den Arzt, den Partner oder den Psychotherapeuten) zunehmend schwerer erträglich, je aversiver und unregulierter die per projektiver Identifikation mitgeteilten Affektzustände sind (Schore 2007). Bei fehlender psychoanalytischer Schulung versteht das Gegenüber diese Botschaft natürlich nicht als Regulationsanfrage eines Babys, sondern er will diese Infektion so schnell wie möglich loswerden – und am besten auch gleich die ganze »infektiöse« Person.

Diesen Abschnitt zu klinischen Aspekten der (beeinträchtigten) Affektentwicklung abschließend soll noch erwähnt werden, dass manche narzisstische oder dissoziale Psychopathen durchaus mit großem Geschick und Erfolg zu einer sehr präzisen Beobachtung, Diagnostik und – nur scheinbar empathischen – Spiegelung der affektiven Mikrosignale ihres Gegenübers in der Lage sind. Dabei erfolgt aber keine wirklich mitfühlende Identifikation mit den hinter den Affektsignalen stehenden Bedürfnissen des Gegenübers. Und schon gar nicht wird das Ziel verfolgt, dessen Bedürfnisse zu befriedigen. Im Gegenteil werden die über unbewusste Affektsignale z.B. mimisch oder gestisch mitgeteilten (kindlichen) Bedürfnisse und Wünsche und die durch Erfüllungshoffnung herabgesetzte Kritikfähigkeit des Gegenübers im Modus kalter Beobachtung manipulativ zur Erreichung eigener Ziele genutzt. Affektsignale anderer werden von solchen Psychopathen wie Einladungen erlebt, das »schwache« Gegenüber mittels dessen Bedürftigkeit zur Verfolgung eigener Zwecke auszunutzen. Es versteht sich von selbst, dass dabei die Affektsysteme des Psychopathen gerade nicht empathisch in Resonanz mit den Affekten des Gegenüber mitschwingen, sondern dass dieser innere Zustand nur äußerlich simuliert wird, um das Gegenüber missbräuchlich in trügerischer Sicherheit zu wiegen und noch tiefergehende Abhängigkeiten herzustellen. Solche Personen verhalten sich gewissermaßen wie hochspezialisierte Raubtiere, die ihre Beute nicht am Geruch, sondern an ihren Affektsignalen erkennen.

2.7   Zusammenfassung und führungstheoretischer Exkurs

Aus dem bisher Gesagten ist deutlich geworden, dass sich die funktionellen Systeme des kindlichen Gehirns, die in die sozial angemessene Wahrnehmung und Verarbeitung von Affekten und Gefühlen involviert sind, in Abhängigkeit von der emotionalen Zuwendung und der Qualität der affektgesteuerten Abstimmung in der frühen Eltern-Kind-Beziehung entwickeln. Die teilnehmend die Affektzustände des Kindes spiegelnde, kompetente Bezugsperson ermöglicht durch ihre spezifische Affektmarkierung dem Kind die differenzierende Bedürfnisdarstellung ohne Aussparungen über das gesamte Spektrum seiner Affekte hinweg. Diese als Selbstwirksamkeit verinnerlichte bedürfnisgerechte Regulationserfahrung fördert ihrerseits eine positive Selbstwertentwicklung, eine angstfreie Abhängigkeitstoleranz und Autonomieentwicklung, eine komplette Repräsentierbarkeit aller Affekte und die Entstehung eines sicheren Bindungsmusters als Voraussetzung einer darauf aufbauenden Entwicklung der Mentalisierungsfähigkeit.

Es gibt heute sichere Belege dafür, dass eine andauernd gestörte elterliche Spiegelungsfunktion und eine ungenügend feinfühlige Stressregulation durch die Bezugspersonen das Risiko des Kindes erhöhen, später selbst von einer Beeinträchtigung seiner eigenen emotionalen Kompetenzen und neurofunktionellen »Narben« in den affektverarbeitenden Systemen seines Gehirns betroffen zu sein. Hierdurch werden Kontroll- und Steuerungsfunktionen und die soziable Modifikation affektiver Impulse beeinträchtigt. Diese Zusammenhänge tragen im späteren Leben zum Entstehen zahlreicher psychischer und psychosomatischer Erkrankungen, zu einer erniedrigten Stresstoleranz, Kontaktstörungen und gesundheitlichem Risikoverhalten und sogar zu einer verkürzten Lebenserwartung bei (Felitti et al. 1998; Chugani et al. 2001; Weaver at al. 2004; Braun et al. 2005; Bremner 2005; Moriguchi et al. 2006, 2007; Colvert et al. 2008; Brown et al. 2009; Radtke et al. 2015).

Die auf der Basis eines sicheren Bindungsmusters und der sich hieraus entwickelnden Mentalisierungsfähigkeit schließlich entstehenden, empathischen Fähigkeiten ermöglichen später dem Erwachsenen eine emotional kompetente Beziehungsregulation im Arbeits- wie im Privatleben. Die Fähigkeit, auch die Affektsignale anderer differenziert wahrnehmen, dekodieren und resonant, aber kontrolliert beantworten zu können, ist die Voraussetzung für die selektive Anbahnung wechselseitiger Vertrauensbeziehungen, die weniger von bedürftigem Wunschdenken und neurotisch selbstschädigenden Wiederholungen als von (affekt) diagnostischen Fähigkeiten gesteuert wird. Sicher gebundene und mentalisierungsfähige Personen können (z.B. auch bei der Partnerwahl) aufgrund ihrer emotionalen Kompetenzen destruktiv, missbräuchlich oder vernachlässigend agierende Personen eher erkennen und sich schützen, selbst wenn sich im Arbeitsalltag Kontakt nicht vermeiden lässt.

In arbeitsweltlichen Zusammenhängen sollten von verantwortlichen Führungskräften hohe emotionale Kompetenzen in der Wahrnehmung und Verarbeitung eigener und der Affektsignale anderer unbedingt erwartet werden. Hierzu zählen breite, auf möglichst alle Affekte und Gefühle bezogene introspektive, diagnostische, reflektive, analytische und regulative Fähigkeiten. Diese sind die Voraussetzung für einen konstruktiven Umgang mit emotionalen Konflikten. Zu einer vollständigen Situationswahrnehmung in komplexen Entscheidungssituationen gehört neben der Klärung der relevanten Fakten immer auch eine vollständige Wahrnehmung und Analyse der emotionalen Prozesse aller Beteiligten als Grundlage einer rationalen Entscheidungsfindung. Denn wie eingangs gesagt: Gefühle stören erst dann, werden erst dann gefährlich, wenn man sie nicht bemerkt.

Führungskräfte brauchen deshalb die Fähigkeit zu einer möglichst vollständigen Selbstwahrnehmung und Selbstreflexion. Dazu gehört auch die Fähigkeit, eigene Affekte (inklusive der zu den unterschiedlichen Affekten gehörigen körperlichen Binnensignale oder auch die eigene Mimik) zunächst bei sich selbst zuverlässig und über das volle Spektrum aller Gefühle hinweg bewusst wahrzunehmen (▶ Kap. 10). Diese Fähigkeit kann man sich beispielsweise im Rahmen einer psychoanalytisch orientierten Selbsterfahrung erwerben. Sie ist die elementare Voraussetzung für einen aktiv gestalteten Umgang mit emotionalen Prozessen im Austausch mit anderen. Darüber hinaus müssen Führungskräfte über empathische Fähigkeiten verfügen, d.h. sich ein realistisches Bild nicht nur von den instrumentellen Fähigkeiten, sondern auch von der emotionalen Motivations- und Bedürfnislage anderer Menschen machen können. Führung ohne emotionale Kompetenzen beeinträchtigt kreative Prozesse und die Abstimmung innerhalb von zielorientiert arbeitenden Teams. Führung berücksichtigt deshalb immer auch die Gefühlsebene (▶ Kap. 1, 3). Andernfalls kann kein echter Austausch der Führungskräfte mit ihren Mitarbeitern, Kollegen und Kunden gelingen. Auf dieser Erkenntnis basieren moderne Führungskonzepte wie Authentic Leadership oder transformationale Führung. Die (positive) Wirksamkeit dieser Führungskonzepte ist sowohl für die Führungskraft selber wie auch auf die Geführten empirisch belegt (z.B. Pundt et al. 2006; Felfe 2014; Peus et al. 2015).

Gleichzeitig ist angesichts der großen Häufigkeit psychischer und psychosomatischer Erkrankungen in der Bevölkerung (ca. ein Viertel aller Erwachsenen ist hiervon betroffen; Franz et al. 2011) davon auszugehen, dass Störungen der Affektwahrnehmung und Affektregulation sowie der Mentalisierungsfähigkeit bis hin zur Alexithymie natürlich auch bei Mitarbeiterinnen und Mitarbeitern in Unternehmen vorkommen (Franz et al. 2008). Dies erschwert die Lage für Führungskräfte. Sie sind Teil einer Organisation, eines Unternehmens oder einer Institution, die für nicht wenige Mitarbeiter auch als Behälter und Projektionsfläche für unverarbeitete kindliche Ängste, Trauer, Wut oder Kränkungen dient. Damit werden Führungskräfte von ihren Mitarbeitern unbewusst auch als Elterninstanz erlebt und beispielsweise unrealistisch idealisiert oder mit enttäuschungsbereiter narzisstischer Bedürftigkeit konfrontiert (vgl. Lieberz 1991). Sie sind dann – jenseits von operativ definierten Workflows oder STOPs – auch Projektionsobjekt der unbewussten Wünsche, Ängste und Bedürfnisse ihrer Mitarbeiter und damit gefordert, deren latente oder auch manifest werdende Stresszustände hinsichtlich ihrer emotionalen Hintergründe wahrzunehmen und emphatisch in sich abzubilden und dem betreffenden Mitarbeiter Verständnis für dessen emotionale Verfassung zu signalisieren oder im Fall destruktiver Prozesse Grenzen zu setzen. Es versteht sich von selbst, dass Führungskräfte diese hochkomplexe Leistung nur erbringen können, wenn sie selbst seelisch weitgehend gefestigt und ihrer selbst sicher sind, also die in diesem Aufsatz beschriebene Entwicklung vom Affekt zum Gefühl zum Mitgefühl einigermaßen störungsfrei durchlaufen haben.

Der Medizinsoziologe Johannes Siegrist stellt aufgrund der Ergebnisse seiner Forschungen zu den destruktiven Auswirkungen beruflicher Gratifikationskrisen fest, dass neben Geld und beruflicher Weiterentwicklung auch nicht-monetären Gratifikationen in Form von Wertschätzung für geleistete Arbeit und Anerkennung der Mitarbeiter durch ihre Vorgesetzten eine wichtige Funktion zukommt, »da sie nicht nur Arbeitsklima und Wohlbefinden der Betroffen, sondern auch stressassoziierte Erkrankungsrisiken zu beeinflussen vermögen« (Siegrist 2015). Der Autor führt weiter aus, dass Schulung guten Führungsverhaltens deshalb eine wesentliche Komponente gesundheitsfördernder Organisations- und Personalentwicklung darstellt. Er verweist auf einschlägige empirische Studien (Bourbonnais et al. 2011; Romanowska et al. 2011), die zeigen, »dass durch solche Maßnahmen Gesundheit und Wohlbefinden der Beschäftigten verbessert und darüber hinaus in erheblichem Maß Kosten eingespart werden können, nicht zuletzt dadurch, dass der Umfang von Fehlzeiten verringert, die Rate von Fehlern bei der Arbeitsleistung gesenkt und zeitraubende Konflikte vermieden werden«.

Doch auch eine stabile Führungskraft kommt an ihre Grenzen, wenn sich in der Gruppe der von ihm oder ihr Geführten ein Mitglied befindet, das gravierende, persönlichkeitsstrukturelle

Beeinträchtigungen in der Affektregulation und Mentalisierungsfähigkeit aufweist. Diese Führungskraft wird dann regelhaft nicht nur mit heftigen, weil unverarbeiteten und im Effekt auch destruktiven Affektzuständen konfrontiert und infiltriert. Sie gerät dabei auch deshalb an ihre Grenzen, weil ihr als Behälter der projektiven Identifikation aufgezwungen wird, eine Rollenzuweisung zu leben, die den abgespaltenen aversiven Beziehungsaspekten der Person des nicht-mentalisierungsfähigen Mitarbeiters entspricht. Dadurch – also durch den vorsprachlichen, emotionalen Transport unerträglicher oder sogar traumatisch bedingter kindlicher Affektzustände – wird der Druck auf die Führungskraft deutlich heftiger als in einer »normalen« Führungskonstellation mit ihrer Wiederbelebung der frühkindlichen Familiensituation in der unbewussten Übertragungsbeziehung.

Ohne Unterstützung ist in einer solchen Konstellation der Druck auf die Führungskraft sehr hoch, und es ist dann möglich oder sogar wahrscheinlich, dass sie ihre heftige Gegenübertragung nicht mehr reflektieren und verarbeiten kann, sondern impulsiv ausagiert, um sich der projektiv übernommenen, emotionalen »Giftdepots« handelnd zu entledigen. Selbst für psychoanalytisch geschulte Führungskräfte bedeutet eine externe Unterstützung in dieser Situation eine wohl notwendige Entlastung und Unterstützung, da das organisatorische Umfeld in einem Wirtschaftsunternehmen, in der der bewusste Fokus der Führungskraft auf dem Erreichen der Abteilungs- oder Bereichsziele liegt und in der Mitarbeiter vor allem an ihrer Leistungsfähigkeit gemessen werden, der Führungskraft wohl wenig Raum bietet, inne zu halten und (selbstreflexiv) die eigenen Gefühle als Gegenübertragungsphänomen zu erkennen.

Da Führungskräfte die ihnen mittels projektiver Identifikation mitgeteilten Affektzustände entsprechend nicht ohne weiteres als »Regulationsanfrage eines Babys« (s.o.) auffassen können und ihnen ihr eigenes Arbeitsumfeld diesen Raum auch gar nicht einräumt, sind derartige »Vergiftungen« von einzelnen Mitarbeitern dazu geeignet, das Klima nicht nur zwischen Führungskraft und Geführten, sondern in der Folge von ansteckenden Übertragungs- und Gegenübertragungsprozessen die Arbeitsfähigkeit im ganzen Team zu beeinträchtigen (vergl. Franz et al. 2005). So können nicht-adäquate Bewertungen bezogen auf die Leistungsfähigkeit eines Mitarbeiters, Fehlleistungen oder eine aggressive Kontrolle oder aggressive Reaktionen der Führungskraft auf kleinere Fehler eines Mitarbeiters resultieren, bis hin zur Kündigung solcher Mitarbeiter. Gruppenreaktionen im Team wie Ausgrenzungen oder Mobbing werden vor dem Hintergrund dieser Überlegungen besser verständlich.

Literatur

Bourbonnais, R., Brisson, C., & Vézina, M. (2011). Long-term effects of an intervention on psychosocial work factors among healthcare professionals in a hospital setting. *Occupational and Environmental Medicine* 68, 479–486.

Braun, A., Helmeke, C., Poeggel, G., & Bock, J. (2005). Tierexperimentelle Befunde zu den hirnstrukturellen Folgen früher Stresserfahrungen. In U. T. Egle, S. O. Hoffmann, & P. Joraschky (Hrsg.), *Sexueller Missbrauch, Misshandlung, Vernachlässigung* (S. 44–58). Stuttgart: Schattauer.

Bremner, J. D. (2005). Effects of traumatic stress on brain structure and function: relevance to early responses to trauma. *J Trauma Dissociation* 6(2), 51–68.

Brown, D. W., Anda, R. F., Tiemeier, H., Felitti, V. J., Edwards, V. J., Croft, J. B., & Giles, W. H. (2009). Adverse Childhood Experiences and the Risk of Premature Mortality. *Am J Prev Med* 37(5) 389–396.

Chugani, H. T., Behen, M. E., Muzik, O., Juhász, C., Nagy, F., & Chugani, D. C. (2001). Local brain functional activity following early deprivation: a study of postinstitutionalized Romanian orphans. *Neuroimage* 14, 1290–1301.

Cohn, J. F., & Tronick, E. Z. (1983). Three-month-old infants' reaction to simulated maternal depression. *Child Dev* 54, 185–193.

Colvert, E., Rutter, M., Beckett, C., Castle, J., Groothues, C., Hawkins, A., Kreppner, J., O'Connor, T. G., Stevens, S., & Sonuga-Barke, E. J. (2008). Emotional difficulties in early adolescence following severe early deprivation: findings from the English and Romanian adoptees study. *Dev Psychopathol* 20, 547–567.

Dawsen, G., Panagiotides, H., Klinger, L. G., & Spieker, S. (1997). Infants of depressed and nondepressed mothers exhibit differences in frontal brain electrical activity during the expression of negative emotions. *Dev Psychol* 33, 650–656.

Felfe, J. (2014). Transformationale Führung: Neue Entwicklungen. In J. Felfe (Hrsg.), *Trends der psychologischen Führungsforschung* (S. 39–54). Göttingen: Hofgrefe.

Felitti, V. J., Anda, R. F., Nordenberg, D., Williamson, D. F., Spitz, A. M., Edwards, V., Koss, M. P., & Marks, J. S. (1998). Relationship of childhood abuse and household dysfunction to many of the leading causes of death in adults. The Adverse Childhood Experiences (ACE) Study. *Am J Prev Med* 14(4), 245–258.

Fonagy, P., Gergely, G., Jurist, E. L., & Target M. (2004). *Affektregulierung, Mentalisierung und die Entwicklung des Selbst*. Stuttgart: Klett-Cotta.

Fonagy, P., Gergely, G., & Target, M. (2007). The parent-infant dyad and the construction of the subjective self. *J Child Psychol Psychiatry* 48(3–4), 288–328.

Franz, M., Balló, H., Heckrath, C., Frenzel, A., Schilkowsky, G., Schneider, C., Schmitz, N., Löwer-Hirsch, M., West-Leuer, B., Hirsch, M., & Ott J. (2005). Tinnitus als soziale Infektion? Tinnitus als ein Indikator eines dekompensierten Gruppenprozesses innerhalb einer Organisation. *Psychotherapeut* 50(5), 318–327.

Franz, M., Popp, K., Schaefer, R., Sitte, W., Schneider, C., Hardt, J., Decker, O., & Braehler, E. (2008). Alexithymia in the German general population. *Soc Psychiatry Psych Epidem* 43(1), 54–62.

Franz, M., Tress, W., & Schepank, H. (2011). Epidemiologie. In R. H. Adler et al. (Hrsg.), *Psychosomatische Medizin* (S. 593–604). München: Urban und Fischer.

Gergely, G., & Watson, J. S. (1996). The social biofeedback theory of parental affect-mirroring: the development of emotional self-awareness and self-control in infancy. *Int J Psychoanal* 77(6), 1181–1212.

Hariri, A. R., Mattay, V. S., Tessitore, A., Fera, F., & Weinberger, D. R. (2003). Neocortical modulation of the amygdala response to fearful stimuli. *Biol Psychiatry* 53(6), 494–501.

Krause, R. (1983). Zur Onto- und Phylogenese des Affektsystems und ihrer Beziehungen zu psychischen Störungen. *Psyche* 37, 1016–1043.

Krause, R. (2012). *Allgemeine psychodynamische Behandlungs- und Krankheitslehre* (S. 177–210). Stuttgart: Kohlhammer.

Lieberz, K. (1991). *Zur Psychodynamik der Rentenneurose. Psychosomatik in der Orthopädie.* Bern: Huber.

McLearn, K. T., Minkovitz, C. S., Strobino, D. M., Marks, E., & Hou. W. (2006). The timing of maternal depressive symptoms and mothers' parenting practices with young children: implications for pediatric practice. *Pediatrics* 118(1), 174–182.

Moriguchi, Y., Decety, J., Ohnishi, T., Maeda, M., Mori, T., Nemoto, K., Matsuda, H., & Komaki G. (2007). Empathy and judging other's pain: an fMRI study of alexithymia. *Cereb Cortex* 17(9), 2223–2234.

Moriguchi, Y., Ohnishi, T., Lane, R. D., Maeda, M., Mori, T., Nemoto, K., Matsuda, H., & Komaki, G. (2006). Impaired self-awareness and theory of mind: an fMRI study of mentalizing in alexithymia. *Neuroimage* 32(3), 1472–1482.

Peus, C., Wesche, J. S., & Braun, S. (2015) Authentic Leadership. In: J. Felfe (Hrsg.), *Trends der psychologischen Führungsforschung.* Göttingen: Hofgrefe.

Pundt, A., Böhme, H., & Schyns, B. (2006). Moderatorvariablen für den Zusammenhang zwischen Commitment und transformationaler Führung. *Zeitschrift für Personalpsychologie* 5(3), 108–120.

Radtke, K. M., Schauer, M., Gunter, H. M., Ruf-Leuschner, M., Sill, J., Meyer, A., & Elbert, T. (2015). Epigenetic modifications of the glucocorticoid receptor gene are associated with the vulnerability to psychopathology in childhood maltreatment. *Transl Psychiatry* 5, 1–7.

Rolls, E. T., & Grabenhorst, F. (2008). The orbitofrontal cortex and beyond: From affect to decision-making. *Prog Neurobiol* 86(3), 216–244.

Romanowska, J., Larsson, G., Eriksson, M., Wikström, B., Westerlund, H., & Theorell, T. (2011). Health effects on leaders and co-workers of an art-based leadership development program. *Psychotherapy and Psychosomatics* 80, 78–87.

Schäfer, R., & Franz, M. (2009). Alexithymie – ein aktuelles Update aus klinischer, neurophysiologischer und entwicklungspsychologischer Sicht. *Zeitschrift für Psychosomatische Medizin und Psychotherapie* 4, 328–353.

Schore, A. (2007). *Affektregulation und die Reorganisation des Selbst*. Stuttgart: Klett-Cotta 2007.

Siegrist, J. (2015). Männliches Leiden an der Arbeitswelt - Ursachen, Folgen, Lösungsansätze. In M. Franz, & A. Karger (Hrsg.), *Angstbeißer, Trauerkloß, Zappelphilipp? Seelische Gesundheit bei Männern und Jungen*. Göttingen: Vandenhoeck & Ruprecht, im Druck.

Weaver, I. C., Cervoni, N., Champagne, F.A., D'Alessio, A. C., Sharma, S., Seckl, J. R., Dymov, S., Szyf, M., & Meaney, M. J. (2004). Epigenetic programming by maternal behavior. *Nat Neurosci* 7, 847–854.

Weinberg, M. K., Olson, K. L., Beeghly, M., & Tronick, E. Z. (2006). Making up is hard to do, especially for mothers with high levels of depressive symptoms and their infant sons. *J Child Psychol Psychiatry* 47(7), 670–683.

Winnicott, D. W. (1984). *Reifungsprozesse und fördernde Umwelt*. Frankfurt: Fischer.

Emotionale Herausforderungen und Chancen der Unternehmensführung

Daniel L. Vasella

E.-M. Lewkowicz, B. West-Leuer (Hrsg.), *Führung und Gefühl*,
DOI 10.1007/978-3-662-48920-8_3, © Springer-Verlag Berlin Heidelberg 2016

3

> » Du gleichst dem Geist, den du begreifst.
> (Goethe: Faust. Der Tragödie erster Teil, Vers 510)

3.1   Einführung

Manche mögen die Frage, ob es in Unternehmen Gefühle gibt, diese dort Platz haben und toleriert werden, mit einem dezidierten »Nein« beantworten, werden besonders große Firmen doch oft als seelenlos wahrgenommen. Ablehnend oder zustimmend denken sie, dass sich Organisationen und Strukturen kalt, mechanisch und menschenverachtend – der ökonomischen Realität folgend – ausschließlich der Gewinnmaximierung verschreiben und sich (im Rahmen der Legalität) lediglich darauf konzentrieren, den rücksichtslosen Pakt, den sie mit den Kapitalgebern geschlossen haben, zu erfüllen. Jene, die sich gefühllose Unternehmen wünschen, und jene, die davon überzeugt sind, dass Unternehmen gefühllose Organisationen seien, liegen gleichermaßen falsch.

Solch polarisierte Sichtweisen lassen außer Acht, dass in Unternehmen »normale« Menschen arbeiten – Menschen mit bewussten und unbewussten Wahrnehmungen und entsprechend bewussten und unbewussten Affekten, Emotionen und Gefühlen. So ist auch Führung unweigerlich mit Gefühlen verbunden und vernetzt.

Unternehmen sind von und für Menschen geschaffene, zweckorientierte Gruppierungen und damit unausweichlich Organisationen, in denen Gefühle erlebt und ausgetauscht werden; sie sind Organisationen, deren Verhalten und Schicksal sogar stark von den Gefühlen der Mitarbeitenden – und ganz wesentlich von denen der Leader – aber auch anderer Interessengruppen geprägt werden.

Neben Primäraffekten wie Angst, Wut und Neid, aber auch Freude und Trauer, Neugierde und Erstaunen, erleben Individuen Gefühle, deren Ausprägung und Qualität wie auch das damit verbundene Verhalten wesentlich von der eigenen Veranlagung und Geschichte – besonders von frühkindlichen Erlebnissen mit wichtigen Bezugspersonen – geprägt werden (Kohut 1973; Kernberg 1992; Klein 1995; Winnicott 2002). Diese verinnerlichten Erlebnisse und Akteure führen zu gewissen Verhaltensmustern, die für das Subjekt oft unbewusst ablaufen und im optimalen Fall der Realität angepasst sind.

3.2   Führungs- und Managementaufgaben

Die psychologische Dynamik in einem Unternehmen ergibt sich aus einer überlappenden Kombination und Interaktion gesellschaftlicher und gruppen- und individualpsychologischer Kräfte und Phänomene (Kernberg 1998; ◘ Abb. 3.1). Von besonderer Bedeutung ist in den meisten Unternehmen die Dynamik in Kleingruppen, welche die wesentlichen Bausteine eines Unternehmens bilden und miteinander komplex vernetzt sind.

Unternehmen und Organisationen werden geschaffen, um in der Gesellschaft eine bestimmte Funktion zu erfüllen, z.B. eine Schule zur Ausbildung, ein Krankenhaus zur Behandlung von Patienten mit schweren Krankheiten, ein Kraftwerk zur Stromerzeugung oder eine Fluggesellschaft zum Transport von Passagieren. Man spricht hier von der Primäraufgabe eines Unternehmens. Sie bezeichnet die existenzielle Berechtigung der Organisation in der Gesellschaft. Ein Unternehmen gedeiht, wenn es konkurrenzfähig ist und seine Primäraufgabe zur Zufriedenheit der Kunden erfüllt. Spiegelbildlich zur Primäraufgabe existieren für jedes Unter-

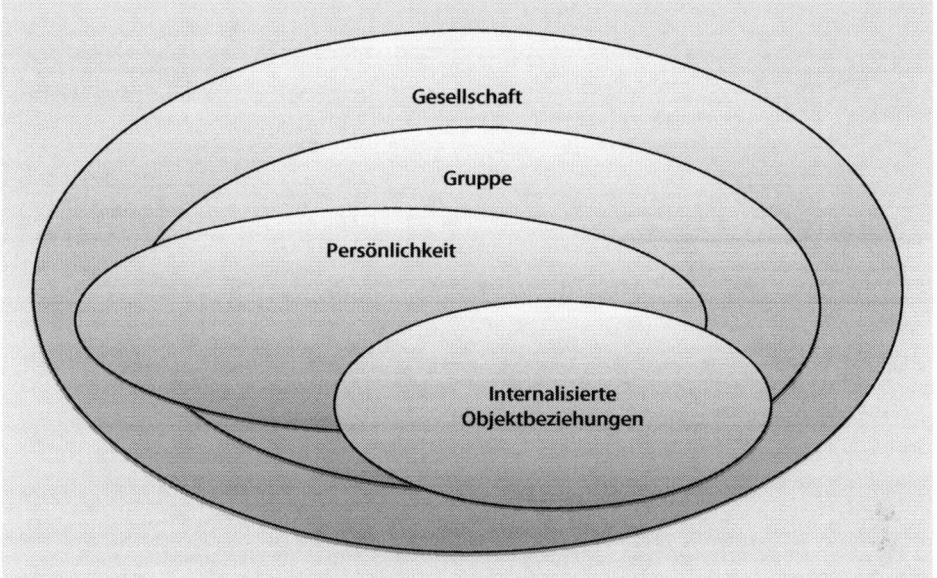

Abb. 3.1 Psychologische Dynamik zwischen Individuum und Gruppe

nehmen auch Primärrisiken, man denke z.B. an einen Flugzeugabsturz für eine Fluggesellschaft oder an einen Dammbruch für ein Wasserkraftwerk (Hirschhorn 2000).

Bei der Erfüllung der Primäraufgabe steht das Unternehmen im Austausch einerseits mit der Außenwelt, dem Markt, und andererseits mit der Innenwelt, den Mitarbeitenden. Märkte sind kurz- und langfristigen Veränderungen und Umbrüchen ausgesetzt. Megatrends umfassen z.B. die zunehmende Alterung der Bevölkerung, die Urbanisierung, die Digitalisierung und Cybersecurity sowie Unsicherheit über Preise und langfristige Verfügbarkeit von Rohstoffen und Energie oder regionale Konflikte.

Aber auch strengere Regulierungen in verschiedenen Industriezweigen und geringes Wirtschaftswachstum mit entsprechenden Budget- und Kostensenkungsprogrammen lassen ein Klima entstehen, das durch hohe Volatilität, Unsicherheit, Komplexität und Ambiguität gekennzeichnet ist. Man spricht von der VUCA World, ein Begriff, der in den 1990er-Jahren vom U.S.-Militär geprägt wurde (Stiehm 2002).

Bei einer globalen Präsenz nimmt der Komplexitätsgrad der sich stellenden Führungsaufgaben zu. Selbst bei Interesse und Verständnis für verschiedene Kulturen ist es unmöglich, alle wesentlichen Gesetze, Regulierungen, Konkurrenten und lokalen Gepflogenheiten zu kennen. Daher müssen gewisse Analysen und Entscheidungen an lokale und regionale Leiter delegiert werden (vgl. West-Leuer u. John 2013; ▶ Kap. 4, 7). Dies führt zu einem gewissen Kontrollverlust, der besonders bei zwanghaft veranlagten Leadern ein unangenehmes Unruhegefühl, ein Angstsubstitut, auslösen kann. Selbst ausgeklügelte strategische und finanzielle Kontrollprozesse und ein expliziter Verhaltenskodex können fehlerhafte Verhaltensweisen nicht gänzlich verhindern. Damit fällt der Beurteilung der Kompetenz, intrinsischen Motivation und Vertrauenswürdigkeit der Mitarbeitenden eine zentrale Bedeutung zu. Dies ist keine einfache Aufgabe, zumal die emotionale Verfassung eines Mitarbeitenden unter Belastung kippen und zu unvorhergesehenen Verhaltensweisen führen kann. Das Bewusstsein, dass Unmut und Fehlverhalten unter Umständen über Nacht zu weltweiter Publizität führen, stellt für das

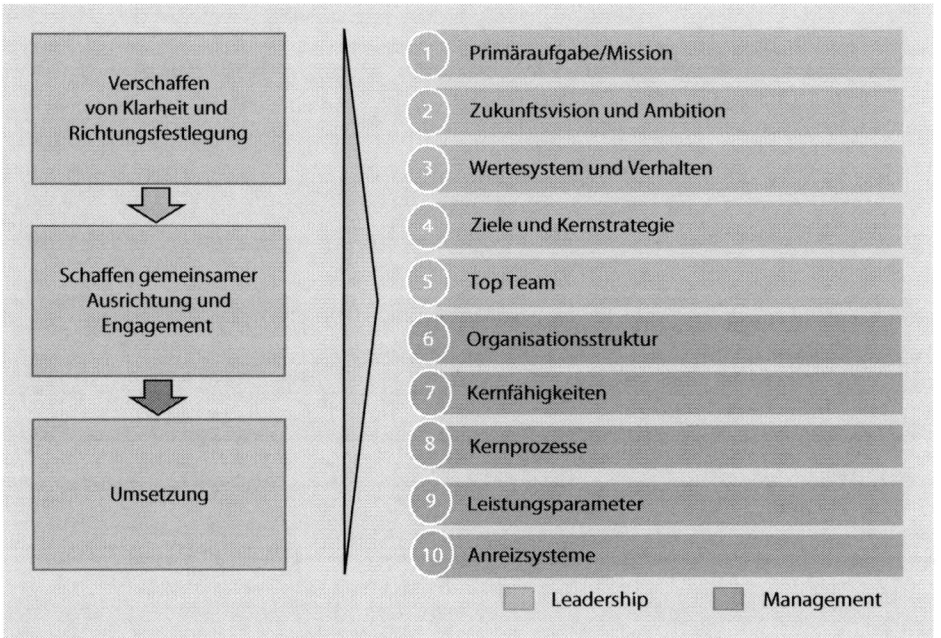

◻ Abb. 3.2   Führungs- und Managementaufgaben

Unternehmen und seine Führung eine latente Bedrohung dar, welche Unsicherheiten auslöst, die es zu ertragen gilt.

Fallbeispiel
Greg Smith, ein enttäuschter und aufgebrachter Mitarbeiter von Goldman Sachs, veröffentlichte in der New York Times vom 14.03.2012 einen kritischen Artikel über die Firmenkultur (▶ Internetquelle 1). Lloyd Blankfein, der Chairman und CEO von Goldman Sachs, lag in New York noch im Schlaf, als aufgrund der Zeitverschiebung interessierte Regierungskreise in Paris den Artikel bereits intensiv diskutierten (mündl. Mitteilung).

Als Führungsverantwortlicher sollte man selbstverständlich nicht nur Spannungen und Unsicherheiten aushalten, sondern auch die Fähigkeit besitzen, gemeinsame Ziele und Strategien festzulegen und diese verständlich zu kommunizieren, um so eine gemeinsame Ausrichtung der Organisation zu erreichen und die Umsetzung der Strategie sicherzustellen.

Heute wird meist zwischen Führungs- und Managementaufgaben unterschieden. Beide sind für den Erfolg wesentlich. Führungsaufgaben umfassen die einfache und überzeugende Formulierung und Kommunikation der Primäraufgabe, der Zukunftsvision und der entsprechenden Kernstrategien, des Wertesystems und des Verhaltenskodexes. Für den Auf- und Weiterbau eines Unternehmens ist die Selektion des Top Teams von ebenso zentraler Bedeutung wie die Fähigkeit, Veränderungsprozesse anzustoßen und durchzuführen. Managementaufgaben umfassen dagegen im Wesentlichen ordnende, organisatorische Aufgaben wie die Festlegung von kurzfristigen Zielen, Organisationsstrukturen und -prozessen, die Stärkung der Kernkompetenzen, das Erstellen von Budgets und Kontrollsystemen zur Messung von Resultaten und den entsprechenden Lohn- und Anreizsystemen (◻ Abb. 3.2).

Die Primäraufgabe der Firma, die Zukunftsvision und das Wertesystem appellieren an das Selbstideal des Mitarbeitenden und dessen Wunsch, an einer erfolgreichen und sinnerfüllenden Aufgabe teilzuhaben. Sie unterliegen in der Regel unbewussten oder vorbewussten emotional besetzten Wertvorstellungen und dem Wunsch nach narzisstischer Zufuhr. Die Akzeptanz und das Verfolgen gemeinsamer Ziele kann lustvoll aggressiv erlebt werden, wenn es gelingt, Vorstellungen über einen erfolgreich geführten Wettbewerb mit Konkurrenzfirmen zu wecken. Der Leader braucht dazu Intuition und emotionales Engagement, die nur aus innerer Überzeugung und positivem Narzissmus genährt werden können – darüber hinaus ist langfristige Kontinuität entscheidend. Auch bei der Auswahl der engsten Mitarbeitenden spielen nicht nur kognitive Faktoren wie Fähigkeiten, Ausbildung und Erfahrung eine wichtige Rolle, sondern auch die gegenüber dem Kandidaten empfundene Sympathie. Es ist allerdings hinzuzufügen, dass auch der Vermittlung und Durchsetzung gemeinsamer Grundaufgaben, Ziele, Werte und Verhaltensnormen implizit ein kontrollierendes Element innewohnt. Es setzt notwendige Leitplanken, welche Delegation, Leistung und Anerkennung als motivierende Faktoren erst erlauben.

Den Managementaufgaben ist ein kontrollierendes Element gemeinsam. Die daraus entstehende Ordnung steigert die überlebensnotwendige Effizienz einer Organisation. Mit Ausnahme der Leistungsbeurteilung und der Anwendung von Anreizsystemen sind Managementaufgaben gegenüber Führungsaufgaben weniger emotional besetzt. Nehmen diese Maßnahmen jedoch zwanghafte Züge an, die in formalistische Regeln und engmaschige Supervision ausufern, wirken sie demotivierend (Dunette et al. 1967; Rost et al. 2010; Sauer u. Weibel 2012). Die Frage der Motivation ist in diesem Zusammenhang deswegen erwähnenswert, weil Studien zufolge über ein Drittel bis die Hälfte der Mitarbeitenden demotiviert oder desillusioniert sind (Employee Engagement 2007, ▶ Internetquelle 5).

3.2.1 Selbst und Rolle

Manche Führungskräfte mögen sich fragen, inwieweit sie eine Rolle spielen müssen und bis zu welchem Grad sie sie selbst sein können, ohne sich übermäßig an wirkliche oder vermeintliche Erwartungen anzupassen. Hat ein Leader von klein auf gelernt, dauernd explizite oder implizite Erwartungen anderer erfüllen zu müssen, um geschätzt zu werden – ist er demnach nicht um seinetwegen geliebt worden –, wird diese Haltung verinnerlicht. Es entwickelt sich unbewusst ein »falsches Selbst«, welches unfähig ist, eigene Gefühle und Bedürfnisse wahrzunehmen und auszuleben, ohne zu fürchten, deswegen von anderen nicht mehr akzeptiert und geschätzt zu werden. Eine solche narzisstische Störung kann geradezu als Grundlage für eine perfekte Erfüllung der Rolle auf Kosten des »wahren Selbst« dienen. Bei entsprechend positiver Rückmeldung von außen entwickelt sich die Rolle zu einer narzisstischen Krücke.

Anders verhält es sich bei Führungspersönlichkeiten, die sich zwanghaft an externe Vorgaben, Regeln und Gepflogenheiten halten, um sich nicht zu exponieren und somit weniger verletzlich zu sein. Der Rolle fällt dann eine Schutzfunktion zu. Versucht der Leader zudem, nicht vorhandene Gefühle und Einstellungen vorzugeben, befindet er sich in einer »Als-ob-Rolle«, die von Mitarbeitenden meist als unecht wahrgenommen wird.

Im idealen Fall kann er jedoch überprüfen, inwieweit die äußeren Anforderungen an seine Rolle mit dem »wahren Selbst« vereinbar sind, und wird allenfalls die Rolle modifizieren, um beide in Übereinstimmung zu bringen. Denn die Identität umfasst einen stabilen, unveränderlichen Aspekt, ein dauerndes inneres »Sich-selbst-Gleichsein«, und zugleich einen flexiblen, sich ständig verändernden Anteil, erwachsend aus den Interaktionen mit der Mitwelt.

3

Die äußeren Anforderungen aus der Unternehmensmitwelt hängen eng mit dem Mandat zusammen. Heute gehört es zur Führungsrolle, sowohl säkulare Megatrends als auch kurzfristige Veränderungen zu erkennen und aus einer »Helikoptersicht« in Details einzutauchen, um erfolgreiche Strategien zu erarbeiten und umzusetzen. Der Gestaltungswille muss mit einem Interesse an Menschen, Teams und der Primäraufgabe gepaart sein. Abhängigkeiten von multiplen Interessegruppen müssen erkannt, ihre Relevanz eingeordnet und entsprechend bedient werden. Der CEO übernimmt damit die Funktion einer semipermeablen Membran zwischen der Innen- und Außenwelt der Firma. Um sich bei diesen Anforderungen nicht selbst zu verlieren, braucht der Leader ein klares Wertesystem, gepaart mit einer stabilen Ich-Identität und Selbstbewusstsein. Zur Rolle gehören auch eine Reihe von Paradoxien, denn sie verlangt Ausdauer (da Veränderungen Zeit brauchen) und zugleich Ungeduld (zur Beschleunigung von Prozessen). Dauerbeanspruchungen werden schnell zum Alltag, da die Herausforderungen und Fragestellungen zu ständigen Begleitern werden und rund um die Uhr an allen Wochentagen E-Mails, Meetings und Telefongespräche anstehen und bearbeitet werden wollen. Nicht zuletzt aufgrund der multiplen Reiseanforderungen in einem internationalen Konzern bleibt kaum Zeit für die Familie, geschweige denn für Hobbies. Es gilt, täglich über neue Energie zu verfügen, für den täglichen Sprint, der in einen Marathon mündet. In Krisenzeiten sind ruhige Entschlossenheit und realistische Zuversicht angesagt, während der Leader in Zeiten, zu denen im Unternehmen Selbstzufriedenheit vorherrscht, Unruhe stiften wird. Immer wieder müssen auch Entscheidungen aufgrund fragmentarischer Informationen und im Bewusstsein der damit verbundenen Unsicherheiten gefällt werden, was eine entsprechende Risikobereitschaft voraussetzt. Urteilskraft und Mut sind ebenso wichtig wie die Fähigkeit, mit Dilemmata umzugehen und frei von früher gefällten Entscheidungen und Konventionen immer wieder neu zu beurteilen und zu handeln. Wird man mit schlechten Nachrichten konfrontiert, dürfen diese nicht das gesamte Denken und Handeln kontaminieren, was die Fähigkeit zur Kompartmentalisierung voraussetzt. Als Autoritätsperson und Identifikationsfigur ist der Leader exponiert und Zielscheibe interner und externer Bewunderung, Angriffe und Anfeindungen. Psychoanalytisches Wissen um das Phänomen der Übertragung hilft zu verstehen, dass diese Verhaltensmuster Reaktionen auf Erfahrungen sein können, die weit in die Vergangenheit des Angreifers oder Bewunderers zurückreichen. Je nach Situation sollte man die eigene emotionale Reaktion als diagnostischen Schlüssel gebrauchen können, ohne aber die Gefühle auszuagieren. Wird man angegriffen und kritisiert, hilft die Fähigkeit, ohne Angst und Gegenaggression die Mitarbeiter und die Organisation zu beruhigen und Zuversicht zu vermitteln. Diese Fähigkeit nennt man im psychoanalytischen Kontext »Containment«.

Situativ muss der Leader mit Verständnis, Ermutigung oder aber Klarstellungen und Richtungsweisungen reagieren können; das bedeutet, die eigene Empathie und Aggressivität situationsangepasst regulieren zu können. Unweigerlich wird man mit einer großen Zahl von wichtigen und weniger wichtigen Problemen konfrontiert, für die man weder die genaue Ursache noch eine perfekte Lösung kennt. Der Optimismus, dennoch mit Zuversicht daran zu glauben, dass schließlich eine Lösung gefunden wird, nennt man »negative capability«.

Voraussetzungen für gute Führung sind demnach – neben Intelligenz und der Fähigkeit, zu konzeptualisieren und Strategien zu entwickeln – ein gesunder Narzissmus und ein gutes Durchsetzungsvermögen, gepaart mit einer berechtigten antizipatorischen Paranoia, die zu Wachsamkeit und Vorsicht mahnt. Ehrlichkeit und Integrität schaffen Vertrauen, während Empathie und Introspektionsfähigkeit es ermöglichen, tragfähige zwischenmenschliche Beziehungen herzustellen und aufrechtzuerhalten. Schließlich hilft eine konstruktive Aggressivität dabei, Vorstellungen und Pläne umzusetzen (Kernberg 1998).

Rolle und Selbst stehen nicht im Widerspruch, sondern ergänzen sich gegenseitig, wenn es dem Leader gelingt, seine Rolle mit Verantwortung und im Einklang mit seinem »wahren Selbst« authentisch auszuüben.

3.2.2 Die Wahl des CEOs

Fallbeispiel

Herr Z. wurde von zwei Aufsichtsratskollegen nach dem gemeinsamen Nachtessen mit dem gesamten Aufsichtsrat zu einem Nachttrunk an der Bar eingeladen. Z. war nicht wirklich überrascht, als sich das Gespräch bald auf den CEO konzentrierte. Die letzten zwei Quartalsresultate hatten unter den Erwartungen gelegen, und die beiden Kollegen von Z. meinten, der CEO habe die Unterstützung beinahe seines gesamten Führungsteams verloren. Herr Z. versuchte entgegenzuhalten, dass die gesamte Industrie im letzten halben Jahr rückläufige Wachstumsraten zu verzeichnen habe. Als er jedoch später zu Bett ging, stiegen in ihm Zweifel auf, ob die Kollegen nicht doch richtig lagen. Nach einer Woche, während der er sich die Situation immer wieder durch den Kopf gehen ließ, rief er Herrn K. an, einen weiteren Aufsichtsrat, den er für ruhig und besonnen hielt. Er schilderte ihm seine Zweifel. Herr K. meinte, er solle mit einigen Abteilungsleitern sprechen, was Z. dann auch tat. Die Kritik von Herrn G., einem Divisionsleiter, fiel aber derart scharf aus, dass Z. auf weitere Interviews verzichtete. Die Leistung und Führungsqualitäten des CEO wurden bei der nächsten Aufsichtsratssitzung thematisiert und offen infrage gestellt. Nach einem weiteren schwachen Quartalsergebnis und mehreren, teilweise chaotisch anmutenden Aufsichtsratssitzungen wurde der CEO entlassen und Herr G. als Nachfolger gewählt.

Es sei dahin gestellt, ob der alte CEO der richtige Leader war. Der Fall soll jedoch zeigen, wie unter gewissen Umständen eine schwierig zu kontrollierende Gruppendynamik entsteht. Den beiden zuerst erwähnten Aufsichtsratsmitgliedern waren die Vorliebe des CEOs für schnelle Sportwagen, Zigarren und dessen hoher Lohn seit längerem ein Dorn im Auge (▶ Kap. 6). Und Herr Z. verstand seine eigene Rolle in dieser Gruppendynamik nicht, obwohl es deutliche Hinweise gab, dass der Divisionsleiter G. gegen seinen Chef intrigierte, um selber CEO zu werden.

Karrieren im Topmanagement sind volatil und nicht planbar. Dennoch gibt es eine Reihe von vorhersehbaren Kriterien, die bei der Wahl führender Mitarbeiter von Bedeutung sind: die bisherige Leistung, die Ausbildung und Kreativität, das perzipierte zusätzliche Leistungspotenzial des Kandidaten und ein der Unternehmenskultur entsprechendes, konformes Verhalten. Implizit spielen weitere emotionale Faktoren eine wichtige Rolle, wie der Grad der Sympathie, das perzipierte Risiko, mit dem Vorgesetzten zu rivalisieren, die Bereitschaft des Kandidaten, zu gehorchen und die Hoffnung, der Kandidat möge zum Erfolg des Vorgesetzten beitragen. Unter dem Titel »Kommunikationsfähigkeit« wird die Fähigkeit verstanden, sich nicht nur klar auszudrücken, sondern auch zu überzeugen. Bei einem internen Kandidaten wird auch der Grad der Unterstützung von Seiten der Untergebenen gewertet, das heißt zu antizipieren, wie populär eine Beförderung im Unternehmen ist und inwieweit Erfolg wahrscheinlich ist, damit die Anstellung später auch als richtig angesehen wird.

Die Entscheidung, jemanden einzustellen oder zu befördern, liegt meistens bei dem direkten Vorgesetzten oder aber dessen Vorgesetzten. Diese beziehen häufig auch die Meinung von Kollegen des Kandidaten mit ein, umso mehr als man damit Hinweise auf die Akzeptanz des Kandidaten erhält.

Falls die Vorstellungen über einen Kandidaten und sein Profil divergieren, wird der Kandidat letztlich unter diesem latenten Konflikt der Vorgesetzten leiden, da der unterlegene

3

Vorgesetzte in vielen Fällen immer wieder versuchen wird, die Inkompetenz des Kandidaten unter Beweis zu stellen, auch wenn er dazu unmöglich zu erreichende Ziele setzen muss.

In einem Gremium, wie z.B. einem Verwaltungsrat, fällt meist dem Vorsitzenden die entscheidende Rolle zu. Wenn ein gewichtiges, weiteres Mitglied seinen Wunschkandidaten unterstützt, ist kaum mit Widerstand der Gruppe zu rechnen. Gründe für dieses Verhalten sind: das Vermeiden von offenen Konflikten, der Wunsch nach Harmonie, die Angst des Einzelnen, sich zu exponieren oder später bloßgestellt zu werden wie auch die Selbstzweifel einzelner Mitglieder, die sich als zu wenig informiert erleben oder aber in der Vergangenheit für Fehlbesetzungen verantwortlich waren und sich aus Unsicherheit nicht äußern wollen.

All diese Faktoren tragen dazu bei, dass sich erfahrene und ansonsten selbstsichere Menschen unwillkürlich einem Aufsichtsratsvorsitzenden oder CEO und einer Gruppendynamik unterwerfen. Sie verlieren kurzfristig oder dauerhaft ihre Fähigkeit zu unabhängigem, reifem Urteilen und Verhalten. Dies kann sogar so weit reichen, dass ein Aufsichtsrat darüber abstimmt, bei einer Entscheidung die selbst vereinbarten ethischen Regeln zu ignorieren (▶ Internetquelle 2).

Geht es in einem Aufsichtsrat oder Führungsgremium vor allem darum, dem Vorsitzenden näher als alle anderen zu stehen, entstehen latente Rivalität und Aggression in der Gruppe. Angst vor dem Leader, Bewunderung des Leaders und Ärger oder Wut über den Leader wechseln sich untereinander je nach Situation ab. Auch unter normalen Umständen besteht ein verborgener oder offener Wunsch, vom Leader geschätzt – ja geliebt – zu werden und ihm nahezustehen. Um sich aus einer solchen Regression zu befreien, kann es den einzelnen Mitgliedern helfen, sich immer wieder die gemeinsame Aufgabenstellung und das Mandat vor Augen zu führen.

Trotz dieser allzu menschlichen Strebungen geht es bei der Besetzung von Spitzenpositionen immer auch um den Industriezweig und die kompetitive Stellung des Unternehmens. Für ein Start-up, ein Turn-around oder ein erfolgreiches Unternehmen braucht es Leader mit jeweils unterschiedlichen Persönlichkeiten und Kenntnissen. Dies betrifft auch die Frage, ob Innovation, Marketing oder Produktivität als Haupterfolgsfaktoren im Vordergrund stehen und wie lang die Marktzyklen sind.

3.2.3   Primäraufgabe und Mandat

Das Mandat des CEO eines Unternehmens spiegelt in der Regel die Primäraufgabe, die kompetitive Position und die Leistung des Unternehmens auf dem Markt wider. Nicht nur Investoren und Aufsichtsrat hegen bestimmte Erwartungen an den CEO – jede Interessegruppe tut dies. In den seltensten Fällen sind die Erwartungen aber kongruent. Daher gilt es zu entscheiden, wer das Mandat bestimmen und gegebenenfalls ändern kann. Für eine konstruktive Ausgangssituation diskutiert zumindest der Aufsichtsrat mit dem CEO und dieser mit seinem Top Team das Mandat, um im Wesentlichen Einigkeit zu erreichen. In den meisten Fällen ist dies auch der Fall, doch ebenso oft spielt – neben dem explizit besprochenen Mandat – ein implizites Mandat eine Rolle, das nicht zur Sprache kommt. Jede Partei nimmt stillschweigend an, dass das Unausgesprochene verstanden wird und dieselben Vorstellungen und Annahmen vorherrschen, was aber bei Weitem nicht immer der Fall ist. Daraus können Enttäuschungen und Konflikte entstehen. Es empfiehlt sich deshalb, auch unausgesprochene Erwartungen zu kommunizieren und das implizite Mandat explizit zu vereinbaren. Gelegentlich mag der angehende CEO in der Hoffnung, er könne sein Mandat alleine festlegen, ein Gespräch über das Mandat vermeiden, was problemlos bleibt, solange er gute Resultate verbuchen kann. Bei Enttäuschungen fallen die Reaktionen der Interessensgruppen jedoch umso heftiger aus. Entlassungen sind häufig, und bei einer Auseinandersetzung zwischen CEO und Chairman zieht der CEO in der Regel den Kürzeren. Auch der Aufsichtsrat übernimmt sein Mandat nicht einfach von den Aktionären, sondern dieses wird von anderen Interessengruppen, allen voran den Gesetzgebern und Regulatoren, und persönlichen Überzeugungen mitbestimmt. Das folgende Fallbeispiel berichtet von einer Situation, die dem Aufsichtsrat eine für das Unternehmen existenzielle Entscheidung abverlangt, die emotional leichter gefällt werden kann, wenn die Beteiligten sich ihres Mandats sicher sind.

Fallbeispiel

Im Mai 2014 zog der Pharmagigant Pfizer seine USD 118 Milliarden-Offerte für den Konkurrenten AstraZeneca zurück, da dessen Aufsichtsrat das Angebot ablehnte. Großinvestoren wie Black Rock und Schroders bedauerten den Entscheid von AstraZeneca. Der Aufsichtsratsvorsitzende meinte dazu: »Verschiedene Investoren haben verschiedene Investitionshorizonte« und »Wertschöpfung in dieser Industrie beruht darauf, Medikamente so rasch als möglich auf den Markt zu bringen« (► Internetquelle 3). Pfizer war seinerseits seit 1990 vorwiegend mittels einer Serie von Übernahmen für einen Gesamtpreis von USD 220 Milliarden gewachsen: Warner-Lambert für USD 90 Milliarden (2000), Pharmacia für USD 60 Milliarden (2003), Wyeth für USD 68 Milliarden (2009) und King Pharmaceuticals für USD 3,6 Milliarden (2010). Allerdings lag Ende 2014 Pfizers Marktkapitalisierung mit USD 197 Milliarden (► Internetquelle 4) unter den genannten Akquisitionskosten, was auf eine beachtliche Wertzerstörung hinweist.

Ganz offensichtlich definierten der Aufsichtsrat von AstraZeneca und Pfizer ihr Mandat unterschiedlich. AstraZeneca musste unter Berücksichtigung des Gesetzes entscheiden, ob man auf internes Wachstum setzen wollte oder ungeachtet Pfizers bewegter Vorschichte das Angebot annehmen und im Fall einer Ablehnung in Kauf nehmen wollte, dass Investoren, die auf kurzfristige Wertmaximierung ausgerichtet sind, verärgert reagieren würden.

Ein solcher Konflikt wird besonders Führungspersonen, die neu in ihrer Funktion sind, vor spezielle Herausforderungen stellen, mögen doch frühere Erfolgsrezepte in der neuen Verantwortung ungenügend oder fehl am Platz sein: Waren in spezialisierten Funktionen fachspezifisches und aufgabenspezifisches Wissen und Können Erfolg versprechend, spielen in Spitzenpositionen weniger technische Fähigkeiten eine Rolle als vielmehr ein Verständnis für die Außenwelt, konzeptuelle und strategische Fähigkeiten, die Freude an gemeinsamer Leistung, der Wille zur Veränderung sowie die Fähigkeit zu fordern und zu motivieren. Dies verlangt eine innere Umstellung und einen Lernprozess, der emotionale Intelligenz in Form von Introspektion, Empathie und sozialer Intelligenz voraussetzt.

Da sich Umstände immer verändern, werden auch der erfahrene CEO und der langjährige Aufsichtsrat ihr Mandat in regelmäßigen Abständen auf Aktualität überprüfen und gegebenenfalls anpassen. Das Gespräch erlaubt es, gemeinsam abzuwägen, ob das Mandat nicht nur legitim, sondern auch realistisch ist, im vereinbarten Zeitrahmen mit den verfügbaren Mitteln erfüllt werden kann und bis zu welchem Grad unvorhersehbare Ereignisse eine Erfüllung der Erwartungen verunmöglichen könnten.

3.2.4 Top Team

Die Auswahl und Komposition des Top Teams entscheidet über die Leistungsfähigkeit des Unternehmens und das vorherrschende Klima. Die Auswahl der Mitarbeitenden zeigt die

Fähigkeit des Vorgesetzten, Menschen und Aufgaben richtig zu beurteilen und zu einem schlagkräftigen Team zusammenzufügen. Es handelt sich immer um eine schwierige Aufgabe, besonders wenn externe und interne Bewerbungen vorliegen. Die Externen können sich während des Bewerbungsgesprächs von ihrer besten Seite zeigen, während bei internen Kandidaten nicht nur Stärken, sondern auch Schwächen bekannt sind. Der Vorgesetzte ist gut beraten, sich nicht einseitig auf die Empfehlungen eines Headhunters zu verlassen, sondern erfahrene Kollegen bei der Beurteilung von Kandidaten hinzuzuziehen. Fähigkeiten, Erfahrungen und Kenntnisse sollten sich im Team gegenseitig ergänzen. Eine gemeinsame Ausrichtung aufgrund geteilter Ansichten und Überzeugungen darf einer Kultur der offenen Debatte über schwierige Themen nicht entgegenstehen. Bei gegenseitigem Respekt und Vertrauen können Konflikte konstruktiv gelöst werden und gegenseitiges Lernen stattfinden, sodass sich das Team immer wieder an neue Gegebenheiten anpassen und sich dabei entwickeln kann. Sitzungen sollten zu klaren Entscheidungen und Verantwortlichkeiten mit entsprechenden Aktionsplänen führen.

Hat man trotz aller Umsicht eine Fehlbesetzung vorgenommen, folgt oft der zweite Fehler. Die Entscheidungsträger warten mit korrektiven Maßnahmen zu lange ab, aus Angst davor, Kredibilität einzubüßen, weil man eine Fehlentscheidung getroffen hat. Zudem mag die Hoffnung bestehen, der Mitarbeitende würde doch noch die erhoffte Leistung erbringen. Doch oft hat die Organisation ihr Urteil oft längst gefällt, der CEO weiß dies nur noch nicht.

Wird eine notwendige Entlassung vermieden, mag sich hinter der vermeintlich freundlichen Fassade und Aggressionshemmung das Bedürfnis des CEOs verbergen, geliebt zu werden. Es handelt sich um jene Chefs, die sich immer hinter ihre Mitarbeitenden stellen, und dann den Ruf erlangen, nicht objektiv urteilen zu können.

3.2.5 Ambitionen

Führungskräfte benötigen Freude an Leistung, den Wunsch, erfolgreich zu sein, und die Vorstellung, auch dazu fähig zu sein. Zugrunde liegende Größenphantasien mögen Abwehr und Kompensation für erlittene Schläge sein, sind darüber hinaus aber auch ein mächtiger Stimulus zur Weiterentwicklung und Leistung. In Spitzenpositionen wird der Leader danach trachten, das »fast Unmögliche« zu erreichen. Gleichzeitig gilt es, seine Vorstellungen über die Primäraufgabe und Aspirationen verständlich und motivierend – wenn möglich in einer Bildersprache – anschaulich zu kommunizieren. Dies ist über die Zeit hinweg konsistent und überzeugend nur möglich, wenn der Leader aus innerer Überzeugung spricht. Damit aber Größenphantasien nicht zum Größenwahn werden, sind eingehende Introspektion und Diskussion im Top Team sinnvoll und hilfreich. Sonst werden Divergenzen verspätet zu Tage treten und eine gemeinsame Ausrichtung der Organisation unterminieren.

Ein möglicher Klärungsprozess besteht darin, dass alle Teammitglieder schriftlich auf einer Seite festhalten, was ihre ganz persönlichen, tiefen Überzeugungen sind, und diese danach an alle anderen Teammitgliedern anonym auszuteilen. In einem Gruppenprozess können diese Perspektiven gemeinsam diskutiert und debattiert werden, um Gemeinsamkeiten herauszuschälen und Unterschiede zu bereinigen.

Fallbeispiel

Herr J. ist ein junger CEO eines Motorradreifenherstellers, der seine Produkte vor allem in Entwicklungsländern verkauft. Er klagt über geringe Produktivität im Unternehmen und meint, die Kernaufgabe des Unternehmens sei es, die Marge zu verbessern, was er auch immer wieder kommuniziere. Frustriert muss er zur Kenntnis nehmen, dass er damit keinen Enthusiasmus erzeugt, was er nicht versteht. In der Folge besprechen wir die Primäraufgabe des Unternehmens, nämlich dafür zu sorgen, dass ein gut haftender Reifen hilft, Leib und Leben des Motorradfahrers und seiner Passagiere zu schützen, und ihm Dank der Langlebigkeit des Reifens Kosten spart. Im Folgenden gelingt es, dem jungen CEO und den Mitarbeitenden zu vermitteln, wie Dank ihrer Arbeit und dem Einsatz der ganzen Betriebsmannschaft Väter und Mütter sicher und sparsam zur Arbeit oder nach Hause fahren können, um für ihre Kinder zu sorgen. Die Mitarbeitenden realisieren, welch wichtige Aufgabe sie erfüllen und wie wichtig es ist, diese mittels einer Reihe spezifischer Einzelmaßnahmen und Initiativen besser als alle Konkurrenten zu erfüllen. Bei erfolgreicher Umsetzung werden Umsatz, Gewinn und Produktivität steigen.

Herr J. lernte zu verstehen, dass Margenverbesserung das Resultat und nicht das primäre Ziel der Arbeit ist. Seine initiale Zielsetzung, die Marge zu verbessern, wurzelte in seiner Angst, die Margenerosion, die unter seinem Vorgänger eingesetzt hatte, nicht aufhalten zu können.

Verschiedene Kräfte sind bei der Entstehung von Ambitionen im Spiel. Die Erfahrung, bei entsprechender Leistung anerkannt und bei überraschenden Leistungen bewundert zu werden, wurde bei vielen Leadern in der Kindheit im Umgang mit den Eltern, den Großeltern oder in der Schule verankert. War die elterliche Zuneigung nur bei guter Leistung gegeben, bleibt das Selbstwertgefühl auch im späteren Leben von Leistung abhängig. Diese narzisstische Störung führt dazu, dass Leistungen unter großen Anstrengungen immer wiederholt werden müssen und dennoch letztlich nie ausreichen, um die tiefsitzenden Selbstzweifel zu beseitigen. Oft schwanken solche Menschen zwischen Grandiosität und depressiven Gefühlslagen und reagieren auf Kritik mit tiefer Kränkung. Erfolg verdeckt diese Abgründe, doch kann sich dieser kaum dauernd einstellen. Früher oder später erleben auch diese Leader einen Misserfolg oder das Ende ihrer Karriere und haben große Mühe, dies zu überwinden. Als Kinder mussten diese Menschen implizite Erwartungen der Eltern erraten, um sie erfüllen zu können und akzeptiert zu werden. Gelang dies nicht, wurden sie mit Liebesentzug bestraft. Ein Klima der Unsicherheit und latenter Angst wechselte sich mit positiven Perioden ab. In den positiven Perioden gelang es dem Kind, die Bedürfnisse der Eltern zu stillen, was zu Erfolgserlebnissen führt. Dieses zwanghafte Streben, Erwartungen zu erfüllen und perfekt zu sein, ist mit einem strengen Über-Ich gepaart.

Bei erfolgreichen Leadern großer Unternehmen und Firmengründern finden sich nach außen getragene große Selbstsicherheit bis hin zu unerschütterlichen Größenphantasien und Omnipotenzvorstellungen. Misserfolge werden verdrängt oder gar nicht als solche wahrgenommen. Der unerschütterliche Glaube an zukünftigen Erfolg und die eigenen Fähigkeiten herrscht vor. Eltern, die ihre Kinder wegen ihrer Begabungen übermäßig bewundern und in ihren Fähigkeiten übermäßig bestärken, jedoch unfähig sind, sie auch mit ihren menschlichen Schwächen ganzheitlich so zu lieben wie sie sind, legen den Grundstein für solches Verhalten. Dann führen die internalisierten Objektbeziehungen und das spezifische Verhaltensmuster des Introjekts zu narzisstischen Störungen unterschiedlicher Ausprägung.

Ambition drückt sich auch im Wunsch aus, seinen Vorgänger oder einen Kollegen zu übertreffen, wie im folgenden Beispiel gezeigt werden kann.

Fallbeispiel

Herr D. wurde neuer CEO einer Firma, die zwar sehr profitabel war, deren Verkäufe jedoch stagnierten. Sein Vorgänger meinte, er müsse lediglich schauen, dass die Marktanteile gehalten würden und die Profitabilität hoch gehalten werde, Wachstum sei in dieser Industrie nicht zu erwarten. Auch der Aufsichtsrat hätte sich konservativ gezeigt. So beschloss Herr D., sein Mandat selber zu definieren, nämlich die Firma dank Innovation und der Erschließung neuer Märkte auf

3

einen Wachstumskurs zurückzuführen. In der Folge wechselte er mehrere Leute aus dem Top Team aus, was sich als richtig erwies. Nun wachse die Firma wieder. Seine Leute würden aber klagen, da er kaum je Lob verteile, obwohl er loben möchte und dies bei guten Resultaten auch angebracht sei. Aber dann finde er die Resultate nie gut genug. Eigentlich sei er nie zufrieden, nie wirklich glücklich – man dürfe einfach nie ruhen, auch wenn die Firma nun sehr erfolgreich sei. Später erwähnt er, dass sein Vater, ein Chemiker, immer unerreichbar hohe Standards gesetzt und sein Großvater seinen Vater geradezu fordernd hart erzogen habe. Über seinen Bruder meint er, dieser sei begabter als er selbst. Heute sage sein Vater jedoch, dass D. der Begabtere von beiden sei. Herr D. sagt von sich, dass er es liebe, seine Mitarbeiter zu immer besseren Leistungen anzutreiben.

Herrn D.s Erfolg wurzelt in dem teils bewussten, teils unbewussten Wunsch, den Vater und den Bruder zu übertreffen. Einerseits vermittelte sein Vater, dass nur Leistung Anerkennung bringe, andererseits konnte er diese seinem Sohn gegenüber nie zum Ausdruck bringen, weil er von seinem eigenen Vater so wenig gelobt wurde. Damit blieb Herrn D. eine gewisse Unsicherheit. Er war entschlossen, seine Fähigkeiten unter Beweis zu stellen, konnte aber weder Lob verteilen noch sich je mit dem Erreichten zufrieden geben, obwohl er insgeheim auf sich selbst und sein Team stolz war – wie wohl auch sein Vater insgeheim auf ihn stolz war. Herr D. entwickelte einen strengen, inneren Richter, der seine früh erlebten, internalisierten Vaterbeziehungen und -bilder widerspiegelte. Herr D. war als CEO erfolgreich. Doch er und seine Mitarbeitenden könnten mehr Stolz und Freude am Geleisteten erleben, wenn die Resultate jeweils gebührend honoriert und gefeiert würden. Voraussetzung wäre die teilweise Befreiung vom strengen, inneren Richter.

Die Kontrolle des Verhaltens durch ein verbietend-strenges oder bloßstellend-strenges Gewissen kann bei interner oder öffentlicher Kritik zu Scham oder Rückzug bis hin zum Suizid führen. Versagensängste und die Angst vor Scham können Leistung und Integrität fördern, aber auch lähmend wirken, je nachdem, wie intensiv die Ängste einerseits und wie groß die Zuversicht andererseits sind.

Ambitionen und langfristige Ziele können auch vom Wunsch genährt werden, etwas Dauerndes zu hinterlassen. Die unbewusste Angst vor dem eigenen Tod und vor der Tatsache, dass letztlich alles endlich ist, wirkt als Antrieb, um Bleibendes zu schaffen, und im Wunsch, unsterblich zu sein. Dies kann sich für ein Unternehmen als durchaus positiv erweisen.

3.2.6   Umgang mit Macht

Macht in einem Unternehmen ist eine Leihgabe. Im günstigen Fall wird sie Führungskräften gewährt, die sich durch Wissen, Können, Kommunikationsfähigkeit, Mut, Informationsvorsprung und gute Resultate auszeichnen. Die formale Position wird begleitet von materiellen Mitteln und steigert die Reputation. Macht verleiht einerseits Gestaltungsfreiheit und eine Loslösung von üblichen Zwängen und Einschränkungen, bringt aber andererseits entsprechende Verantwortlichkeiten mit sich.

Der Wunsch, eine Machtposition zu erringen, kann aus einem Wunsch nach Unabhängigkeit bzw. aus Angst vor Abhängigkeit und Verletzbarkeit entstehen. Verfolgt man die Geschichte von Menschen, die Macht als pathologische Abwehr gebrauchen, erfährt man von Elternteilen, die als omnipotent erlebt wurden und real oder potenziell verletzend waren. Aber auch das Erleben des Ausgeliefertseins, z.B. anlässlich einer schweren Erkrankung in der Kindheit oder die Erinnerung einer Flucht vor Krieg, kann den Wunsch nach Unabhängigkeit, Kontrolle und Macht dauerhaft nähren. Gelegentlich kosten Menschen es aus, andere zu kontrollieren und ihre Dominanz zu demonstrieren. Hinter dieser aggressiven Lust, andere zu erniedrigen, und dem Wunsch, Allmachtgefühle auszuleben, liegen abgewehrte Ängste vor einer möglichen Wiederholung früher erlebter, eigener Hilflosigkeit und Traumata. Die Rollenumkehr vom Hilflosen zum Mächtigen weist auf die Teilidentifikation mit einem früheren Aggressor und auf abgewehrte Ängste hin (Freud 1937; Frankel 2002). Eine Rollenumkehr ist jedoch nicht zwingend. Wenn die Inhaber von Macht über Selbsterkenntnis, Selbstkontrolle und ausreichend Autonomie verfügen, nutzen sie diese im Sinne des Unternehmens, ohne negativen oder destruktiven Einfluss auf andere nehmen zu müssen.

Im konstruktiven Sinne dient Macht im Unternehmen der Klarheit, der gemeinsamen Ausrichtung und dem Erreichen von ökonomisch guten Resultaten. Voraussetzung sind Selbstkontrolle und das Bewusstsein für die eigene Rolle und deren Einfluss auf das Befinden der Mitarbeitenden. Bei aller Empathie, über die der Mächtige verfügen muss, muss er gleichzeitig in der Lage sein, für das Unternehmen Wesentliches durchzusetzen, auch wenn er damit gewisse Mitarbeitende verletzen mag. Es braucht in Führungspositionen eine Bereitschaft, unbeliebt zu sein, wenn es gilt, im Interesse des Unternehmens unpopuläre Entscheidungen zu treffen, wie z.B. bei der Durchführung einer Restrukturierung. Sind solche Maßnahmen nachvollziehbar und hat der Vorgesetzte den notwendigen Mut, den Betroffenen solch schmerzhafte Maßnahmen persönlich, empathisch und dennoch klar und ohne Zweifel zu kommunizieren, wird er zwar nicht geliebt, aber respektiert. Dennoch sind vor der Akzeptanz einer Entlassung Schock, Unglaube, Wut und Verhandlungswünsche in unterschiedlicher Ausprägung zu erwarten, bedeutet der Stellenverlust doch für manche Betroffene eine existenzielle Bedrohung (Kübler-Ross 1997; Kübler-Ross u. Kessler 2005). Die Möglichkeit, einem Entscheidungsträger diese Emotionen direkt auszudrücken, macht den Prozess für Betroffene erträglicher.

Anfänglich sind frisch erkorene Chefs oft überrascht, wenn beinahe jedes Wort und jede Geste von den Mitarbeitenden auf die Goldwaage gelegt und auf wunderbare Weise interpretiert werden. Dabei entstehen Interpretationen, die weit vom Geäußerten entfernt sind. Neu ist auch die Erfahrung, dass Gesprächsrunden ehemaliger Kollegen verstummen, wenn sie sich zu ihnen gesellen. Henry Adams meinte: »Ein an die Macht gekommener Freund ist ein verlorener Freund« (▶ Kap. 6). Tatsächlich gehen oberste Führungspositionen oft mit einem hohen Grad an Einsamkeit einher, da Untergebene und Vorgesetzte meistens eine gewisse Distanz zueinander wahren. Die einen sind aus einem nicht einfach zu verwerfenden Misstrauen heraus, dass sie manipuliert werden, reserviert, andere halten sich aus Angst vor dem Vorgesetzten oder vor der Rivalität und dem Neid von Kollegen zurück. Letzteres kann speziell in Familienunternehmen zerstörerische Ausmaße annehmen, da eine Trennung wesentlich komplizierter ist als in Unternehmen mit einem professionellen Management. Der erkorene Nachfolger mag sein Potenzial und seine Leistung unbewusst einschränken oder Entscheidungen wider besseres Wissen weniger fähigen Geschwistern überlassen, um zu vermeiden, dass bei diesen der Neid überhandnimmt.

Wer nie kritisiert und dauernd bedient und umgarnt wird, läuft jedoch Gefahr, an die eigene Größe und Fehlerlosigkeit zu glauben und sich verführen zu lassen. Introspektion, ein gut funktionierender, innerer Kompass und Gespräche mit einem aufmerksamen Mentor oder Coach mögen die Wahrnehmung für lauernde Gefahren schärfen.

Durch die Zunahme von Einfluss und Macht wächst bei manchen CEOs die Angst, diese wieder zu verlieren; oder sie fürchten, dass jemand ihre Position unterminieren oder sie ihnen streitig machen könnte. Unternehmensführer werden häufig öffentlich für Fehler von Mitarbeitenden verantwortlich gemacht und müssen für Unfälle gerade stehen. So fühlen sie sich zeitweise ungerecht behandelt und müssen dennoch fähig sein, vermeintliche oder tatsächliche Ungerechtigkeiten mit wohlwollendem Verständnis aufzunehmen und nicht etwa mit Repressalien zu reagieren, um die Situation zu beruhigen. Diese Fähigkeit wird als »Containment« bezeichnet (s.o.). Vorgesetzte werden zur Projektionsleinwand vieler Gefühle und Interpretationen, die früheren, unbewusst internalisierten Beziehungen mit Autoritätspersonen entspringen. Diese Übertragungen können zu einer verzerrten Wahrnehmung der Realität führen. Leader sollten sich deshalb vergegenwärtigen, dass eine Führungsposition nicht nur mit Bewunderung, sondern unweigerlich auch mit Aggression von Seiten anderer einhergeht. Es gilt, sich seiner eigenen instinktiven Reaktionen auf Lob und Angriffe bewusst zu sein, um diese – zum Wohl der Organisation – besser im Griff zu behalten.

3.3   Das Ende der Karriere und die Hinterlassenschaft

Verbringt ein CEO viele Jahre in einer Führungsposition, erwächst gelegentlich die Gefahr, dass er sich mit seiner Rolle weitgehend identifiziert. Er »vergisst«, dass seine Position nur geliehen ist und eines Tages verloren geht. Besonders narzisstisch strukturierte Persönlichkeiten drohen beim Verlust der Führungsposition, des sozialen Status, der täglichen positiven Interaktionen und Rückmeldungen sowie dem Rückgang des Einkommens mit Bitterkeit, Hadern und Depressivität zu reagieren. Dies umso mehr als mit zunehmendem Alter der Blick in den Spiegel unweigerlich daran erinnert, dass das Leben endlich ist.

Fallbeispiel
Herr L. bezeichnete es nachträglich als außerordentlichen Glücksfall, dass er als neuer CEO zu einem zweitägigen Seminar an eine Business School eingeladen wurde. Erst hatte er gezögert, die Einladung anzunehmen, denn das Tagesgeschäft war randvoll mit neuen Aufgaben: Da waren all die Mitarbeitenden, die es zu treffen galt, die Besuche der ausländischen Filialen, die Projekte, die offenen Fragen bezüglich seines Führungsteams – und dann wollte der Aufsichtsratsvorsitzende noch über seine Pläne informiert werden. Dennoch entschloss er sich schließlich, am Seminar teilzunehmen, fand allerdings keine Zeit mehr, die Unterlagen durchzulesen. Nach der Begrüßung und dem kurzen Kennenlernen der Dozenten und der anderen Teilnehmer schaute er zuversichtlich auf den nächsten Tag. Noch wusste er nicht, was ihn erwartete. Als der Dozent anderntags fragte, wer als Erster seine Abschiedsrede halten wolle, wurde ihm klar, was er nicht gelesen hatte. Er war unvorbereitet und hatte keine Ahnung, was er vortragen sollte. Während andere vortrugen, fand er etwas Zeit, einige Gedanken zu sammeln. Als er an die Reihe kam, trat er mit trockenem Mund und Lampenfieber nach vorn und versuchte mehr schlecht als recht, eine kohärente Abschiedsrede zu halten. Nach diesem Erlebnis reflektierte L.: Dies sollte ihm nicht wieder passieren, er würde sich in Zukunft jeweils vorbereiten. Vor allem aber beschäftigte ihn von nun an, was er denn bei seinem wirklichen Abschied gerne über seine Zeit als Unternehmensführer sagen wollte.

Dieses Erlebnis erwies sich für Herrn L. in mehrfacher Hinsicht als eine fruchtbare Erfahrung. Dank der Frage, auf was er anlässlich seiner Pensionierungsrede zurückblicken möchte, erkundete er früh in seiner Karriere seine vorbewussten und unausgesprochenen Wünsche und Träume und schrieb diese nieder. In Gesprächen mit einer Dozentin der Business School und zwei langjährigen Kollegen debattierte er erwünschte und verpönte Verhaltensweisen wie auch Möglichkeiten und Grenzen der Organisation. Gemeinsam entschieden sie über ein neues Zielsetzungs-, Evaluations- und Entlohnungssystem, das Fairness sichern und die Leistung und Mitarbeiterzufriedenheit kontinuierlich verbessern würde. Nachdem L. diese Vorstellungen mit dem gesamten Top Team getestet hatte, plante er, diese dem Aufsichtsrat vorzulegen und – dessen Einverständnis vorausgesetzt – der gesamten Organisation kampagnenartig zu kommunizieren. Auch legte er gemeinsam mit seinem Team Meilensteine fest, um zu evaluieren, ob die Umsetzung gelang, Hindernisse erfolgreich beseitigt wurden und die Mitarbeitenden engagiert waren.

Der vielleicht wichtigste Effekt war die Introspektion, welche die gestellten Fragen in Gang setzte: Er wurde sich bewusst, dass er seinem Vorgänger gegenüber dankbar war, hatte dieser ihn doch bei seiner Wahl unterstützt, obwohl er ahnte, dass sein Nachfolger wahrscheinlich tiefgreifende Veränderungen vornehmen würde. Zugleich verstand Herr L., dass er nur einer in einer Reihe von CEOs dieses Unternehmens sein würde. Er verglich sich in diesem Zusammenhang mit einem mittelalterlichen Kathedralenbauer, der weder beim Planen des Baus noch bei dessen Fertigstellung zugegen sein würde, nichtsdestotrotz aber wesentliche Bausteine für den später erfolgreichen Abschluss des Baus anfügen würde. Er machte sich Gedanken zu seiner Familie, und es wurde ihm bewusst, wie wichtig ihm diese war. Er schrieb seine ihm bekannten Stärken und Schwächen nieder, um zu entscheiden, wer in seinem Top Team zu ihm selber komplementär sein würde. Es wurde ihm klarer, wem er vertraute und wer wahrscheinlich nicht mit auf die Reise gehen würde. Langsam konkretisierte sich auch seine Vorstellung davon, wann er in den Ruhestand gehen würde und welche Beziehung zu seinem Nachfolger er sich wünschte.

Fallbeispiel
Herr B. trat vor 30 Jahren in die Firma ein, die sein Vater und sein Onkel gemeinsam gegründet hatten. Da alle Initiativen B.s von dem Onkel sabotiert wurden und dessen Kinder ebenfalls in die Firma eintreten wollten, entschieden Vater und Onkel, die Firma aufzuspalten. Sein Vater übergab B. die aktive Führung. Entschlossen dezentralisierte und vereinfachte B. die Organisationsstruktur, änderte die Strategie, investierte mehr in Forschung und Entwicklung (F&E) und erreichte damit Jahr für Jahr ein zweistelliges Wachstum. Vor vier Jahren trat sein eigener Sohn, der inzwischen die Ausbildung abgeschlossen hatte, in die Firma ein und wurde Mitglied des kleinen Top Teams.
Er plane nun, sinniert Herr B., sich mit seinen 64 Jahren zurückzuziehen und die Geschäftsleitung dem Sohn zu übergeben, doch wisse er nicht, was er selber danach tun würde – vielleicht könne er sich auf F&E konzentrieren, unterrichten oder sich wohltätigen Aktivitäten widmen. Vielleicht müsse er dem Sohn Ziele setzen und ihn überwachen, obwohl er dies eigentlich nicht für notwendig halte – sie würden ohnehin jeden Tag zwei Stunden über das Geschäft sprechen.

Herr B. war voller Zweifel. Einerseits verspürte er den Wunsch, seinem Sohn das Geschäft so anzuvertrauen, wie es sein Vater mit ihm getan hatte. Er hatte in der Folge viel erfolgreicher agiert als sein Vater es je konnte. Nun fürchtete er, sein Sohn könnte versagen oder ihn übertreffen und damit seine eigene Leistung in den Schatten stellen. Zugleich führte er das Geschäft noch immer gerne. Bisher hatte er sich keinerlei Gedanken gemacht, für was er sich nach seinem Rücktritt begeistern könnte, geschweige denn irgendwelche Vorbereitungen getroffen. Zu seinem Glück konnte er den Zeitpunkt, zu dem er die Verantwortung seinem Sohn übergeben wollte, selbst bestimmen. Des Weiteren verfügte er über ein inzwischen großes Vermögen, das ihm finanzielle Unabhängigkeit gewährte.

Ein anderes Schicksal war Herrn K. vorbehalten.

3

Fallbeispiel

Im Rahmen eines Reorganisationsprogramms wurde firmenweit ab dem Alter von 58 ein Frühpensionierungsprogramm durchgeführt. Dieses sollte die Kosten senken und zugleich erlauben, dem Wunsch nachzukommen, dies sozial verträglich durchzuführen. Herr K. hatte erst kürzlich seinen 58. Geburtstag und die 35-jährige Firmenzugehörigkeit gefeiert. Er liebte seine Arbeit als Leiter einer Verkaufsabteilung für Spezialprodukte. Als der Personaldienstangestellte ihn mit freundlichen Worten informierte, dass er in das Frühpensionierungsprogramm eingeschlossen würde, fühlte er sich wie vom Blitz getroffen und konnte es kaum glauben, bis ihm sein Vorgesetzter den Beschluss bestätigte. Sein Vorschlag, das Arbeitsverhältnis um ein Jahr zu verlängern, wurde abgelehnt. Schließlich gewährte man ihm einen Beratervertrag für zwölf Monate. Herr K. war enttäuscht und empört. Wenig später wurde die Abteilung, die er aufgebaut hatte, mit einer anderen Verkaufsabteilung fusioniert. Herr K. erlebte dies als Zerstörung seiner Hinterlassenschaft, was ihn zusätzlich kränkte. Bittere Gefühle und eine depressive Stimmung machten sich breit. Zu Hause empfand seine Frau ihn und seine Unzufriedenheit zunehmend als Belastung. Die Kinder hatten inzwischen das Haus verlassen, und er konnte sich kaum mehr an deren Kindsein erinnern. Seine Arbeit war sein Ein und Alles gewesen. Obwohl er ein charmanter und kontaktfreudiger Mensch war, hatte er die Kontakte mit seinem Kollegenkreis auf die Arbeit beschränkt. Er war zu jung, um nicht mehr zu arbeiten, und zu alt, um eine neue Stelle zu finden, hatte weder Hobbies noch Freunde und zu allem hinzu war sein Pensionseinkommen um 40% niedriger als sein letzter Lohn.

Das Beispiel von Herrn K. ist bei Weitem kein Einzelfall. Schließlich fand Herr K. den Weg in eine Gesprächstherapie. Über einen Zeitraum von zwei Jahren konnte er vieles aufarbeiten. Seine Karriere blieb für ihn jedoch eine Enttäuschung, wenn er auch lernte, sich an vergangene Erfolge zu erinnern, die Beziehung zu seiner Frau neu zu beleben und sich mit Freude um seine beiden Enkelkinder zu kümmern.

Nicht nur Entlassene und Frühpensionierte leiden an den Folgen dieser Maßnahmen, auch verbleibende Mitarbeitende mögen Scham und Schuldgefühle verspüren. Bei einer Identifikation mit denjenigen, welche die Arbeitsstelle verloren haben, mögen auch Wut und Trauer aufkommen. Als Unternehmensführer sollte man sich dieses Risikos bewusst sein, um es rechtzeitig anzusprechen.

Wenn immer möglich, gilt es, sich wie Herr L. früh Gedanken um seinen Beitrag und seine Hinterlassenschaft zu machen und dabei im Bewusstsein zu behalten, dass man seinem Nachfolger die Position, die Verantwortung und die Macht übergibt und nach dem Abgang möglicherweise Ziele, Strategien und Wertesysteme geändert werden.

Trotz aller Voraussicht sind die Aufgabe einer Führungsposition und das Ende der Karriere mit einer Veränderung der Identität verbunden. Je stärker Identität und Selbstwertgefühl mit dem Beruf vernetzt sind, desto schmerzhafter wird deren Verlust erlebt.

Leader ist man lediglich auf Zeit – sei es, dass man die Firma verlässt, in den Ruhestand geht oder stirbt. Entsprechend gilt es, sich rechtzeitig Gedanken zum Rückzug zu machen und Familie, Gesundheit, Freunden und finanzieller Sicherheit die richtige Priorität zuzuordnen.

Internetquellen

1. ► http://www.nytimes.com/2012/03/14/opinion/why-i-am-leaving-goldman-sachs (Zugriff: 04.01.2015)
2. ► http://en.wikipedia.org/wiki/Enron_scandal
3. ► http://www.ft.com/cms/s/0/b69c8a70-1bab-11e4-adc7-00144feabdc0.html?siteedition=int l#axzz3NsnQPys6 (Zugriff: 04.01.2015)
4. ► http://www.bloomberg.com/quote/PFE:US (Zugriff: 04.01.2015)
5. ► http://www.towerswatson.com/assets/pdf/2012-Towers-Watson-Global-Workforce-Study.pdf

Literatur

Dunnette, M. D., Campbell, J. P., & Hakel, M. D. (1967). Factors contributing to job satisfaction and job dissatisfaction in six occupational groups. *Organizational Behavior and Human Performance* 2(2), 143–174.

Employee Engagement (2007). A Towers Perrin Global Workforce Study 2007

Frankel, J. (2002). Exploring Ferenczi's concept of identification with the aggressor: Its role in trauma, everyday life, and the therapeutic relationship. *Psychoanalytic Dialogues, 12*(1), 101–139.

Hirschhorn, L. (2000). Das primäre Risiko. In M. Lohmer (Hrsg.), *Psychodynamische Organisationsberatung. Konflikte und Potentiale in Veränderungsprozessen* (S. 98–118). Stuttgart: Klett-Cotta.

Kernberg, O. F. (1992). *Objektbeziehungen und Praxis der Psychoanalyse.* Stuttgart: Klett-Cotta.

Kernberg, O. F. (1998). *Ideology, conflict, and leadership in groups and organizations.* New Haven: Yale University Press.

Klein, M. (1995). *Gesammelte Schriften* (Bd. 6). Stuttgart: Frommann-Holzboog.

Kohut, H. (1973). *Narzißmus. Eine Theorie der psychoanalytischen Behandlung narzißtischer Persönlichkeitsstörungen.* Frankfurt a. M.: Suhrkamp.

Kübler-Ross, E. (1997). *On death and dying.* New York: Scribner.

Kübler-Ross, E., & Kessler, D. A. (2005). *On grief and grieving: Finding the meaning of grief through the five stages of loss.* New York: Scribner.

Rost, K., Osterloh, M., & Weibel, A. (2010). Good Organizational Design for Bad Motivational Dispositions. *Die Unternehmung* 1, 1–29.

Sauer, H., & Weibel, A. (2012). Formalisierung und Wohlbefinden am Arbeitsplatz: Neue Perspektive auf eine Kontroverse. *Managementforschung* 22, 1–41.

Stiehm, J. (2002). *The U.S. Army War College military education in a democracy.* Philadelphia: Temple University Press.

West-Leuer, B., & John, E.-M. (2013). Psychodynamic Coaching in Multinational Companies – An Interdisciplinary Case Analysis. *Procedia – Social and Behavioral Sciences* 82, 502–510.

Winnicott, D. W. (2002). *Reifungsprozesse und fördernde Umwelt. Studien zur Theorie der emotionalen Entwicklung.* Gießen: Psychosozial-Verlag.

Führen und Gefühl

Eros – »Love in the Office«

Beate West-Leuer

E.-M. Lewkowicz, B. West-Leuer (Hrsg.), *Führung und Gefühl*,
DOI 10.1007/978-3-662-48920-8_4, © Springer-Verlag Berlin Heidelberg 2016

4.1 Julia und der neue CSO

Eine kleine Szene aus dem Büroalltag in einem Konzern, eine Persiflage des Journalisten Thomas Ramge, soll einleitend illustrieren, wie am Arbeitsplatz Gelegenheit Liebe macht oder auch nur so scheint.

» Beat Grasweiler ist unser neuer Chief Sustainability Officer. Kurz CSO. Grasweiler kommt aus St. Gallen. Das Intranet hat ihn als akademischen Querdenker mit hohem Praxisbezug begrüßt. Wie ein akademischer Querdenker sieht er gar nicht aus. Eher charismatisch. Blauer Anzug, blaue Krawatte, blaue Augen. Was bei dunklen Haaren, zumindest laut Julia, ja zusätzlich attraktiv ist. Julia sieht heute wieder verdammt gut aus. Wie immer Ton in Ton. Diesmal dunkles Grün und nicht-leuchtendes Orange. Neulich hat sie erzählt, dass sie jetzt viel bei einem Ethical-Fashion-Online-Shop bestellt. Würde ja thematisch passen. Im Gesicht hat sie heute nur ein bisschen Mascara. Und kein Lippenstift? Oder ist der so natürlich, dass man ihn nicht sieht? Ich frage mal nicht. Wie meistens. Aber so wie Julia diesen Schweizer gerade anschaut, wird Nachhaltigkeit in ihrer persönlichen Themen-Agenda deutlich nach oben klettern. Womit sie sich dann ja … in vollem Alignment mit der Organisation befände. (Ramge 2014, S. 95f)

Dieser Teaser »enthüllt« humorvoll, dass Manager mit Verführungsszenarien konfrontiert sind, die nicht sie persönlich, sondern die Position meinen, die sie bekleiden. Der folgende Beitrag soll jedoch von Beziehungen zwischen Vorgesetzten und Mitarbeitern handeln, die über den unpersönlichen betrieblichen Flirt hinausgehen. Diese Beziehungen zwischen Vertretern verschiedener hierarchischer Ebenen sind tief mit den Strukturen des Unternehmens verflochten, so dass Eros als hochkomplexes emotionales Geschehen dort seine Wirkung entfalten kann. Die Verflechtungen von Systemischem und Persönlichem sollen im Folgenden an konkreten Fallbeispielen aus der Beratungspraxis des Business-Coachings aufgezeigt werden[1]. Nach der Falldarstellung wird zunächst auf die strukturelle Funktion der erotischen Beziehung im Unternehmen Bezug genommen, um dann die Psychodynamik der Liebe im Einzelfall in den Blick zu nehmen. Dabei zeigt sich, dass die romantische Liebe am Arbeitsplatz für die Protagonisten auch ganz unorthodox positiv verlaufen kann.

4.2 Erotische Liebe am Arbeitsplatz

Liebe ist ein emotionales Phänomen, das immer auch mit Aspekten der Gefühlseskalation einhergeht. Bei sexuellen Varianten tritt zu dem exklusiven Charakter häufig noch die Tabuisierung bzw. das Verbergen der Liebe vor anderen hinzu. Otto Kernberg, Vertreter der Objektbeziehungstheorie der Psychoanalyse, geht davon aus, dass Triebe (oder Bedürfnisse) aus Affekten entstehen, also sekundäre Erscheinung sind:

» Befriedigende, belohnende und lustvolle Affekte werden hierbei zu Libido als einem übergeordneten Trieb, während schmerzhafte, unlustvolle und negative Affekte zur Aggression als übergeordnetem Trieb integriert werden. [...] Die affektiv besetzte Entwicklung von Objektbeziehungen – mit anderen Worten reale und phantasierte zwischenmenschliche Interaktionen, die zu einer komplexen Welt von Selbst- und Objektrepräsentanzen im Kontext mit

---

1   Fallbeispiel A ist der Autorin aus der Intervision bekannt (vgl. Sies 2003), Fallbeispiele B und C sind Beratungsfälle aus der eigenen Praxis. Für eine Methodenanalyse von Fallbeispiel B vgl. West-Leuer (2007).

affektiven Interaktionen internalisiert werden – stellt nach meinem Verständnis das Grundmuster für die Entwicklung des unbewußten Geisteslebens und die Struktur der Psyche dar. (Kernberg 2000a, S. 48)

Im Gegensatz dazu bezeichnet Arbeit eine strukturierte Tätigkeit. Sie basiert nicht auf ausagierten, libidinösen Emotionen, sondern fordert ganz im Gegenteil einen reflektierten und kontrollierten Umgang mit Affekt, Gefühl und Mitgefühl (▶ Kap. 2). Gefühlsmäßige Regungen sind im Berufsleben nur insoweit erklärtermaßen akzeptiert, als sie die Aufgabenerfüllung nicht beeinträchtigen (Böhme, zit. bei Schreyögg 2011, S. 194). Noch schärfer formuliert findet sich diese Einstellung im traditionellen, protestantischen Gedankengut von Max Weber:

» Nicht Keuschheit, wie beim Mönch, aber Ausschaltung aller erotischen »Lust«, […], wache, rational beherrschte Lebensführung und Vermeidung aller Hingabe […] sind die Anforderungen, Disziplinierung und Methodik der Lebensführung das eindeutige Ziel, der »Berufsmensch« der typische Repräsentant, die rationale Versachlichung und Vergesellschaftlichung der sozialen Beziehungen, die spezifische Folge der okzidentalen innerweltlichen Askese im Gegensatz zu allen anderen Religionen der Welt.
(Weber 1922, S. 433)

Trotzdem gibt es nirgendwo so viele Flirtmöglichkeiten wie am Arbeitsplatz – nachweislich der Ort, an dem sich heutzutage die meisten Liebesbeziehungen anbahnen (Powers 1999). Dieses Phänomen lässt sich so interpretieren, dass Menschen gegen die Versachlichung ihrer Lebensumwelten rebellieren. Paradoxerweise können diese libidinösen Gefühle im Umgang mit Kollegen, Vorgesetzten und Untergebenen von Unternehmensseite auch implizit erwünscht sein kann, wenn sie das Funktionieren des Betriebes »ölen« (E-Mail-Mitteilung von Vasella vom 06.06.2015).

Doch Eros' Wirken lässt sich nicht so leicht dienstbar machen. Liebende halten sich weder an Verbote noch an Gebote, schließen durch ihre Intimität ihre Umgebung aus und sondern sich insbesondere von rationalen Kontexten ab. Dadurch werden sie zu Protagonisten einer »emotionalen« Subkultur in Organisationen, die aber immer in das Gesamtsystem abstrahlt und – wie schon im Mythos von Amor und Psyche (▶ Internetquelle 1) – nicht nur Unterstützung hervorruft, sondern auch Eifersucht und Neid gebiert. Denn plötzlich entstehen auch bei Dritten Emotionen, die bisher unter der Decke gehalten werden konnten:

» Es entwickeln sich allerlei »Eifersüchteleien« und »Verdächtigungen«, was die beiden in ihrer trauten »Zweisamkeit« wohl ausbrüten. Derartige Emotionen bleiben aber im Allgemeinen verdeckt. Sie manifestieren sich nur hinter dem Rücken der Liebenden; denn man möchte ja vermeiden, sich offen als eifersüchtig oder missgünstig zu zeigen. So entsteht eine spezifische Interaktionsdynamik zwischen den Liebenden und den übrigen Mitgliedern der Organisation, die auch paranoide Züge aufweisen kann.
(Schreyögg 2011, S. 195)

Diese Interaktionsdynamik ist von besonderer Brisanz, wenn die Protagonisten Vertreter unterschiedlicher hierarchischer Ebenen sind. Wie die Einführungsszene so treffend persifliert, sind bei der erotischen Anziehung zwischen Vorgesetzten und Mitarbeitern häufig projektive Phänomene im Spiel. So werden libidinöse Bedürfnisse und Wünsche durch eine Position geweckt, losgelöst von der Person, die die Position bekleidet. Julia überträgt unbewusst Bedeutungen aus anderen Erfahrungen mit Autoritäten auf den neuen Chief Sustainability Officer, den sie noch gar nicht kennengelernt hat. Indem sie ihm Kompetenzen und Macht, aber auch Fürsorge,

Anerkennung und Wertschätzung unterstellt, kommt Übertragungsliebe ins Spiel. Der CSO wird diese positive Übertragung spüren, sich vielleicht geschmeichelt fühlen und sich – wie eine gute Bezugsperson – entsprechend fördernd und zugewandt verhalten. Parallel inszeniert Julia sich als Frau mit mehr oder weniger ambivalenten sexuellen Wünschen, so wie sie es bei der Herausbildung ihrer Geschlechtsidentität mit ihren Elternfiguren einüben konnte. Auch hiervon wird sich der neue CSO angesprochen fühlen.

Ein plötzliches, unkontrolliertes Auftauchen von positiv gefärbten Emotionen und Phantasien spricht jedoch eine andere Sprache. Die allein auf die Position bezogenen projektiven Übertragungsphänomene geraten in den Hintergrund. Die oder der Andere ist jählings und unabhängig von der Position libidinös besetzt. So entsteht Verliebtheit in Arbeitsbeziehungen (für eine Definition s.u.). Ob und inwieweit diese gelingend in die Unternehmensrealität integriert wird, soll exemplarisch an den folgenden Fällen diskutiert werden.

4.3   »Office Romance A«

4.3.1   **Fallvignette**

Fallbeispiel
Ein IT-Unternehmen mit 33 Mitarbeitern, das Software für einen großen Konzern entwickelt, war seit zwei Jahren mit massiven innerbetrieblichen Problemen konfrontiert, die die wirtschaftliche Situation der Firma behinderten. Wichtige Experten verließen das Unternehmen, Neueinstellungen wurden verzögert und Bewerbungen nicht bearbeitet. Um sich aus der Abhängigkeit von einem einzigen Kunden zu lösen, hatten sich die beiden geschäftsführenden Gesellschafter erfolgreich auf die Suche nach einem Fusionspartner begeben. Allerdings kam es dabei zum Konflikt zwischen den beiden Geschäftsführern. Im Laufe der Gespräche hatte einer der beiden Gesellschafter versucht, seinen Kollegen durch ein geschicktes Manöver aus dem Betrieb zu drängen und war dabei gescheitert. Der im Unternehmen verbleibende Geschäftsführer, Herr F., holte sich Hilfe in Form einer psychodynamischen Organisationsberatung, um die desolate betriebliche Kommunikation und Atmosphäre zu verbessern. Sein vorrangiges Beratungsanliegen lautete also: »Helfen Sie uns, damit wir wieder so miteinander sprechen können, dass wir uns verstehen« – ein nachvollziehbarer Wunsch, da es inzwischen zu geschäftsschädigenden Informations- und Kommunikationsdefiziten gekommen war.
Herr F. hatte sich über die Gründe für die desolate Lage in seinem Unternehmen einige Gedanken gemacht, die er nun der Beraterin präsentierte. Zwei Jahre zuvor hatte er eine Affäre mit seiner sehr wohlhabenden Sekretärin begonnen:»Vielleicht hatte ich den unausgesprochenen Wunsch, diese Beziehung könnte nicht nur meine Eheprobleme, sondern auch die einseitigen finanziellen Abhängigkeiten von unserem Kunden auf einen Schlag lösen und die Intrigen meines Partners ins Leere laufen lassen.«
Die Euphorie der ersten Verliebtheit von Herrn F. hatte sich nach zwei Jahren gelegt, rauschartige Glücksgefühle und erhöhte sexuelle Lust hatten nachgelassen. Der Arbeitsalltag setzte wieder ein. Nach Ausscheiden seines Kollegen und in Aussicht der gelingenden Unternehmensfusion begann er, seine Verbindung mit der Sekretärin wieder zu lösen. Aus seiner Sicht hatte die Beziehung den betrieblichen Ablauf nicht so sehr gestört. Umso überraschter war er, dass nun die moralische Entrüstung seiner Mitarbeiter über ihn hereinbrach: Einige Mitarbeiter machten ihm offen Vorwürfe, er wolle die Sekretärin nun »fallen lassen«, und andere sprachen gar nicht mehr oder nur noch sehr reserviert mit ihm.

Die Beraterin erkannte darin eine spezifische, selektive Wahrnehmung der Mitarbeiter: »Der Chef hat einen moralischen Fehler gemacht, und das wird schlimme Konsequenzen haben.« Trotz der Einigkeit über die Gründe für die Kommunikationsstörung sah die Beraterin den sog. moralischen Fehler von Herrn F. zwar als Anlass, nicht aber als Ursache der Kommunikationsstörung (vgl. Sies 2003, S. 47ff.).

4.3.2 Unternehmenskultur zwischen harmonisierender Zweisamkeit und differenzierendem Wachstum

In der Psychoanalyse der Gruppe ist das Bedürfnis nach einem schützenden Paar in organisierten und hierarchisch strukturieren Arbeitsgruppen wohl bekannt. Erotische Intimität und sexuelle Entwicklung zwischen Personen an der Unternehmensspitze werden als potenzieller Schutz vor Gefahren und Konflikten erlebt, die mit Aggression und Abhängigkeit verbunden sind. Im vorliegenden Fall ist davon auszugehen, dass nicht nur der aggressive Verdrängungskampf zwischen den Gesellschaftern, sondern auch die Abhängigkeit des Unternehmens von einem einzigen Kunden bei allen Beteiligten starke Existenzängste entstehen lassen musste. Obwohl die Mitarbeiter hinter vorgehaltener Hand darüber sprachen, wurden diese Angstauslöser offiziell niemals thematisiert.

Eine enge oder intime Beziehung zwischen einer Frau und einem Mann, die auf unterschiedlichen Hierarchiestufen arbeiten, enthält immer auch patriarchale Züge. Im häufig vorkommenden Fall einer Liebesbeziehung zwischen Chef und Sekretärin entsteht diese »Herrschaft des Mannes« dadurch, dass der Chef unbewusst als »Besitzer aller Mitarbeiterinnen« wahrgenommen wird. Die Auserwählte gilt dann – in Folge des sog. Paternoster-Phänomens – als informell höher gestellt als es ihrer firmeninternen Position entspricht (Kernberg 2000b; Sies 2003). Im vorliegenden Fall identifizierten sich die Mitarbeiter mit dieser erotischen Paarbildung und erwarteten von dem Paar die Rettung der Firma, ohne dass Fremde – weitere Kunden beziehungsweise ein Fusionspartner – das intime und harmonische Miteinander im Unternehmen stören müssten.

Durch die Paarbildung und das finanzielle »Gewicht« der Sekretärin konnte auch der Machtkampf zwischen den Gesellschaftern zu Gunsten von Herrn F. entschieden und der »Querulant« aus dem Unternehmen ausgeschlossen werden. Die Hoffnung, dass durch den Ausschluss auch die betriebliche Harmonie wieder hergestellt werde, erwies sich als ein illusorisches Gruppenkonstrukt.

Als Phänomen der Unternehmenskultur verstanden, hatte das kleine Unternehmen keine Probleme mit harmonischer und harmonisierender **Annäherung**. Symptomatisch hierfür ist die Verliebtheitsphase von Chef und Sekretärin. Sensibelster Punkt auf dem Weg von der Pionier- zur Differenzierungsphase des Unternehmens (Glasl u. Lievegoed 1993) war aber offensichtlich die **Separationsphase**. Die Schwierigkeiten zwischen den Gesellschaftern wurden nicht durchgestanden und bereinigt, sondern nur durch eine einseitige Aufteilung in »guter« und »böser« Chef moralisch beantwortet und durch das Ausscheiden des Letzteren scheinbar gelöst. Je idealer und harmonischer ein Unternehmensklima scheint, desto zerstörerischer kann ein Differenzierungs- und Wachstumsprozess verlaufen, da die Beteiligten keine Erfahrung und Übung damit haben, sich zu emanzipieren und mit Unterschiedlichkeit und Konkurrenz umzugehen.

In der Beratung lernte der Klient verstehen, dass ein Festhalten an der erotischen Beziehung nachhaltige Veränderungsprozesse im Unternehmen unmöglich machen würde. Diese waren aber notwendig, um die Existenzgrundlage der Firma zu sichern. Die »Affäre«

4

hatte im Gesamtteam zu einer überhöhten Konzentration auf die erotischen Belange des Paares und zu voyeuristischen Tendenzen geführt. Die normale Befriedigung durch Arbeit und Leistung wurde dagegen als enttäuschend empfunden; die Herausforderungen einer Fusion sollten erst gar nicht in Angriff genommen werden (Kernberg 2000b). Die psychodynamische Organisationsberatung konnte dem Geschäftsführer diese Gefahr Schritt für Schritt bewusst machen und das Team ermuntern, die Herausforderungen anzunehmen, um die Zukunft der Firma zu sichern, wie der folgenden Auszug aus dem Abschlussgutachten zeigt:

>> Nun naht die nächste Herausforderung an das Gesamtteam: Ein neuer Kooperationspartner ist in Aussicht. Jeder Arbeitsplatz im Unternehmen wird durch den Eintritt von Kollegen ins Unternehmen neu bestimmt werden, da sich die Relationen dann automatisch ändern. … Die nun anstehende Change-Situation wird weniger von intimer Harmonie als von realistischerem Umgang miteinander geprägt werden. Dabei geht es um Anerkennung der Tatsache, dass Getrenntheit eine Voraussetzung für Integration und Wachstum ist. (Nach Sies 2003, S. 51)

4.3.3 Zur Psychodynamik in Fallbeispiel A

In der Phantasie der Gruppe hatte die Geliebte des Chefs mit ihrer Bereitschaft, das Unternehmen finanziell zu stützen, entscheidenden Anteil am Ausgang des Machtkampfes zwischen den Gesellschaftern. Deshalb hätte Herr F. seine Sekretärin als »rettenden Engel« schätzen sollen und nicht als »gefallenen Engel« verstoßen dürfen, so die unbewusste Moralvorstellung der Mitarbeiter. Außerdem standen mit der Fusion weitere beunruhigende Herausforderungen ins Haus, die mit Hilfe des »rettenden Engels« überflüssig gewesen wären.

Diese Sichtweise erklärt die heftigen Affekte der Mitarbeiter bei der **Auflösung** der Beziehung. Die Mitarbeiter urteilten: Erst hat er sie gewollt, das haben wir toleriert, nun muss er sie behalten (vgl. Sies 2003). Man kann sich doch nicht so einfach von jemandem trennen, der einem gerade noch so wichtig war. Diese Entrüstung erinnert an die Reaktion von Kindern, wenn ein Elternteil den anderen verlässt: eine Beziehung bricht auseinander, die die noch Abhängigen schützen soll (E-Mail-Mitteilung von Vasella vom 06.06.2015). Dahinter steckte natürlich auch die Angst, dass der Geschäftsführer mit ihnen – vielleicht in Folge der nun anstehenden Fusion – ebenso umgehen könnte wie mit der Sekretärin.

Herr F. merkte in der Beratung, dass er aus einer eher kindlich-regressiven Haltung heraus bei seiner Sekretärin Schutz gesucht hatte. Dabei hatte er riskiert, dass Geld in seinem Unternehmen mächtiger würde als die Autorität der Unternehmensgründer. Um das Unternehmen dauerhaft zu konsolidieren, war er nun entschlossen, die Komfortzone der Pseudoharmonie zu verlassen.

Voraussetzung für die wirtschaftliche Erholung des Unternehmens war seine Einsicht, dass ein Festhalten seines »Babys«, der Firma, in einer familiären Unternehmensstruktur, geprägt von romantisch und abhängig verstrickten Elternfiguren, nicht länger möglich war. Dadurch wäre das Unternehmen in seiner Entwicklung entscheidend gebremst und die notwendige Öffnung nach außen verhindert worden.

Nur wie mag sich die Sekretärin am Ende der Affäre gefühlt haben? Im Fallbeispiel gibt es Anhaltspunkte, dass beide Partner tatsächlich ineinander verliebt und durchaus zu einer reifen Liebe fähig waren. Retrospektiv verarbeitete der Chef seine Affäre jedoch als eine Art Zweckgemeinschaft, die er zur Rettung des Unternehmens eingegangen war. Diese Verschiebung war nicht zuletzt notwendig, um seine Ehe aufrechterhalten zu können. Für die Sekretärin wird das

Ende der Beziehung schmerzhaft gewesen sein; sie sieht sich wahrscheinlich im Rückblick als missbraucht und ausgenutzt. Zu wünschen wäre ihr ein emanzipativer Akt und ein Neubeginn sowohl im Privaten, als auch im Arbeitsleben.

4.4 »Office Romance B«

4.4.1 Fallvignette

Fallbeispiel
Die Klientin ist promovierte Biologin und Geschäftsführerin eines Softwareunternehmens für den Bereich Europa. Die Firma entwickelt und produziert ein einziges Produkt, das im Bereich quantitative Forschung und Statistik international Anwendung findet. Sie ist seit 15 Jahren bei der Firma tätig und hat den Verkauf des zunächst deutschen Unternehmens an einen großen US-Konzern, dann den Weiterverkauf an einen anderen US-Konzern und schließlich den Wechsel zu einem indischen Konzern erlebt. Seit dem letzten Wechsel ist sie Geschäftsführerin. Ihr indischer Chef hat sie sehr unterstützt und ihr viele Entscheidungsfreiheiten eingeräumt. Der Verkauf des Produkts in Europa konnte kräftig expandieren, nicht zuletzt durch ihre persönliche Betreuung der Großkunden. Ins Coaching kommt sie, als ihr Chef abgelöst wird. Ihr neuer Vorgesetzter, wieder ein Inder, lebt und arbeitet in Kalifornien. Sie macht sich diffuse Sorgen, kann aber kein konkretes Beratungsanliegen nennen.
Als sie in die USA eingeladen wird, erfährt sie, dass ihr neuer Chef das Unternehmen tiefgreifend umstrukturieren wird. Er hat eine deutschsprachige Abteilungsleiterin für den Bereich Europa und USA eingesetzt, die nun ihre direkte Vorgesetzte ist und die den Vertrieb auf externe Händler verlagern möchte. Die Klientin muss die Hälfte ihrer Mitarbeiter kurzfristig entlassen. Nach ihrer Rückkehr aus den USA eröffnet sie der Beraterin, dass sie eine Liebesbeziehung zu ihrem alten Chef unterhalte, die aber geheim bleiben müsse, da dieser in Indien verheiratet sei. Das Beratungsanliegen formuliert sie nun selbst: Nach der aktuellen Kündigungswelle mache für sie ein weiterer Verbleib in dem Unternehmen keinen Sinn mehr.

4.4.2 Joint Ventures zwischen Heiratsschwindel und Liebesheirat

Das kleine Unternehmen, in dem die Klientin Karriere gemacht hat, wurde kontinuierlich an Käufer weitergereicht. Dadurch kommt es natürlich zu einer Verunsicherung der Mitarbeiter, sie bangen – häufig zu Recht – um ihren Arbeitsplatz und sind darüber hinaus damit konfrontiert, dass sie, falls sie im Unternehmen bleiben können, sich an die neue Organisation, deren Steuerungsmechanismen und fremde Unternehmenskultur anpassen müssen. Da den übernehmenden Unternehmen häufig unterstellt wird, dass sie die Zielunternehmen ausschlachten wollen (Schewe et al. 2009), gehören Beschwichtigungen dieser Ängste zum Handwerkszeug der Verhandlungsführer. So gesehen täuschen die kaufenden Organisationen eine »Liebesbeziehung« vor, die sich im Fallbeispiel wiederholt als äußerst fragil erwiesen hat (vgl. John u. West-Leuer 2013). Im Zuge dieser Verkäufe und Wiederverkäufe hat das kleine Unternehmen nicht nur seine Unabhängigkeit, sondern auch an Status verloren. Die Mitarbeiter werden bei der Übernahme durch ein indisches Unternehmen kaum noch mit einer Liebesehe gerechnet haben. Schon die kulturellen Unterschiede zwischen einem von einem Eigner geführten, deutschen Unternehmen und einem amerikanischen Konzern sind gravierend. Noch schwieriger dürfte die Kommunikation mit dem neuen Eigner aus Indien sein. Umso überraschender

4

entsteht eine Affäre zwischen dem indischen Vorgesetzten und der deutschen Geschäftsführerin: Sie erscheint als unorthodoxer unternehmerischer Annäherungsversuch, der allerdings – anders als im Fallbeispiel A – vor den Mitarbeitern verheimlicht wird.

Systemtheoretisch betrachtet, kann eine Liebesbeziehung in multikulturellen Unternehmen genau so fungieren: als »symbolisch generalisiertes Kommunikationsmedium«, das unwahrscheinliche Kommunikation wahrscheinlich machen soll (vgl. Luhmann 1994). Aufgrund der »Polykulturalität« waren im vorliegenden Fall die identitätsbildenden Interaktionen als Voraussetzung einer erfolgreichen Fusion deutlich erschwert. Außerdem galt es, in einem ersten Schritt die Individualität des übernommenen Unternehmens im kommunikativen Austausch zu bestätigen, damit es sich aus einer gesicherten Position heraus der dominierenden Unternehmenskultur annähern konnte. Genau dies ist in der Systemtheorie die Aufgabe der Liebe. Liebe als Kommunikationsmedium motiviert dazu, sich dem Anderen in seiner »Ganzheit« zu nähern und nicht unter der verengenden Perspektive des jeweiligen Kultursystems. Durch diese Komplettannahme entsteht eine wechselseitige Bestätigung der eigenen Identität und des jeweiligen anderen »Weltbezugs«. Liebe ist also wie Geld oder Macht ein Steuerungsmedium, das – wie im Fallbeispiel – die Chancen für das Gelingen einer Fusion steigern oder beeinträchtigen kann (▶ Internetquelle 2).

4.4.3 Zur Psychodynamik in Fallbeispiel B

Die langjährige Unternehmenstreue der Klientin lässt sich individualpsychologisch kaum mit einer libidinösen Bindung an die Firma erklären, vergleichbar der Liebe, die der Unternehmensgründer im Fallbeispiel A für seine Firma entwickelt hat. Wahrscheinlicher spielt hier fehlendes Selbstvertrauen eine Rolle und die Sorge, für einen anderen Arbeitgeber keine attraktive Ausstrahlung zu haben. Die Ursache dafür könnte in den Beziehungen der Klientin zu ihrer Ursprungsfamilie liegen.

Fallbeispiel
Die Klientin erzählt, dass sie sich schon lange vor dem aktuellen Konflikt gefragt habe, ob es nicht an der Zeit sei, in ein größeres Unternehmen zu wechseln. Sie habe sich aber nie wirklich um eine Veränderung des Arbeitsplatzes bemüht. Jetzt fallen ihr die Worte des Vaters ein, der immer behauptete, sie würde nie so erfolgreich im Beruf werden wie er. Dabei sei sie immer eine Vatertochter gewesen. Sie habe ihren Vater sehr bewundert, der als Geschäftsführer ein Textilunternehmen erfolgreich leitete. Eigentlich habe sie ihm immer beweisen wollen, dass sie sehr wohl genauso erfolgreich und leistungsstark sein könne wie er. Aber so richtig geglaubt habe sie nicht an sich. Auf die Frage nach der Mutter berichtet sie von einer schwierigen Mutter-Tochter-Beziehung; diese habe ständig nicht nur ihr Aussehen, sondern auch das Aussehen ihrer Schwestern kritisiert. Heute vermute sie, dass die Mutter eifersüchtig auf die Freiheiten ihrer Töchter und den beruflichen Erfolg des Vaters gewesen sei. Auch habe die Mutter den Vater vor den Kindern häufig entwertet. Sie habe nie so werden wollen, wie ihre Mutter.

Die biographischen Informationen weisen darauf hin, dass die Beziehungen der Klientin zu wichtigen Personen aus ihrem Berufsalltag durch frühe Interaktionserfahrungen mit Eltern und Geschwistern sowie den damit verbundenen Affekten nachhaltig beeinflusst sind. Als brave Vatertochter wollte sie ihren Vater nicht »Lügen« strafen und hat die eigene Karriere nur mäßig engagiert verfolgt. Gleichzeitig konnte sie sich bei den Kunden des Unternehmens pro-aktiv zeigen und ihre »männlich« identifizierten Selbst- oder Fremdanteile einbringen, was für das Unternehmen von Nutzen war.

Einige Aspekte ihrer schwierigen Mutterbeziehung reinszeniert die Klientin mit der neuen Abteilungsleiterin. Dass diese den Bereich Handel outsourct, interpretiert die Klientin als Neid und Eifersucht auf ihre eigenen Erfolge bei den Großkunden; dabei setzt sie sich selbst in Konkurrenz mit der neuen Vorgesetzten (▶ Kap. 6). Ihre internalisierte Vaterbeziehung überträgt sie auf beide Chefs und spaltet diese auf: Der neue Vorgesetzte verkörpert den schwachen Vater, der einer weiblichen Konkurrentin unangemessen viel Macht über die Klientin verleiht. Der alte Chef, mit dem sie eine intime Beziehung hat, verkörpert dagegen idealisierte und ödipal besetzte Vateraspekte.

Durch die Liebesaffäre gelingt der Klientin in einer Art Überragungsliebe eine Stabilisierung ihrer beruflichen und weiblichen Identität. Denn ihr Chef schätzt die Klientin nicht nur als leistungsorientierte Mitarbeiterin, sondern verliebte sich in sie auch als Frau. Durch die Affäre mit einer männlichen Autoritätsperson aus einem fremden Kulturkreis kann die Klientin sowohl »weibliche« als auch »männliche« Aspekte ihre Geschlechtsidentität in die Ich-Identität integrieren.

Fallbeispiel

Im Folgenden nutzt die Klientin das Coaching als Begleitung für einen erfolgreichen Bewerbungsprozess bei einem börsennotierten führenden Unternehmen im Bereich Biomedizintechnik. All die Jahre hatte sie geglaubt, für eine solche Position keine Chancen zu haben. Jetzt ist sie auf Anhieb erfolgreich. Als Führungskraft im Bereich »Globales Marketing« leitet sie nun ein interkulturelles, globales Team. Der Abschied von ihrer alten Firma fällt ihr nicht allzu schwer. Ihr ehemaliger indischer Vorgesetzter, mit dem sie nun zwar keine romantische Liebesbeziehung mehr, dafür aber eine stabile Freundschaft verbindet, gratuliert ihr zu dem Karrieresprung mit den Worten: »Das habe ich Dir immer schon zugetraut.«

Die Worte des ehemaligen Chefs und Liebhabers zeigen, dass er – wie ein »Container« – das verschüttete Selbstvertrauen der Klientin erkannt und an ihrer statt bewahrt hat. Im Übertragungsmodus erinnert er an einen guten, unterstützenden Vater, mit dessen Hilfe sich die Klientin von dem internalisierten schwachen, leiblichen Vater emanzipieren konnte, was positive Rückwirkungen auf die reale Vater-Tochter-Beziehung hatte.

4.5   »Office Romance C«

4.5.1   Fallvignette

Fallbeispiel

Der Klient arbeitet seit vielen Jahren als Führungskraft in der Personalabteilung eines internationalen Konzerns. Er kommt ins Coaching, weil das Unternehmen kontinuierlich von kriseninduzierten Change-Prozessen durcheinandergeschüttelt wird. Als eine aufsehenerregende Umstrukturierung, durch die fast ein Drittel aller Mitarbeiter aus dem Unternehmen ausscheiden müssen, nicht die erwartete wirtschaftliche Erholung bewirkt, verlässt auch der Vorgesetzte des Klienten den Konzern, der die Restrukturierung in Teilen zu verantworten hatte. Der Klient bedauert dies zwar. Doch war sein Chef als sehr ruppig bekannt und hatte von seinen Mitarbeitern erhebliche Anpassungsleistungen an seinen unberechenbaren und cholerischen Führungsstil gefordert.

4

Nach einer Indiskretion an die Presse über weitere Reduktionspläne, die der Vorstand dem Chef des Klienten zuschreibt und als Sabotage interpretiert, wird dieser ohne Vorwarnung entlassen. Der Klient fühlt sich zu diesem Zeitpunkt einem »Burnout« nahe. Seine berufliche Überlastung sei auch an seiner privaten Situation schuld: Seine Frau habe sich einem anderen Mann zugewandt, und er lebe getrennt.

Die Vorgesetztenstelle wird nun mit einer weiblichen Führungskraft besetzt, die den Bereich Human Ressources (HR) neu formiert. In das Team des Klienten wechseln, neben den verbleibenden männlichen Führungskräften, junge leistungsstarke Frauen, die schnell eine herausragende Position einnehmen. Bald stellt sich heraus, dass die Chemie zwischen dem Klienten und seiner Vorgesetzten stimmt. Die Beziehung, die entsteht, beruht auf gegenseitiger Wertschätzung und Vertrauen. Darüber hinaus spürt der Klient, dass seine Chefin ihn nicht nur als Mitarbeiter, sondern auch als Mann sehr schätzt. Ohne die erotische Anziehung in gleichem Maße zu erwidern, wird er aus einem Gefühl der Nähe heraus auch in privaten Dingen zu einem engen Vertrauten seiner Chefin. So wendet sie sich an ihn, als sie von einer lebensbedrohlichen Erkrankung erfährt. Der Klient dagegen fühlt sich von einer seiner jungen Mitarbeiterinnen wie »wiederbelebt« und erotisch angezogen. Insgesamt entsteht so ein angenehmes Arbeitsklima, das die Kreativität fördert. Sein Team entwickelt einen »Talentspotter«, der vom Vorstand begeistert angenommen wird. Als dieser Erfolg in einem gemeinsamen Workshop gefeiert wird, kommt es auch zu körperlicher Annäherung zwischen dem Klienten und seiner jüngeren Mitarbeiterin.

4.5.2 Krisenmanagement zwischen »Agieren« und »Containen«

Das Klima in dem Unternehmen galt lange Zeit als wertschätzend und mitarbeiterorientiert. Und die Personalabteilung war hier federführend beteiligt. Flexibel Arbeitsrhythmen, Gesundheitschecks und soziale Interaktionen der Mitarbeiter untereinander wurden gefördert. Die Maxime lautete: Wir sind als Arbeitgeber für exzellente Arbeitskräfte attraktiv, weil wir ihnen vertrauen. Wir wissen, unser stärkstes »Asset« sind die Menschen, die sich für beste Ergebnisse einsetzen. So werden wir die Firma stärken und gemeinsam Gewinne erzielen in einer kompetitiven Arbeitswelt mit einer kompetitiven globalen Ökonomie (vgl. Powers 1999). Entsprechend identifiziert waren die Mitarbeiter mit »ihrem« Konzern.

Doch diese schöne, heile Welt ist äußerst fragil. In der Krise, in der die gesamte Branche in Turbulenzen gerät, können destruktive Kräfte schnell die Oberhand gewinnen, wie das Fallbeispiel zeigt. Angesichts gravierender Verschlechterungen der äußeren Rahmenbedingungen kommt es zu fast panischen Reaktionen mit (selbst-)zerstörerischen Facetten. Die Menschen im ganzen Betrieb wissen um die massive Entlassungswelle, was eine bereits vorhandene Angst in der »Großgruppe« steigert. Im Vorstand ist keine effektive Führung vorhanden, welche ein Containment der Existenzängste durch gezielte, vertrauensbildende Maßnahmen und Handlungsanweisungen bietet (▶ Kap. 1, 3). Stattdessen wird das Krisenmanagement an die Personalabteilung delegiert, deren Leiter weitere personelle Reduktionen vorschlägt, die auch genehmigt werden.

Dieser Leiter »Personal« spürt sehr wohl die Überforderung. Denn ihm fehlt das geeignete Werkzeug, um durchgreifende strukturelle Änderungen einzuleiten. Doch statt sich gegen die Zumutung zu wehren, verschiebt er seine Wut über den Vorstand und seine Ängste vor dem Scheitern auf die Mitarbeiter seiner Abteilung. Sein aggressives Agieren lässt den verbleibenden Mitarbeitern kaum noch Raum für ein konstruktives und produktives Miteinander, um dem »Niedergang« des Unternehmens entgegenzuwirken (▶ Kap. 9). Mit kontraproduktiven Folgen: Die propagierten Maßnahmen, die der Erhaltung des Unternehmens dienen sollten, brachten es weiter ins Schlingern.

Dieses Verhalten mag sich aus seiner Vita verstehen lassen. Wahrscheinlich sind die frühen Bezugspersonen mit ihm als Kind auch nicht ruhig und empathisch umgegangen, sondern haben ihn permanent überfordert (► Kap. 2). Dies führt dazu, dass er sich zwar als »Prellbock« anbietet, als »Container« der Panik seiner Mitarbeiter aber ungeeignet ist. Vom Ende seiner Karriere her gedacht, mag er durchaus auch von unbewussten Impulsen der »Selbstzerstörung« getrieben gewesen sein, die er auf das Unternehmen übertragen hat (»gemeinsam in den Untergang«). Und der Vorstand hat ebenso unbewusst mit der konstruierten Entlassung die Notbremse gezogen.

Für den Konzern war es in dieser Krisensituation von immensem Vorteil, dass die Leitung des HR-Bereichs von einer lebensbejahenden, weiblichen Führungskraft übernommen wurde. Unter ihrer Führung finden auch befriedigende und belohnende Affekte wieder ihren Raum. Trotz oder gerade wegen ihrer eigenen Erkrankung gelingt es der neuen Chefin, Ängste und Sorgen teilweise zu sublimieren und die Mitarbeiter zu neuer Kreativität anzuspornen. Das Unternehmen ist zwar lange noch nicht gerettet, die Mitarbeiter der HR-Abteilung sind aber wieder arbeitsfähig.

4.5.3 Zur Psychodynamik in Fallbeispiel C

Die nicht ausagierte, geschlechtliche Liebe zwischen dem Klienten und seiner neuen Vorgesetzten hat zu einer auf Freiheit gegründeten Beziehung zwischen den beiden geführt. Dies ist immer dann möglich, wenn zwei Personen ihren Wert nicht in einer sexuellen Inbesitznahme finden, sondern sich dieser im dialogischen Raum zwischen den Beteiligten entfaltet. Die beiden Menschen erkennen einander in ihrer Existenz wechselseitig an und fördern sich »zueinander strebend« gegenseitig (► Internetquelle 2, Honneth 2011). Das Arbeitsumfeld profitiert von dieser Situation: Die leicht erotisch gefärbte Arbeitsbeziehung zwischen Vorgesetzter und Mitarbeiter wirkt auf die anderen Mitarbeiter stimulierend. Weder der Klient noch seine Vorgesetzte erliegen den Verlockungen, die das Überschreiten sexueller Grenzen mit sich bringt. Vielleicht sind es Spuren des mittelalterlichen Konzepts der »Ritterlichkeit«, die der Klienten heranzieht, um sich zu schützen, ohne seine Chefin zu kränken. Die Vorgesetzte wird als »Hohe Frau« verehrt, unterstützt und respektvoll weiter erhöht.

Dem Klienten geht es jedoch nicht generell um die Einhaltung der Hierarchiegrenzen. Dies zeigt sich an seinem Flirt mit einer wesentlich jüngeren Mitarbeiterin. Dies zeigt die Quelle seiner »Ritterlichkeit«. Das Inzesttabu gegenüber der Mutter ist deutlich ausgeprägter als das gegenüber der Tochter. Der Klient verliebt sich in seine Mitarbeiterin.

» Verliebtheit ist ein intensives Gefühl der Zuneigung und geht einher mit Euphorie, Aufregung, rauschartigen Glücksgefühlen und tiefem Wohlbefinden sowie erhöhter sexueller Lust. Diese Limerenz trägt dazu bei, dass Verliebte sich zeitweise in einem Zustand der »Unzurechnungsfähigkeit« befinden können, sich dabei zu irrationalen Handlungen hinreißen lassen und Hemmschwellen abbauen. Verliebtheit ist kein Dauerzustand; sie besteht als eine Phase über einen längeren oder kürzeren Zeitraum, kann abflauen und sich auflösen oder in Liebe übergehen.
(► Internetquelle 2 und 3)

Fallbeispiel
Der Klient berichtet im Coaching, die »Angelegenheit« sei ihm wegen seiner Vorgesetztenposition ein wenig peinlich. Jedoch sei die junge Frau ganz und gar sein Typ. Auch habe sie seine Entschuldigung abgewehrt mit den Worten, sie sei doch schließlich erwachsen. Das gemeinsame Arbeiten mache viel Spaß. Häufig seien sie beide nun die letzten im Büro. Es kommt zu

mehreren privaten Treffen mit romantischen Konnotationen. Als die Beraterin fragt, ob und wie restriktiv solch romantische Flirts im Unternehmen gehandhabt würden, ist der Klient sich sicher, dass keine Schwierigkeiten zu erwarten seien: »Allerdings sollte ich meine erotische Beziehung irgendwann gegenüber meiner Vorgesetzten aufdecken: Ich könnte ja kaum Gehalt und Bonus dieser Mitarbeiterin objektiv festlegen, oder?«

Im ursprünglichen Sinn (der Schöpfungsgeschichte) ist Scham ein körperliches Entblößen, Urbild des Schamerlebens. **Intimitätsscham** gehört in den Bereich des Privaten, das Intimleben ist nicht Teil des manifesten Coaching-Anliegens des Klienten. Die Entscheidung über ein »Coming out« in der Beratung oder am Arbeitsplatz liegt immer beim Klienten (▶ Kap. 4, 7). Er muss entscheiden und einschätzen, ob und inwieweit dieser Flirt normative Abweichungen von der spezifischen Unternehmenskultur bedeutet und negative soziale Folgen bis hin zum Arbeitsplatzverlust mit sich bringen könnte. Dem Klienten ist dies bewusst, wenn er sagt, dass er seine Vorgesetzte unter Umständen unterrichten müsse.

Fallbeispiel
Nach einiger Zeit kommt es im privaten Bereich des Klienten zu einer Wiederannäherung an seine Ehefrau. In Zuge dieser Entwicklung wandelt sich der Flirtcharakter in der Beziehung zu seiner Mitarbeiterin, und es entsteht eine Freundschaft, ohne dass die erotische Anziehung völlig zum Erliegen kommt.

Der erotische Flirt zwischen dem Klienten und seiner Mitarbeiterin kann auch als anarchisches Gegenmodell zu den Beschränkungen, Anforderungen, Funktionalisierungen und Ökonomisierungen aufgefasst werden, die durch die Krise im Unternehmen übermächtig geworden waren. Das Überschreiten der Grenzen ist kein bewusster oder rationaler Entschluss der Beteiligten; gleichwohl aber auch nicht irrational (Kernberg 2000b; Schreyögg 2011). Es wäre möglich, dass sich auf den Klienten als Teamleiter ein erotischer Druck konzentrierte, der einer sexualisierten Bindung an seine Mitarbeiterin Vorschub leistete. Die Affäre und die parallel zu vermutende Euphorisierung des Teams hilft allen, die Wahrnehmung der existenziellen Bedrohung des Unternehmens zu verdrängen. Im Fallbeispiel hat die Romanze dem Klienten auch dazu verholfen, sein Selbstbewusstsein als Mann wiederzufinden, so dass er, aus einer stabilen Position heraus, sich seiner Ehefrau wieder nähern konnte.

4.6 Sonderfall sexuelle Belästigung

»Love in the office« hat einen klar definierten Grundsatz: Erotische (Liebes-)Beziehungen am Arbeitsplatz, ob zwischen Kollegen auf derselben hierarchischen Ebene oder zwischen Vorgesetzten und Mitarbeitern, müssen einen gleichberechtigten und freiwilligen Charakter haben. Sexuelle Belästigung ist dagegen eine Form von inakzeptabler und ungewollter Annäherung, die insbesondere auf das Geschlecht der betroffenen Person abzielt. Sie gilt heute in den meisten westlichen Ländern als Diskriminierung und ist in Deutschland im Sinne des Arbeitsrechts rechtswidrig. Als sexuelle Belästigung gelten unter anderem geschlechtsbezogene sexistische entwürdigende beziehungsweise beschämende Bemerkungen und Handlungen, unerwünschte körperliche Annäherungen, sexualisierte Annäherungen in Verbindung mit Versprechen von Belohnungen und/oder Androhung von Repressalien (▶ Internetquelle 4).

Die Tatsache, dass es im Einzelfall nicht einfach sein mag, zu definieren, wo sexuelle Belästigung beginnt, entlässt Unternehmen nicht aus der Pflicht, Regeln gegen sexuelle Diskriminerung zu erlassen und mit Nachdruck umzusetzen. Ein reifer Umgang mit Liebesbeziehungen am Arbeitsplatz kann sich nur entwickeln, wenn die Unternehmensführung eindeutig und restriktiv gegen sexuelle Belästigung vorgeht. Sexuelle Übergriffe müssen aufgedeckt und adressiert werden, sexueller Missbrauch untersagt und unterbunden (vgl. Powers 1999). Geschieht dies nicht, kann es in der Unternehmenskultur zu einem Ungleichgewicht zwischen »Eros und Aggression« kommen. Wenn destruktive Wünsche und Bedürfnisse Einzelner überhand nehmen, wirkt sich dies zerstörerisch für die Opfer und zersetzend für das gesamte Arbeitsklima aus (▶ Kap. 2, 9).

4.7 Amor und Psyche

In den meisten Unternehmen überwiegen funktionale, respektvolle und offene Arbeitsbeziehungen zwischen den Beschäftigten sowie zwischen den Leitenden und ihren Mitarbeitern. Obwohl diese Beziehungen häufig erotisiert sind, werden die Grenzen einer kollegialen oder freundschaftlichen Beziehung nicht überschritten. Eine solche Erfahrung, dass Männer und Frauen »lustvoll« zusammenarbeiten können, ohne sexuelle Bindungen eingehen zu müssen, kann ungemein kreativ wirken und indirekt eine sexuell reife und tolerante Atmosphäre schaffen.

Die Fallbeispiele zeigen jedoch: Wenn zwei Mitarbeiter, die im gleichen Aufgabenbereich in unterschiedlichen hierarchischen Positionen tätig sind, eine romantische Beziehung eingehen, so ist die Entwicklung einer gleichberechtigten Liebesbeziehung erschwert. Wie in der einleitende Erzählung über Julia und den neuen CSO deutlich wird, handelt es sich um »Übertragungsliebe«, die zumindest zu Beginn weniger die Person als die Position meint. Häufig sind es unternehmensinterne oder -externe Bedingungen, die eine Liaison zwischen Mitarbeitern unterschiedlicher hierarchischer Position geradezu zu fordern scheinen. Vom Team werden diese Paaren als mächtig und unterstützend, manchmal auch als bedrohlich erlebt. Wenn der verliebte Zustand nachlässt, kommt es – wie in allen menschlichen Beziehungen – auch bei diesen Paaren zu Konflikten. Dann gilt es, der Versuchung zu widerstehen, die Probleme in die Arbeitssituation hinein zu agieren, die Aggressionen nicht auf das Team oder Teammitglieder zu projizieren oder idealisierte Bündnisse zu entwickeln (vgl. Kernberg 2000b).

Als Kontrapunkt zu »Julia und der neue CSO« zum Schluss eine Allegorie aus den Metamorphosen des antiken Schriftstellers Apuleius[2] über das Zusammenwirken von Amor und Psyche:

> In dem antiken Märchen rettet Amor Psyche, die jüngste und schönste Tochter eines König vor der eifersüchtigen Verfolgung durch seine Mutter Venus. Er liebt Psyche, und beide leben Nacht für Nacht eine leidenschaftliche Liebe, ohne dass Psyche Amor je zu Gesicht bekommt. Diese Liebe wird bedroht durch das Misstrauen, dass die neidischen Schwestern der Psyche eingeben. Psyche verlangt es nun danach, die Gestalt Amors zu »sehen«. Mit diesem Versuch, die Liebe zu vergegenständlichen, beginnt das Leiden der Psyche. Sie erlebt Seelenqualen der Trennung, denn Amor zieht sich verletzt von Psyche zurück. Am Ende vieler Prüfungen hat der Göttervater schließlich Erbarmen: Psyche wird die Gemahlin Amors und unsterblich (▶ Internetquelle 1).

---

2   Amor ist in der römischen Mythologie der Gott der begehrlichen Liebe. Ihm entspricht in der griechischen Mythologie der göttliche Eros.

4

Die Allegorie zeigt und Führungskräfte sollten wissen, dass die Verdinglichung des Menschen in Unternehmen dauerhaft keine Früchte trägt. Weil Menschen Menschen sind, lassen sich Amor und Psyche auch am Arbeitsplatz nicht trennen. Und das ist auch gut so, denn Amor kann Angst reduzieren, weil die Psyche sich von ihm verstanden, geschützt und geborgen fühlt. Erotische Beziehungen helfen, die Wahrnehmungen über die eigene existenzielle Bedrohung im Rahmen eines Stellenverlustes oder die Last einer schwerwiegenden Einzelverantwortung zu bewältigen. Führungskräfte müssen aber auch wissen, dass bei der Auflösung eines Liebesverhältnisses in der Psyche des verlassenen Mitarbeiters Gefühle entstehen, die mit dem Heimweh eines Kleinkindes verglichen werden; sie fühlt sich zutiefst einsam und benötigt viel Zeit bis zu einer Loslösung von dem Objekt des Begehrens. Hier hilft das Verständnis der Vorgesetzten zwischen Empathie und Struktur, denn schließlich muss die Arbeit weiterhin getan werden.

Sind Führungskräfte für solche libidinösen Abläufe sensibilisiert, können sie bei sich selbst und ihren Mitarbeitern die entsprechenden erotischen Gedanken und Gefühle zulassen, ohne deswegen die Unternehmensziele aus den Augen zu verlieren. So kann ein reifes Miteinander entstehen, das »Office Romances« auffangen und gegebenenfalls weitertragen kann. In gemeinsamer Arbeit bindet und sublimiert (die) Psyche die Liebeserfahrung, ohne Amor zu verletzen oder zu umgehen.

Internetquellen

1. ▶ http://de.wikipedia.org/wiki/Amor_und_Psyche (Zugriff: 06.06.2015)
2. ▶ http://de.wikipedia.org/wiki/Liebe (Zugriff: 06.06.2015)
3. ▶ http://de.wikipedia.org/wiki/Verliebtheit (Zugriff: 06.06.2015)
4. ▶ http://de.wikipedia.org/wiki/Sexuelle_Bel%C3%A4stigung (Zugriff: 06.06.2015)

Literatur

Glasl, F., & Lievegoed, B. (1993). Dynamische Unternehmensentwicklung. Wie Pionierbetriebe und Bürokratien zu Schlanken Unternehmen werden. Bern: Verlag Freies Geistesleben.

Honneth, A. (2011). Das Recht der Freiheit. Grundriß einer demokratischen Sittlichkeit. Berlin: Suhrkamp.

John, E.-M., & West-Leuer, B. (2013). Coaching Multinational Companies – an Interdisciplinary Analysis of a Management Consultant´s Case Narrative. Procedia – Social and Behavioral Sciences 82, 628–637.

Kernberg, O. F. (2000a). Borderline-Persönlichkeitsorganisation und Klassifikation der Persönlichkeitsstörungen. In O. F. Kernberg et al. (Hrsg.), Handbuch der Borderline-Störungen. Stuttgart: Schattauer. ▶ http://d-nb. info/1017643253/34.

Kernberg, O. F. (2000b). Ideologie, Konflikt und Führung. Psychoanalyse von Gruppenprozessen und Persönlichkeitsstruktur. Stuttgart: Klett-Cotta.

Luhmann, N. (1994). Liebe als Passion. Zur Codierung von Intimität. Frankfurt a. M.: Suhrkamp.

Powers, D. M. (1999). The Office Romance. Playing with Fire without Getting Burned. New York, N.Y.: Amacom.

Ramge, T. (2014). Montags könnt ich kotzen. Vom ganz normalen Bullshit. Reinbek bei Hamburg: Rowohlt.

Schewe, G., Brast, C., & Höner zu Siederdissen, A. (2009). Wird Freundlichkeit belohnt? – Ergebnisse einer empirischen Studie zur Übernahme von Unternehmen. Betriebswirtschaftliche Forschung und Praxis 61, 479–491.

Schreyögg, A. (2011). Liebe am Arbeitsplatz und »Liebesmissbrauch«. In C. Schmidt-Lellek, & A. Schreyögg (Hrsg.), Philosophie, Ethik und Ideologie in Coaching und Supervision (S. 189–205). Wiesbaden: VS-Verlag.

Sies, C. (2003). Im Fokus psychodynamisch-systemischer Beratung: Harmonisierendes Betriebsklima, Konkurrenz bei Führungskräften, Nachfolge im Familienbetrieb. In B. West-Leuer, & C. Sies, Coaching – Ein Kursbuch für die Psychodynamische Beratung (S. 44–60). Stuttgart: Pfeiffer bei Klett-Cotta.

Weber, M. (1922/2005). Wirtschaft und Gesellschaft, Grundriss der verstehenden Soziologie. Frankfurt a. M.: Zweitausendeins.

West-Leuer, B. (2007). Psychodynamische Fallaufstellung. In C. Rauen (Hrsg.), Coaching-Tools II. Erfolgreiche Coaches präsentieren Interventionstechniken aus ihrer Coaching-Praxis (S. 262–267). Bonn: managerSeminare.

Angst – Bedingung des Mensch-Seins

Marius Neukom

E.-M. Lewkowicz, B. West-Leuer (Hrsg.), *Führung und Gefühl*,
DOI 10.1007/978-3-662-48920-8_5, © Springer-Verlag Berlin Heidelberg 2016

5.1   Einleitung

Angst ist die ungeliebte Königin unter den Gefühlen: allgegenwärtig und grundlegend strukturierend für das menschliche Erleben, Denken und Handeln. Ohne Angst kann ein Mensch nicht Mensch sein. Als ein unspezifisches, mit steigender Unlust verbundenes Unwohlsein wirkt sie sich zunächst aktivierend, bald jedoch hemmend bis lähmend aus. Was ist Angst? Worin unterscheiden sich Angst, Furcht und Ängstlichkeit? Warum ist es so schwierig, Angst zu erkennen und auszuhalten? Warum spielt Angst in Interaktionen und Organisationen eine zentrale Rolle? Was gewinnen Führungskräfte, wenn sie Angst erleben und mit ihr umgehen können?

5.2   Das Wesen von Angst

Begrifflich ist Angst – wie alle Emotionen – nur unzulänglich fassbar. Das ist insofern erstaunlich, als Angst jedem Menschen aus Erfahrung vertraut ist. Fest steht, dass Angst ein unangenehmes, ja unerwünschtes Gefühl ist, das Wohlbefinden beeinträchtigt und von Menschen intuitiv und oft zu ihrem Nachteil gemieden wird. Unter dem Begriff »Angst« werden subjektive und heterogene Empfindungen zusammengefasst. Was als Angst bezeichnet wird, ist nicht zuletzt eine zeit- und kulturgebundene Konvention. Sie ist oft vermengt mit anderen Emotionen. Angst, Schmerz, Schuld und Scham sind manchmal kaum auseinander zu halten. Angstlust (»Nervenkitzel«) schließlich ist eine Mischung von Furcht, Wonne und Hoffnung im Angesicht von Gefahr. In dieser Form ist Angst anziehend und kann den Menschen zu Höchstleistungen befähigen.

Angst ist eine diffuse, ungerichtete und gegenstandslose Empfindung. Sie geht einher mit Unlust, Aversion, Ohnmacht, Hilflosigkeit und Not. Anfänglich erzeugt sie eine Spannung, die die Leistungsfähigkeit steigert, dann wirkt sie sich jedoch bald hemmend aus und mündet in Erstarrung und Passivität. Oft setzt sie am Körper an oder geht sie vom Körper aus in Form von Schmerzen, Missempfindungen oder beunruhigenden Beobachtungen (Hypochondrie). Auf mentaler Ebene limitiert sie die Flexibilität im Denken wie auch im zwischenmenschlichen Funktionieren. Sie verhindert die ausgewogene Wahrnehmung von Mitmenschen und schränkt die Interaktions- und Empathiefähigkeit ein. Sie macht das Individuum klein und schwach, isoliert es von der Umwelt und den Mitmenschen, nimmt es in sich selbst gefangen und beeinträchtigt seine Fähigkeit, sich selbst zu erkennen.

Die vegetativen Begleiterscheinungen von Angst (Zittern, Schwitzen, Atemnot, Herzrhythmusstörungen, Übelkeit, Schwächeempfindungen, Erhöhung des Blutdrucks, Ruhe- und Schlaflosigkeit), der Fluchtreflex und die Neigung, angstauslösende Situationen zu vermeiden, scheinen ein »angeborenes und biologisch verankertes Reaktionsmuster« (Mentzos 1984, S. 30) zu sein. Damit ist allerdings nicht viel gesagt und wenig erklärt. Das Problem an der Angstreaktion besteht darin, dass sie ganz ausbleiben kann, wo sie angezeigt ist, dass sie unbewusst, sinnlos und frei von Ursachen ablaufen und dass sie zu gänzlich irrationalen Verhaltensweisen führen kann. Angst kann einerseits ohne jegliche körperliche Reaktionen erlebt und wahrgenommen werden. Anderseits können Menschen massiv unter psychischen und körperlichen Symptomen leiden, ohne zu erkennen, dass Angst im Spiel ist.

Anhaltende Angst zersetzt aufgrund ihres diffusen, ungerichteten und gegenstandslosen Charakters bestehende sinnhafte Zusammenhänge. Das geordnete Denken und zielgerichtete, zweckmäßige Handeln geraten in Gefahr. Die Grenzen zwischen der inneren und der äußeren

Welt, dem Selbst und den Anderen, der Psyche und dem Körper beginnen sich zu verwischen. Angst führt in einen Selbstverlust und lässt die Welt untergehen.

5.3   Angst und Furcht

Auch wenn sie im alltäglichen Sprachgebrauch Synonyme sind, ist es wichtig und lohnend, zwischen Angst und Furcht zu unterscheiden (Mentzos 1984, S. 29ff.; Holzhey-Kunz 2014, S. 95ff.). Angst ist ungerichtet und gegenstandslos, während sich Furcht auf eine konkrete Gefahr oder ein Risiko bezieht. Im Gegensatz zur diffusen Angst ermöglicht die Furcht *vor etwas*, sich zu sammeln, zu konzentrieren und handelnd auszurichten. Die Bezogenheit der Furcht zieht das Individuum allerdings auch in ihren Bann und lässt es den Überblick verlieren.

Während Angst sowohl bewusst als auch unbewusst sein kann, ist Furcht ein Phänomen des Bewusstseins. Sie ist eine psychisch verarbeitete Form von Angst. Die Bindung an einen wahrnehmbaren, vorzugsweise äußeren Gegenstand ermöglicht dem Individuum die Aufnahme einer motorischen oder mentalen Aktivität (Flucht, Angriff, intellektuelle Bearbeitung), welche die Ohnmacht überwindet, das Selbsterleben konturiert, Entscheidungen ermöglicht und die Ausbreitung von Angst in Schach hält. Darum ist sogar die Furcht vor dem Tod (die umgangssprachliche »Todesangst«) leichter auszuhalten als Angst.

Die psychologische und Rat gebende Literatur ist gesättigt von Klassifikationssystemen menschlicher Furcht mit universellem Anspruch und aller nur denkbaren Provenienz. Meistens ist in diesen Konzeptionen von Angst die Rede, obschon es treffender wäre, von Frucht zu sprechen. Ein prominentes, psychodynamisch orientiertes Beispiel stammt von Riemann (2011, S. 15), der zwischen der »Angst vor der Selbsthingabe« (erlebt als Ich-Verlust und Abhängigkeit), der »Angst vor der Selbstwerdung« (erlebt als Ungeborgenheit und Isolierung), der »Angst vor Wandlung« (erlebt als Vergänglichkeit und Unsicherheit) und der »Angst vor der Notwendigkeit« (erlebt als Endgültigkeit und Unfreiheit) unterscheidet. Alle möglichen weiteren Formen von Angst sind für ihn Varianten dieser vier »Grundängste« (ebd.). Typologisierungen von Furcht verschleiern das Wesen von Angst. Sie suggerieren ein Verstehen, eine Übersicht und Kontrolle, wo es diese nicht geben kann. Furcht kann beliebig viele Ausformungen und Bezeichnungen erhalten – dem Phänomen Angst kann kein Name beikommen.

5.4   Ängstlichkeit

Angst und Furcht sollten von Ängstlichkeit unterschieden werden. Furchtsamkeit oder Ängstlichkeit bezeichnen eine »Stimmung, in der einem die *Welt im Ganzen* bedrohlich erscheint und man sich entsprechend im Ganzen bedroht fühlt« (Holzhey-Kunz 2014, S. 96; Hervorhebung im Original). Als Stimmung (wie etwa Heiterkeit oder Traurigkeit) taucht sie die Wahrnehmung der Welt in ein bestimmtes Licht: Alles erscheint als potenziell gefährlich, Gefahren werden übertrieben oder gesehen, wo es keine gibt. Individuen neigen in Abhängigkeit ihrer Persönlichkeitsstruktur, ihres Temperaments, ihres psychosozialen Umfelds und ihrer Lebenssituation zu mehr oder weniger Ängstlichkeit. Psychische Instabilität und äußere Veränderungen erhöhen sie.

Ängstlichkeit und Furcht stehen sich nahe. Angst hingegen hat einen entschieden anderen Charakter, denn sie zersetzt alle bisher vertrauten Bedeutungen und drängt das Individuum in einen namenlosen Zustand der Bedrohung und Bedrängnis. Sobald die (singulare) Angst nicht mehr in sich selbst verharrt und psychisch bearbeitet wird, breitet sich (plurale) Furcht und/oder eine Stimmung von Ängstlichkeit aus.

5.5   Angst erzeugende Quellen

Grundsätzlich ist der Mensch drei unterschiedlichen Quellen ausgesetzt, die Angst erzeugen. Es sind dies äußere und innere Situationen sowie Angst, die aus den Bedingungen der menschlichen Existenz resultiert.

Äußere Situationen: Furcht vor Personen, Ereignissen, Gegenständen und Aufgaben, die mit äußeren, mehr oder weniger direkt wahrnehmbaren Gefahren, Bedrohungen und Risiken verbunden sind. Am Arbeitsplatz ist diese Furcht auf der Primäraufgabe zentriert. Sie dreht sich um die Möglichkeit des Scheiterns im Angesicht von Aufgaben, Herausforderungen, Themen, Rollenübernahmen, Arbeitsbeziehungen, Gruppendynamiken, Organisations- und Machtstrukturen. Diese Faktoren und Bedingungen können verhältnismäßig leicht identifiziert und analysiert werden. Manche Berufe pflegen ihren eigenen, charakteristischen Umgang mit dieser Furcht, wie etwa der sprichwörtliche Sarkasmus unter Ärzten oder die emotionsfreie Sachlichkeit von Piloten.

Innere Situationen: Furcht vor emotionalen Zuständen und Vorstellungen sowie die sog. »neurotische Angst« (Mentzos 2013, S. 115). Diese Quelle steht in Abhängigkeit der Persönlichkeitsstruktur und Entwicklungsgeschichte eines Individuums. Jede menschliche Entwicklung geht mit Krisen und Angstzuständen einher. Dabei ist das Ausmaß der Differenzierung, mit der ein Kind seine Angst und Furcht im Schutz seiner Bezugspersonen erleben, verbalisieren und symbolisieren lernt, entscheidend. Krisen hinterlassen Spuren, die konstitutiv sind für die Ausbildung der Persönlichkeitsstruktur (psychische Konflikte, infantile Traumata). Grundsätzlich sind sie unbewusst. Sie prägen das Erleben und die Bewältigungsmöglichkeiten späterer krisenhafter Situationen, in denen immer Erinnerungen an bereits erlebte Angstzustände geweckt werden. Diese individuellen Wahrnehmungs- und Verarbeitungsmuster treten in Wechselwirkung mit der am Arbeitsplatz entstehenden Furcht. Sie bestimmen das Erleben und die Einschätzung von Situationen, Personen und Gefahren mit. Für Außenstehende und Betroffene unverständliche und irrationale Reaktionen sind im Kontext von (zumeist unbewussten) furchtauslösenden, inneren Situationen prinzipiell nachvollziehbar und folgerichtig.

Existenzielle Angst: Die Philosophen Kierkegaard, Heidegger und Sartre haben essenzielle Beiträge zur Phänomenologie und Psychologie der Angst vorgelegt und gezeigt, dass es eine stets vorhandene Angst gibt, die zu den Grundbedingungen des Menschen als sich selbst erkennende, denkende, (mit-)fühlende und soziale Kreatur gehört (Holzhey-Kunz 2014). Ein Individuum ist in verschiedenen Lebensphasen in unterschiedlichem Ausmaß existenzieller Angst ausgesetzt. Sie zu erfahren bedeutet, sich seines Mensch-Seins gewahr zu werden. Existenzielle Angst wird einzeln und kollektiv kontinuierlich verdrängt und in Symbole überführt. Sie ist der wichtigste Motor der Entwicklung von Ritualen, Kunst und Kultur. Wenn die Verdrängung zusammenbricht, beginnt Angst zu fluten. Dies kann sich spontan und grundlos ereignen; meistens ist es die Folge von überwältigenden Erlebnissen (Traumatisierungen).

Insbesondere die existenzielle Angst weist darauf hin, wie unklug es ist und leider doch oft geschieht, Angst als etwas primär Störendes, Schwächendes und zu Überwindendes zu betrachten. Die Fähigkeit, mit Angst in Kontakt zu bleiben, ohne in sie hinein zu fallen, ist entscheidend für das menschliche Wohlbefinden. Sie macht den Menschen zum Menschen. Angstfreiheit entfremdet ihn von sich selbst.

Fallbeispiel

Herr P. ist Leiter der Kommunikationsabteilung eines international tätigen Unternehmens im Bereich Vermögensverwaltung. Im Erstgespräch berichtet er, dass er seit vielen Monaten unter großem Druck arbeite und nicht mehr abschalten könne. Pausenlos denke er an seine Arbeitsaufgaben und versuche, Fehler zu vermeiden und mögliche Probleme vorauszusehen. Seine Ehefrau signalisiert ihm, dass sein Arbeitspensum ihre Toleranzgrenze zu überschreiten droht. Offensichtlich verrichtet Herr P. seine Arbeit gerne und gut. In seiner Position hält er es für notwendig, auch an den Wochenenden und in den Ferien zu arbeiten. Allerdings betont er, dass dies für nichts garantiere. Im Unternehmen habe es Ereignisse gegeben, die ihm vor Augen geführt haben, wie unvermittelt man seine Arbeit verlieren, ja sogar ins Gefängnis gebracht werden kann. Ob ihn seine Situation körperlich krank machen könne, fragt er den Coach. Manchmal befürchte er, eine Tod bringenden Herzkrankheit zu bekommen. Sein Anliegen besteht darin, das Verhältnis zwischen Arbeit und Familie wieder besser auszubalancieren. Er möchte beruflich weiterkommen und insbesondere »glücklicher« werden.

Auf den Coach wirkt Herr P. ausgesprochen freundlich und umgänglich. Über seine Gefühle spricht er allerdings kaum. Im Vordergrund stehen rationale Überlegungen zur Frage, wie es ihm besser gelingen könnte, sein Arbeitsleben mit mehr Gelassenheit, Erfolg und Zufriedenheit zu gestalten. Der Coach befürchtet, dass sich Herr P. am Rande einer Erschöpfung befindet. Die pausenlose Beschäftigung mit den Arbeitsaufgaben, die Furcht vor einer Krankheit und die Unsicherheiten am Arbeitsplatz sprechen dafür, dass Angst im Leben von Herrn P. eine wichtige Rolle spielt. Ihm scheint dies allerdings nicht bewusst zu sein. Der Coach hingegen erahnt eine komplexe Konstellation von Bedrohungen in einem betrieblichen Klima kollektiver Ängstlichkeit (äußere Situationen), Anspannung und Selbstunsicherheit (innere Situationen) sowie daraus hervorgehende, rationale und irrationale Befürchtungen, Vorsichtsmaßnahmen und Vermeidungsstrategien.

5.6 Angst, Gefahr und Risiko

Während Angst und Furcht als Erlebensqualitäten immer real sind, können Gefahren und Risiken sehr wohl irreal sein, das heißt, ausschließlich in der Vorstellung existieren. Wer das Wesen von Angst verstanden hat, begreift, weshalb ihre Übersetzung in eine angemessene Furcht weder ein selbstverständlicher noch kausaler noch rationaler Prozess ist. Vor dem Abgrund der Angst sind die irrationalsten Gefahren und Befürchtungen willkommen. Er verleitet dazu, in der Außenwelt Dinge wahrzunehmen, die dort nicht sind (Projektion).

Freilich sind die adäquate Ortung äußerer und innerer Quellen von Furcht sowie die präzise Einschätzung von Gefahrpotenzialen entscheidend für das Überleben des Menschen. Das Angsterleben signalisiert einen Notstand und aktiviert unmittelbar (und unbewusst) die Suche nach wahrnehmbaren und Sinn stiftenden Bedrohungen, vorzüglich in der Außenwelt. Das Ziel besteht darin, sich vor ihnen zu schützen, in Sicherheit zu bringen oder sie offensiv zu beseitigen.

Wenn Angst »Suchen« ist, bedeutet Furcht »Finden«, wobei der Mensch dazu neigt, das Angsterleben mit furchteinflößenden Gefahren in Eins zu setzen und zu überschätzen (»Angst macht den Wolf größer als er ist«). Dabei verliert er aus dem Blick, dass das Ausmaß von Angst niemals objektiv anhand von Gefahren und Risiken bestimmt werden kann. Das wohl häufigste Missverständnis ist die Interpretation isolierter physischer Angstreaktionen als Ausdruck einer unbekannten und bedrohlichen Erkrankung, die oft bereitwillig aufgenommen wird von Ärzten, die alles unternehmen, um körperliche Ursachen zu identifizieren. Für viele Menschen ist es unbegreiflich, dass Angst (resp. Furcht) nicht nur dann auftritt, wenn ein Mensch einer unmittelbaren und begründbaren äußeren Bedrohung ausgesetzt ist.

Fallbeispiel

Herr P. erzählt von dramatischen Ereignissen, die sich in den vergangenen zwei Jahren im Unternehmen ereignet haben. Es begann damit, dass sein Vorgesetzter – ein Mitglied der Geschäftsleitung – eines Tages unvermittelt verhaftet wurde. Seitens eines Kunden wurden ihm Veruntreuungen vorgeworfen, die allerdings nie in eine gerichtliche Verurteilung mündeten. Dennoch hat er keine neue Arbeitsstelle mehr gefunden. Unglückliche Umstände haben dazu geführt, dass der Vorfall durch die Presse gezogen wurde und das Unternehmen seither unter starker öffentlicher Beobachtung steht. Sowohl der Verwaltungsrat als auch die Geschäftsleitung fürchten sich davor, Fehler zu begehen und neuen Anschuldigungen ausgesetzt zu werden. Aufgrund des entstandenen Reputationsschadens ist die wirtschaftliche Zukunft des Unternehmens akut gefährdet. Bei allen Verantwortlichen ist der Angstpegel hoch und verhaltensdominierend.

5.7   Die Psychodynamik von Angst

Obschon die Psychodynamik von Angst weitgehend unvorhersehbar ist, folgt sie einigen Gesetzmäßigkeiten. Es wurde bereits beschrieben, dass das Angsterleben einen Suchprozess aktiviert, in dem drohende Gefahren identifiziert werden und die Erregung in eine gerichtete Furcht umwandelt wird. Dies ist ein Vorgang der Externalisierung, der eine wichtige Verarbeitungs- und Erkenntnisfähigkeit des Menschen darstellt (Mentzos 2013, S. 63). Er beinhaltet (schöpferische) Prozesse der Exkorporation, Projektion und Selbstobjektivierung (ebd.). Unabhängig von seinem Resultat erwirkt er eine psychische Entlastung und damit Reduktion des Angsterlebens. Zu inadäquaten Ergebnissen führt er, wenn innere Reize im Sinne einer Abwehr nach außen projiziert und dort Gefahren identifiziert werden, die nicht Auslöser der Angst sind. Umgekehrt können auch Wahrnehmungen in der Außenwelt inadäquat interpretiert und nach innen projiziert werden, sodass eine Verharmlosung oder Missachtung von Gefahren resultiert (»Es fehlt mir lediglich an Mut« oder »Ich spüre nichts, also ist es ungefährlich; ich kann alles tun, was ich will«).

Das Ausmaß der Angst dient als Gradmesser der Gefährlichkeit einer Bedrohung. Ist eine Gefahr identifiziert, reagiert der Organismus habituell mit Flucht und dem Aufsuchen von Schutz. Sollte der Fluchtweg versperrt sein, bleiben zwei weitere Optionen: entweder die offensive und aggressive Beseitigung der Gefahrquelle oder das Verfallen in Hilflosigkeit und Passivität (»Totstell-Reflex«). Je stärker die erlebte Angst ist, desto heftiger sind der Fluchtreflex oder die Aggression, die für die Beseitigung der Reizquelle eingesetzt wird.

Eine furchteinflößende Reizquelle wird intuitiv gemieden. Vermeidung ist eine räumliche oder auch innere Distanzierung, etwa in Form von Intellektualisierung. Diese Reaktion hat den Nachteil, dass sie eine stete Anstrengung einfordert, sich abnutzt und nach einer Vergrößerung der Distanz verlangt. Das Individuum ist mehr und mehr mit seiner Vorstellung von der Gefahr beschäftigt, wobei der Kontakt sowohl zur Reizquelle als auch zum Angsterleben verloren geht. Es entsteht eine Chronifizierung, in der das Individuum nur noch mit seiner **Furcht vor der Angst** beschäftigt ist und im normalen Lebensvollzug zunehmend eingeschränkt wird.

Es gibt eine Reihe weiterer psychischer Strategien, mit der auf furchteinflößende Reize reagiert werden kann. Zuvorderst steht hier die Verdrängung. Sie setzt an bei der Wahrnehmung und manipuliert diese so, dass die psychischen Inhalte vom Bewusstsein ferngehalten werden, damit das psychische Funktionieren im Sinne eines moderaten Fühlens, geordneten Denkens und sozial verträglichen Handelns aufrechterhalten bleibt. Mit der Verdrängung ins Unbewusste ist das Erregungspotenzial der Angst freilich nicht verschwunden. Es bleibt bestehen, wird im Unbewussten umgeformt und sucht sich Entlastung via eine neue Sinngebung. Die an diese psychische Erregung gebundenen Vorstellungen können mit allen nur denk- und undenkbaren Strategien umgewandelt, verschoben, verdichtet, verteilt, ins Gegenteil gewendet, in den Körper übertragen oder nach außen projiziert werden. Das Verdrängte kehrt so in verkleideter Form unversehens wieder, zum Beispiel in einer überhöhten und scheinbar sinnlosen Furcht vor Spinnen oder Menschenansammlungen. Jeder Gegenstand und jedes Thema kann sich dazu eignen. Der psychische Verarbeitungsprozess ist eine mehr oder minder differenzierte Kreation eines Symbols als ein sinnstiftender Stellvertreter, der es dem Individuum erlaubt, der unerträglich sinnlosen Auslieferung an die Angst zu entfliehen.

Das Erleben von Angst bedingt die Existenz eines inneren Raumes, in dem psychische Inhalte (Bedeutungen, Sinnzusammenhänge, Symbole) reflektiert und zueinander ins Verhältnis gesetzt werden können. Dem Individuum, dessen innerer Raum unsicher, klein oder bedroht ist, muss verzweifelt in der Außenwelt oder hypochondrisch am Körper nach Gefahren suchen, die dem Angsterleben einen Sinn verleihen. Insbesondere um von den inneren Quellen von Angstzuständen abzulenken und einen Wiedergewinn an Kontrolle und Handlungsmacht zu erreichen, können äußere Gefahrsituationen auch aktiv aufgesucht werden (sensation seeking, thrill). Die unbewusste Motivation von Risikosportlern gründet meistens darin.

Fallbeispiel
Die Aufgabe von Herr P. bestand von Anfang an darin, Geschäftsleitung und Verwaltungsrat hinsichtlich der Kommunikation zu beraten. Es kam zu zahlreichen delikaten Situationen, die viel Umsicht verlangten. Dabei ist es nicht immer gelungen, mit der von ihm vorgeschlagenen Informationspolitik weitere Schäden zu vermeiden. Herr P. fühlt sich mitverantwortlich für die Situation, ja sogar in einer Schuld. Auf keinen Fall möchte er das Unternehmen in der aktuellen Situation im Stich lassen und seine Vorgesetzten enttäuschen. Für ihn wäre es ein berufliches Scheitern und das Ende seiner Karriere. Er scheut daher keinen Aufwand, um sich zu bewähren. Seit vielen Monaten hofft er vergeblich auf eine Beruhigung der Situation. Tatsächlich erhält er immer wieder neue Aufgaben, die höchste Priorität haben. Der Coach beginnt ihm aufzuzeigen, dass dies ein Dauerzustand geworden ist. Längst kann er gar nicht mehr anders, als seine E-Mails permanent abzurufen und an den Wochenenden und in den Ferien zu arbeiten. Wird er davon abgehalten, macht sich ein Unwohlsein breit, das ihn irritiert und seine Arbeitsleistung antreibt, auch wenn er sich vollkommen erschöpft fühlt. Allmählich wird ihm bewusst, wie sich seine Reaktionen verselbstständigt haben und er unter dem steten Einfluss von Angst steht, die sich in Befürchtungen äußert, zu versagen, entlassen zu werden, keine Arbeit mehr zu finden und schließlich seine Familie nicht mehr ernähren zu können.

5.8 Die zwischenmenschliche Dynamik von Angst

Unter Angsteinfluss sucht der Mensch zuallererst Schutz und Beruhigung bei anderen Menschen. Dementsprechend geht das Erleben von Angst von zwischenmenschlichen Situationen aus. Es ist an Kommunikation gebunden. Indem eine Bezugsperson die Angst eines Kindes wahrnimmt, beruhigt und benennt, lernt es, was Angst überhaupt ist, wie es diesen Zustand erkennen und mit ihm umgehen kann. Wer mit Angst umgehen kann, ist folglich fähig, sich selbst zu beruhigen dank verinnerlichten Bezugspersonen, die sich spiegelnd, schützend und beruhigend verhalten (▶ Kap. 2).

Das Angsterleben und seine adäquate Übersetzung in Furcht dienen dem Ziel, sich wirksam vor Gefahren zu schützen. Dieser Prozess ist entscheidend für das Überleben des Einzelnen, der Gruppe und der Art. Daher macht es Sinn, dass Angst hochgradig ansteckend ist. Sie überträgt sich unwillkürlich, das heißt blitzartig und unbewusst, von einem Individuum auf das andere und bindet die Menschen aneinander. Man kann sich der Angst eines Mitmenschen niemals vollständig entziehen, und die eigene Angst infiziert immer auch andere. Angst – und nicht etwa Liebe oder Zuneigung – ist der zentrale Faktor, der den Zusammenhalt von Menschen bestimmt.

Gruppen haben »die naturgemäße Tendenz, in primitiven Modi zu funktionieren, die aber durch funktionale Strukturen wie z. B. Aufgaben, Grenzen, Rollen und eine funktionale Führung begrenzt werden können« (Lohmer 2007, S. 230). Jeder Zusammenschluss bietet einerseits Beruhigung und bewahrt vor übermäßiger Angstentwicklung. Er erzeugt andererseits aber auch eine Enthemmung und damit eine erhöhte Bereitschaft ausgrenzend, aggressiv und destruktiv zu handeln. Die Gruppenmitglieder sind einem ständigen Regressionsdruck ausgesetzt, der Identifikationen, Idealisierungen und Entwertung begünstigt sowie die Reflexions- und Kritikfähigkeit, Affektkontrolle und Kreativität herabsetzt. Daraus entwickelt sich das Bedürfnis nach einem Führer, der als Projektionsfläche für Wünsche und Ängste dient und Verantwortung übernimmt. Gruppen bieten somit zwar Schutz, doch die Gruppendynamik setzt auch wieder Angst frei, die ständig abgewehrt werden muss.

5.9   Angst und psychische Erkrankungen

Angst spielt in praktisch allen Formen psychischer und körperlicher Erkrankungen eine Rolle. Sie macht in sehr hohem und anhaltendem Maß selbst krank. In ihrer wohl quälendsten Form tritt sie frei flottierend auf (etwa bei Posttraumatischen Belastungssyndromen). Sie liefert das Individuum quälendster Ohnmacht und Hilflosigkeit aus, weil es nirgendwohin fliehen kann. Wenn es nicht gänzlich erstarrt, gerät es in einen suizidalen Zustand. Suchtverhalten in Form von Alkohol-, Medikamenten- und Haschischmissbrauch ist häufig auf Angst zurück zu führen. Diese wird in der Regel sofort manifest, wenn die dämpfende Wirkung der Selbstmedikation ausbleibt.

In den Symptomen der klassischen Angsterkrankungen wie Panikattacken, Phobien und Zwangsstörungen ist die Angst »gebunden«. Die Verknüpfung der Angst mit einem konkreten Gegenstand, Verhalten oder einer realen oder imaginierten Gefahrsituation ist das Ergebnis einer minimalen, aber doch unzulänglichen psychischen Verarbeitung, die Aktivität im Rahmen von Flucht-, Vermeidungs- und Abwehrwehrstrategien erlaubt. Der Behandlung zugänglich werden diese Syndrome durch Konfrontationstrainings, die die Furcht vor der Angst reduzieren und Angst als Emotion erst wieder zugänglich und bearbeitbar machen.

Die Erscheinungs- und Verarbeitungsformen von Angst im klinischen Kontext ermöglichen eine vertiefte Einsicht in das Wesen von Angst. Die dort beobachtbaren psychodynamischen Prozesse sind zwar extrem ausgeprägt, unterscheiden sich qualitativ jedoch nicht von gesunden und im Alltag funktionierenden Verarbeitungs-, Verhaltens- und Interaktionsmustern.

Fallbeispiel

Obschon Herr P. nicht krank ist, kann bei ihm eine charakteristische Dynamik zwanghaften Verhaltens (Leistungsorientierung und Angstvermeidung mittels pausenloser Fokussierung auf Arbeit) beobachtet werden. Die vermiedene und verdrängte Angst droht ihm so viel Energie zu rauben, dass die Gefahr einer Erschöpfungsdepression (Burnout) nicht zu unterschätzen ist.

5.10   Angst in der Arbeitswelt

Unternehmen sind organisierte Zusammenschlüsse von Menschen, die dazu dienen, individuelle und gemeinsame Ziele zu erreichen sowie Sinn und Befriedigung zu schaffen. Die gemeinsamen Interessen, Regeln, Rollen, Strukturen, Rituale und auch die Bereitschaft jedes Einzelnen, zugunsten individueller und kollektiver Ziele Verzicht zu leisten, schützen dabei vor der latent destruktiven Gruppendynamik.

Machtstrukturen erzeugen Angst, über die ein beträchtlicher Teil des Zusammenhalts in einer Organisation oder Institution hergestellt wird. Insbesondere steile Hierarchien und autoritative Führungsstile lassen erwarten, dass die Zusammenarbeit vorwiegend über von Angst bestimmte Dynamiken funktioniert (▶ Kap. 9). Solange diese Angst stimulierend ist, kann sie als funktional bezeichnet werden. Der Übergang zur Dysfunktionalität in Form von Hemmungen und Erstarrungen ist fließend und geschieht oft unbemerkt, weil die in Organisationen abgewehrte Angst Unbewusstheit erzeugt. Je nach Qualität der kollektiv und/oder individuell eingesetzten Abwehrmechanismen (Mentzos 2013, S. 45ff.) können Individuen dabei (gesundheitlich) beeinträchtigt werden und kann die Erfüllung der Arbeitsaufgaben, also die Produktivität, leiden. Überall, wo Hemmungen, Störungen oder gar Entgleisungen in der Zusammenarbeit stattfinden, ermöglicht die Analyse des Schicksals von Angst wichtige Aufschlüsse über das Funktionieren und Versagen von Organisationen.

Sowohl unbewusste Angst als auch Vermeidungsverhalten erzeugen gefährliche blinde Flecken. Doch es heißt nicht umsonst, dass Not erfinderisch macht. Das Angsterleben und bewusst gemachte äußere und innere angstauslösende Situationen sind wichtige Informationsquellen und schließlich auch wertvolle Ressourcen für kreative Lösungen (Neukom 2013).

Fallbeispiel

Die Bedrohungen, die das Unternehmen von Herrn P. umstellen, ziehen die ganze Organisation in Bann. Um keine weiteren Kunden zu verlieren, wird die ganze Aufmerksamkeit darauf ausgerichtet, sich korrekt zu verhalten. Alle kommunikativen Handlungen und alle Entscheidungen sind von Absicherungsbemühungen dominiert. Tag und Nacht wird kommuniziert, von allen Mitarbeitern wird rückhaltloses Engagement erwartet, zahlreiche externe Berater werden herbeigezogen, die Geschäftsleitung will über jede Handlung informiert werden, die Verwaltungsräte mischen sich ins operative Geschäft ein. Als Herr P. von einem externen Kommunikationsspezialisten massiv behindert wird, weil er sich gegenüber seinen Mitarbeitern herabsetzend verhält, wagt es sein Vorgesetzter nicht, einzugreifen. Allmählich beginnt er zu verstehen, dass die Angst – oder besser: die Vermeidung von Angst – das ganze Unternehmen lahmzulegen droht. Weil nur furchtsam nach vorn und niemals rückwärts geblickt wird, bleibt unbegriffen, was die angstauslösenden Vorfälle in der Vergangenheit für die aktuellen Arbeitsbeziehungen und das Wohlbefinden aller Beteiligten bedeuten.

5.11   Die Angst von Führungskräften

Führen bedeutet, erhöhter Angst ausgesetzt zu sein. Denn Führungskräfte befinden sich in einer Position von Macht, tragen Verantwortung gegenüber anderen Menschen und sind aufgrund ihrer Exposition in besonderem Maß mit Anfeindungen, Verführungen, Projektionen und archaischen Gefühlsregungen konfrontiert. Grundsätzlich sind sie einer Vielzahl von angstauslösenden Quellen ausgesetzt, die miteinander in Wechselwirkung treten: Primäraufgabe, Führungsaufgabe, Verantwortungsübernahme und Erwartungsdruck anderer, Exposition/Alleinsein beim Treffen von Entscheidungen, Projektionen und Übertragungen seitens der Mitarbeiter, Gruppendynamik (Regressionsdruck, Bewegungen in Kohäsion und Diffusion, Ein- und Ausschluss), Gegenübertragungen (Angst als Reaktion auf die Angst der Mitarbeiter), neurotische und existenzielle Angst.

Wie eine Person ihre Rolle als Führungskraft ausfüllt, hängt sowohl von ihrer Persönlichkeit als auch von der Struktur, Kultur und Geschichte eines Unternehmens ab – in beiden spielt das Schicksal von Angst eine bedeutsame Rolle. Nicht zuletzt die Einsicht in das verbindende, soziale Potenzial von Angst deutet darauf hin, wie wichtig und wertvoll es für Führungskräfte ist, wenn sie die eigene (und fremde) Angst erleben und wahrnehmen können. Der Zugang zur Signalwirkung von Angst ermöglicht ihnen nicht nur die sichere Orientierung in zwischenmenschlichen Situationen und das Verständnis für die irrationalen Dynamiken in Organisationsstrukturen, sondern auch die realistische Einschätzung von Gefahren und Risiken, die mit strategischen, operativen und personellen Entscheidungen einhergehen. Je flexibler sie mit Angst und Furcht umgehen können, desto erfolgreicher werden sie sein.

Fallbeispiel

Bei Herrn P. stellt sich bald die Frage, warum er sich eigentlich nicht doch eine neue, weniger belastete Arbeitsstelle sucht. Nach und nach kommen einige aufschlussreiche persönliche Hintergründe zu Sprache. Befragt in Bezug auf die Bedeutung von Arbeit in seiner Herkunftsfamilie zeigt sich, dass Tüchtigkeit und Leistung einen ausgesprochen hohen Stellenwert haben. Die Ursprünge dieser Wertvorstellung liegen beim Großvater väterlicherseits, der pausenlos in seinem eigenen Geschäft tätig war und als Vorbild galt. Anders dagegen der Großvater mütterlicherseits, der trank und zu aggressiven Ausbrüchen neigte. Unter der Furcht vor ihrem Vater hatte die Mutter so stark gelitten, dass sie als Erwachsene den Kontakt zu beiden Eltern zeitweilig ganz abbrach. Noch heute sei sie ausgesprochen konfliktscheu und manchmal auch unerträglich unterwürfig. Diese Mischung von strengem Arbeitsethos väterlicherseits und wahrscheinlich traumatischen Erfahrungen mütterlicherseits scheint bei Herrn P. dazu geführt zu haben, einerseits ausgesprochen leistungsorientiert zu sein und andererseits in einer ängstlichen, abhängigen Position gegenüber Autoritätspersonen zu verharren. Die Möglichkeit, sich der eigenen Angst zu stellen, gibt es nicht. Seine Persönlichkeitsstruktur ist damit auf fatale Weise mit den Strukturen des Unternehmens verwoben – eine Passung, die ihn zu einem höchst loyalen, sich selbst aufopfernden Mitarbeiter macht. In seiner Rolle als Vorgesetzter kommt dies darin zum Ausdruck, dass er sich ausgezeichnet um seine Mitarbeiter kümmert. Allerdings führt seine Konfliktvermeidung mitunter dazu, dass er von den eigenen Mitarbeitern übervorteilt wird. Auch leidet er darunter, dass seine Durchsetzungsfähigkeit gegenüber der Geschäftsleitung gering ist.

5.12 Das Erkennen von Angst

Die Wahrnehmung von Angst bei sich selbst und anderen ist schwierig und keine Selbstverständlichkeit. Sie setzt die Fähigkeit voraus, eigene Angst zuzulassen und gleichzeitig die Phantasietätigkeit zu beobachten und reflektieren. So kann sie unabhängig von äußeren Gefahren und insbesondere lange bevor sie sich in körperlichen Symptomen oder als Furcht bemerkbar macht, erkannt werden.

Die mit Angst einhergehenden Empfindungen basieren auf individuellen Erfahrungen und erzeugen spezifische Phantasien und Erinnerungen, die sich um das Eintreten von Katastrophen, das Scheitern, den Ausbruch einer Panik oder das Versinken in einem depressiven, hilflosen, passiven und schließlich reglosen Zustand drehen. Auch Szenarien der Beruhigung und Deeskalation gehören dazu. Ihre Kenntnis, im Sinne einer Selbstkenntnis, ist entscheidend. Die differenzierte Beobachtung eigener Aktivierung, Unsicherheit, Ungeduld, Verärgerung, Hilflosigkeit sowie Impulse, sich selbst zu schützen oder sich zur Wehr zu setzen, ist für das Erkennen von Angst aufschlussreich.

In zwischenmenschlichen Situationen besteht die größte Schwierigkeit darin, zwischen sich selbst und anderen zu unterscheiden. Unter Angsteinfluss reagiert eine Person mit Aktivierung, Leistungssteigerung, Suche nach Beruhigung, (Gegen-)Angriff, Unsicherheit, Zögern, Rückzug, Hilflosigkeit, Ohnmacht und schließlich Gefühllosigkeit und Lähmung. Dies löst im Gegenüber zunächst Sorge und Mitleid sowie einen Drang zu Beruhigung und Hilfeleistung aus und kann sich bis zu manifester Angst im Sinne einer unwillkürlichen Gefühlsübernahme steigern (► Kap. 2).

Besonders wenn innere Auslöser eine wichtige Rolle spielen, gibt es in der Regel keine eindeutigen Ursachen und bleibt immer ein beträchtlicher Interpretationsspielraum bestehen. Die Fähigkeit, mit Mehrdeutigkeit und Ungewissheit zurechtzukommen, ist unabdingbar. Oft schließen sich Fühlen und Handeln gegenseitig aus. Je initiativer jemand ist, desto weniger (innerer) Raum bleibt, in dem sich Gefühle entfalten und bewusst werden können. Impulsives Handeln hat oft den Zweck, zu verhindern, dass sich Angst ausbreitet. Umgekehrt kann ein angstbedingtes Abwarten, in welchem sich weiterführende Empfindungen ausdifferenzieren, zu einem Zögern führen, das die Entscheidungsfähigkeit und Tatkraft empfindlich einschränkt.

Das Erkennen von Angst ist eine Gratwanderung, die nur mit Erfahrung, Intuition und Fehlertoleranz gemeistert werden kann. Wenn es gelingt, statt in Aktion zu verfallen, innere Bilder und Vorstellungen zu reflektieren, können die entsprechenden Anteile treffend bei sich selbst und dem Gegenüber zugeordnet werden und wird es möglich, angemessen darauf einzugehen.

Fallbeispiel

Herr P. und der Coach sind sich einig, dass die Gefahr eines Burnouts es zunächst notwendig macht, den Arbeitsdruck zu vermindern. Erst wenn er sein Vermeidungsverhalten zurückgenommen hat – also weder permanent seine E-Mails überwacht noch täglich bis spät abends, an den Wochenenden und in den Ferien arbeitet – können die Bedingungen der Angst erkannt und darauf aufbauende, längerfristig wirkende Maßnahmen ins Auge gefasst werden. In der gemeinsamen Arbeit mit dem Coach über einige Monate hinweg beginnt Herr P., sein Verhalten sowohl gegenüber der Geschäftsleitung als auch seinen Mitarbeitern unter dem Aspekt der Angst zu reflektieren. Mit der vertieften Einsicht in seine eigene Persönlichkeitsstruktur gewinnt er ein Stück Autonomie zurück. Er beginnt, sich besser durchzusetzen und abzugrenzen. Dabei wird ihm allerdings auch bewusst, wie ihn sein Leistungswille, seine Schuldgefühle und seine Furcht vor negativen Beurteilungen seitens der Vorgesetzten unheilvoll an das Unternehmen binden. Nachdem er so viel erlebt und durchgemacht hat, ahnt er, dass es möglicherweise keinen Sinn macht, darauf zu warten, bis sich in diesem Unternehmen alles zum Guten gewendet hat.

5.13   Der Umgang mit Angst

Führungskräfte und Manager, deren zentrale Fähigkeit in einer schnellen Auffassungsgabe und in sicheren Entscheidungen im Dienst der Primär- und Führungsaufgaben liegt, sind nicht zwingend auch Spezialisten im Umgang mit Emotionen (▶ Kap. 1, 3). Insbesondere Angst erscheint ihnen unter Umständen als eine immens gefährliche Behinderung, weil sie die Autonomie und Entscheidungsfähigkeit zu beeinträchtigen droht. Wenn sie jedoch daran interessiert sind, ihre Führungsarbeit auf menschliche Art und Weise auszuführen, kommen sie nicht umhin, ihre eigene Angst kennen zu lernen und zu nutzen.

Angesichts der eigenen Angst ist es angezeigt, innezuhalten, durchzuatmen, zu entspannen und die Körperempfindungen und die Phantasietätigkeit zu beobachten. Es ist weder eine Schande, Angst zu verspüren, noch richtet das Erleben von Angst grundsätzlich Schaden an. Das Wissen darüber, dass und wie die eigene Wahrnehmung und Handlungsfähigkeit unter Angsteinfluss eingefärbt werden, ist eine wichtige Basis, um Mitmenschen und Situationen zu verstehen und sich vor falschen Erwartungen und Missverständnissen zu schützen.

Wie verhält man sich gegenüber einer Person, die unter Angsteinfluss steht? Der Angst kann mit geduldigem und unerschrockenem Aussprechen von Befürchtungen begegnet werden. Verbalisierte und damit geteilte Angst verliert unmittelbar an Schrecken. Bilder, die in bedrohlichen Situationen sowohl Katastrophen- als auch Wunscherfüllungsszenarien symbolisieren, bewirken eine Entspannung und damit Befähigung, wieder klare Gedanken zu fassen und sich der Arbeit zuzuwenden. Die *gemeinsame* Entwicklung von Phantasien, Ritualen und Strukturen erzeugt Halt und Sicherheit. Es ist ratsam, Vermeidungsstrategien entschieden entgegenzutreten. Im Kontext von Furcht können fordernd-motivierendes Verhalten, impulsive (Hilfs-)Aktionen, Intellektualisierungen (wie etwa das Relativieren von Gefahren) und Objektivierungen (Risikoanalysen) durchaus nötig sein. Sie dienen allerdings mehr der Verdrängung von Angst als dem Umgang mit ihr.

Führungskräfte sollten insbesondere auch im Kontext von Gruppen den Umgang mit Angst lernen. Wenn der Angstpegel in einer Gruppe die Zusammenarbeit zu beeinträchtigen droht, sollten sie das Gespräch suchen, zuhören, Verständnis aufbringen, Schutz und Entlastung anbieten. Dabei ist es wichtig, dass sie nicht in eine Schon- oder Entmündigungshaltung verfallen, sondern die Mitarbeiter bei allem Verständnis auch weiterhin fordern und fördern.

Wenn eine Führungskraft *auch* eine schützende Vertrauensperson sein kann, ist sie nahe bei den Mitarbeitern und kann essenzielle Informationen über das Klima im Unternehmen und Team gewinnen. In Bezug auf Angst muss sie fähig sein, zuzuhören und sich von der Angst des Gegenübers soweit infizieren zu lassen, dass Mitgefühl entsteht. Mitgefühl heißt, nicht aus dem Blick verlieren, dass die Angst vom Gegenüber ausgeht und zu ihm gehört. Dies verlangt eine ständige Übersetzungsarbeit unter der Bedingung eingeschränkter Übersicht. Jemand, der oder die sich angriffig und aggressiv verhält, kann tatsächlich von großer Angst beherrscht sein und eigentlich aus der Defensive reagieren. Gegenwehr, Ungeduld und Aktionismus sind dann verständlicherweise kontraproduktiv. Fremde Angst bei sich selbst zu halten, zu verarbeiten und in für das Gegenüber aushaltbaren Portionen (Symbolisierungen) zurück zu geben, bedeutet eine beträchtliche psychische Anstrengung.

Alle außerordentlichen, bedrohlichen und erschreckenden Ereignisse bedürfen grundsätzlich der Nachbearbeitung in Gesprächen, sei es in Zweier- oder Gruppensituationen. In der Arbeitswelt wird mit schwierigen Ereignissen leider oft naiv und nachlässig umgegangen. Verletzende, kränkende und angstauslösende Situationen werden nicht vergessen. Erlebtes kann nicht erledigt werden, indem ein Neuanfang beschlossen und nur noch nach vorn geblickt wird. Unverarbeitete Gefühle werden im Erleben schlagartig aktualisiert, wenn eine Wiederholung droht. Gravierende Ereignisse sollten daher mit professioneller Unterstützung aufgearbeitet werden.

Fallbeispiel

Bis Herr P. optimistisch, selbstsicher und unter Berücksichtigung seines eigenen Wohlbefindens auf Stellensuche gehen kann, beansprucht er viel Geduld und auch Ermutigung seitens des Coachs. Letzterer ist genauso gefordert, Unsicherheit auszuhalten und mit der eigenen Furcht vor dem Scheitern des Klienten und damit vielleicht auch des Coaching-Prozesses zurechtzukommen. Die verhältnismäßig kleinen Schritte und bescheidenen Erfolge von Herrn P. entsprechen freilich nicht den Hoffnungen, die er ursprünglich ins Coaching gesetzt hatte. Je besser er jedoch versteht, wie beschränkt seine Optionen als Einzelperson in diesem Gefüge sind, desto mehr schätzt er ihre Nachhaltigkeit und Lebensnähe. Am Beispiel von Herrn P. lässt eindrücklich studieren, wie sich im Kontext von Angst spezifische Persönlichkeits- und Unternehmensstrukturen zu einer unheilvollen und starren Gesamtsituation fügen können. Sie zu verändern ist ein schmerzhafter, zeitraubender und oft nur partiell gelingender Prozess.

5.14 Fazit

Angst ist ein ubiquitäres Phänomen, das sich dort bemerkbar macht, wo sich psychische Destabilisierung ereignet. Überall also, wo Menschen konfrontiert, gefordert und an ihre Grenzen gebracht werden. Dementsprechend hat sie auch im Arbeitsleben ihren Platz, ist es wichtig, die Psychodynamik von Angst und Furcht zu verstehen und insbesondere für Führungskräfte lohnend, sich mit beiden auseinanderzusetzen. Aus psychodynamischer Sicht steckt zudem hinter der Motivation, sich zu Gruppen zusammen zu schließen und Organisationen aufzubauen, der Versuch, die (existenzielle) Angst des Einzelnen zu bewältigen. Daher kann durch die Analyse der Angst, wo und bei wem sie auftritt, wie sie individuell und kollektiv abgewehrt und wie mit ihr in der Kommunikation und im zwischenmenschlichen Verhalten umgegangen wird, ausgesprochen viel über Motive, Funktionsweisen und insbesondere unbewusste Strukturen in Organisationen herausgefunden werden.

Literatur

Holzhey-Kunz, A. (2014). *Daseinsanalyse*. Wien: Facultas.
Lohmer, M. (2007). Der psychoanalytische Ansatz in Coaching und Organisationsberatung. *Psychoanalyse im Dialog* 7(3), 229–233.
Mentzos, S. (1984). *Neurotische Konfliktverarbeitung. Einführung in die psychoanalytische Neurosenlehre unter Berücksichtigung neuer Perspektiven* (17. Aufl.). Frankfurt a. M.: Fischer.
Mentzos, S. (2013). *Lehrbuch der Psychodynamik. Die Funktion und Dysfunktionalität psychischer Störungen* (6. Aufl.). Göttingen: Vandenhoeck & Ruprecht.
Neukom, M. (2013). Psychodynamische Konzepte im Coaching. In E. Lippmann (Hrsg.), *Coaching. Angewandte Psychologie in der Beratungspraxis* (3. Aufl., S. 54–63). Berlin: Springer.
Riemann, F. (2011). *Grundformen der Angst. Eine tiefenpsychologische Studie* (40. Aufl.). München: Reinhardt.

Neid – über die Fallstricke des amerikanischen Traums

Eva-Maria Lewkowicz

E.-M. Lewkowicz, B. West-Leuer (Hrsg.), *Führung und Gefühl*,
DOI 10.1007/978-3-662-48920-8_6, © Springer-Verlag Berlin Heidelberg 2016

» Guckte hoch aufs weiße Schloss,
oder malochen bei Blohm & Voss,
Nee irgendwie, das war doch klar,
irgendwann da wohn ich da,
In der Präsidentensuite
wos nicht reinregnet und nicht zieht,
und was bestell' ich da?
Dosenbier und Kaviar!
(Udo Lindenberg 2008)

6.1   Der amerikanische Traum

Die Biographie von Barack Obama trägt in der deutschen Übersetzung den Titel »Amerikanischer Traum« (Obama 1995). Beschrieben wird, wie sich der Sohn einer weißen Amerikanerin und eines abwesenden kenianischen Vaters seinen Aufstieg zum Präsidenten der Vereinigten Staaten von Amerika über ein spätes Jura-Studium erkämpft. Die Geschichte gleicht der Biographie von Gerhard Schröder, der als Sohn einer alleinerziehenden Putzfrau ebenfalls über ein Jura-Studium zum Bundeskanzler von Deutschland aufsteigt. Die Faszination dieser Lebensläufe, die Faszination des sprichwörtlichen amerikanischen Traums speist sich wohl auch aus der Hoffnung derjenigen, die solches (noch) nicht erreicht haben, dass wirklich alles möglich sei, auch für sie selber: …»und wenn auch jeder sagt, du spinnst – du wirst es genau so bringen« (Lindenberg 2008).

In der Identifikation mit denen, die es geschafft haben, das zu bekommen, was scheinbar den Anderen vorbehalten war, steckt ein Stück der Hoffnung, selber auch das zu bekommen, was man sich so sehr wünscht. Gleichzeitig kann sich das Ich entlasten, erfährt es doch die Legitimation, sich das so sehr zu wünschen, was die anderen haben: »Dosenbier und Kaviar«. Diese Gefühle sind gesellschaftlich akzeptiert und so gewollt: Aufstiegswillen braucht Anreize. Da, wo die Anreize besonders stark wirken, ist der Wille auch besonders stark. In unserer Leistungsgesellschaft ist genau dieser Antrieb die Feder, über den persönliches Glück (scheinbar) erreichbar wird. Der Mythos des »Wer sich anstrengt, wird es schaffen« vermischt sich mit dem ökonomischen Postulat, dass Leistungsgerechtigkeit über Wettbewerb erreichbar sei (Berg 1995), und dem gesellschaftlichen Konsens, der Leistungsgerechtigkeit in einem umfassenden Sinn als »gerecht« empfindet.

In unserer modernen Wettbewerbswelt dürfen wir also des Nächsten Hab und Gut begehren, sein Haus, sein Weib, seinen Knecht, seine Magd, sein Vieh und alles, was der Nächste hat. Wir dürfen uns über das neunte und zehnte Gebot hinwegsetzen; wir sollen uns sogar über diese Gebote hinwegsetzen, dabei aber doch die Regeln einhalten, die uns das fünfte, sechste, siebte und achte Gebot aufgeben: Du sollst nicht töten, Du sollst nicht ehebrechen, Du sollst nicht stehlen, und Du sollst nicht falsch Zeugnis reden wider deinen Nächsten. Wir dürfen und sollen also begehren; nehmen dürfen wir (legal) aber nur unter bestimmten Voraussetzungen (► Kap. 1, 3, 4, 7).

Auch wenn wir alle in dieser Gesellschaft leben, sind die Ausprägungen dieses Prinzips in unterschiedlichen Subgruppen unterschiedlich ausgeprägt. Auch die beruflichen Welten haben ihre jeweils eigene Werteskala. So unterscheiden sich die Professionen auch dadurch, wie stark das Primat der Leistungsgerechtigkeit und das Unterstützen von Leistung und Anstrengung durch die Verheißung äußerer Belohnung verankert sind.

Sie unterscheiden sich darin, in wieweit gesellschaftliche Teilhabe und Anerkennung von der Leistung und Anstrengung des Einzelnen abhängen; sie unterscheiden sich darin, wie stark die äußere Belohnung auf Status und Geld abhebt. Sie unterscheiden sich vor allen Dingen auch darin, wie sehr der Vergleich mit dem Nächsten die Grundlage des Erfolgs bildet.

Es scheint nicht übertrieben zu sein, davon auszugehen, dass die Gedanken eines »guten« Wettbewerbs und »gesunder« Konkurrenz in der Wirtschaftswelt besonders tief verankert sind und deren Grundfesten bilden. Die Grundlage dafür bildet der Vergleich. So heben die meisten Methoden der Personalbeurteilung in Unternehmen auf Vergleiche ab. Sie messen die Leistung eines Mitarbeiters oder einer Führungskraft immer an Referenzwerten, die auf Basis der Leistung der Peer-Group berechnet werden (vgl. beispielhaft Scherm u. Süß 2000).

Der Blick auf den Anderen und auf sich selbst, der Blick auf das, was der Andere im Vergleich zu einem selber erhält und geben kann, ist hier Teil der äußeren Welt und Bestandteil einer sinnvollen Überlebensstrategie in dieser. Gleichzeitig müssen die Verletzungen verleugnet werden, die dieser Vergleich notgedrungen mit sich bringt, ist doch jeder einzelne aufgerufen, auf ein im Vergleich mit anderen schwächeres Abschneiden mit dem Ansporn zu antworten, es selber besser zu machen. Der Betroffene kann den bewussten Vergleich mit dem Anderen auch nicht vermeiden oder einschränken, weil er ein ganz zentraler Bestandteil seiner Lebenswirklichkeit ist.

Konkreter noch wird dieses Dilemma im Neuen Testament ausformuliert. Im Gleichnis vom Weinberg (Neues Testament, Mt 20,1–16) reagieren die Arbeiter, die den ganzen Tag im Weinberg gearbeitet haben, verärgert darauf, dass sie den gleichen Lohn erhalten wie diejenigen, die nur eine Stunde gearbeitet haben. Ihre Verärgerung basiert auf dem Vergleich mit den Anderen. Das Ausblenden der Bedürfnisse derjenigen, die beim Leistungsvergleich schlechter abschneiden, wird hier angeprangert. Anders als im Weinberg werden Geld, Status und Anerkennung im modernen Wirtschaftsunternehmen aber nach eben jenem Prinzip des Vergleichs verteilt. Dem Vergleich entkommt keiner. Das Postulat der Leistungsgerechtigkeit gilt für alle.

Die Bedürfnisse derjenigen, die in dem erzwungenen Leistungsvergleich (subjektiv) schlecht abschneiden, finden wenig Raum. Dabei liegt es in der Natur der Sache, dass ein Vergleich, der Gewinner produziert, immer auch Verlierer hinterlässt. So gehören negative Emotionen wie Enttäuschung, Trauer, Selbstzweifel oder Aggression ganz selbstverständlich zum Alltag in Unternehmen. Jede Führungskraft ist damit täglich konfrontiert – bei sich selber, in der Interaktion mit dem Vorgesetzten, bei den »eigenen« Mitarbeitern oder in der bereichs-übergreifenden Zusammenarbeit. Die angstbesetzte Reaktion darauf besteht allzu oft im Versuch einer Versachlichung. In der Hoffnung, dass Gefühle begrenzt werden können, wird der dem Leistungswettbewerb inhärente Vergleich durch moderne Methoden und Maßnahmen der Personalpolitik begleitet. Möglichst faire und transparente Auswahl- und Beurteilungsprozesse sollen die Akzeptanz der Auswahlentscheidungen erhöhen und das Enttäuschungspotenzial bei den Verlierern vermindern. Dezidierte Feedback-Regeln und unternehmensspezifische Euphemismen sollen die Fehlerkultur verbessern, und Schulungen von Führungskräften sollen dazu beitragen, die Leistungsbeurteilungen von Sympathie und Antipathie zu trennen. So hilfreich alle diese Maßnahmen sind, so wenig kann es immer gelingen, »die Sache« von »der Person« zu trennen (▶ Kap. 4). Ist bei der Implementierung dieser Methoden zwar das Ziel, den Objektivitätsgrad der Auswahl zu erhöhen und somit das Verletzungspotenzial der »Verlierer« zu senken sowie transparente Vorgaben zu machen, wie diese ihre Ziele doch noch erreichen könnten, so ist daraus noch lange nicht zu schließen, dass dieser Versuch gelingen könnte. Das Unternehmen, das auch als Mutter- und/oder Vaterimago von jeder Führungskraft gedacht werden kann, erreicht in dem Bestreben, alle »Kinder« nach gleichen Kriterien zu beurteilen und zu behandeln, nicht notwendig ein Absinken des Konfliktpotenzials: »Gerade solche Gleichmacherei erhöht die Rivalität und fördert nicht die Unparteilichkeit der Eltern gegenüber ihren Kindern« (Diepold 1990). Mit dieser Vorgabe kann man als Eltern und so auch als Vorgesetzter eben maximal *einem* Kind gerecht werden: Jedes Kind ist anders.

Die unbedingte Vorgabe, möglichst sachlich zu argumentieren, kann dann auch kontraproduktiv wirken. Ist erst einmal ein Klima entstanden, in dem das Zeigen von (negativen) Emotionen als »unprofessionell« empfunden wird, ist das authentische Miteinander erschwert. Eine Betonung des Rationalen und das Verfolgen von Regeln halten zwar die Angst klein, lassen aber die Führungskräfte allein, die bereit sind, sich ihrer eigenen Angst und Wut oder auch der Angst oder Wut ihrer Untergebenen zu stellen. Mitgefühl, Trost und Zusammengehörigkeit leiden in solchen Unternehmenskulturen dann eben auch.

6.2   Der Vergleich: ein Blick von außen auf das Selbst

Der Vergleich bildet die Grundlage des Wettbewerbs. Die Frage lautet immer: Wer ist besser? Nachfolgend soll der Versuch unternommen werden, einige Folgen, die das Leben in einer solchen Außenwelt für die Innenwelt der Führungskräfte hat, zu reflektieren. Damit ist die Vorstellung verbunden, dass in diesem Setting die Botschaft, in einem Vergleich schlecht(er) abgeschnitten zu haben, immer auch eine Aufforderung beinhaltet. Eine Aufforderung, es beim nächsten Mal besser zu machen und/oder sich nicht darüber zu grämen und/oder die im Unternehmenskontext daraus resultierenden Konsequenzen zu akzeptieren. Insofern sind Mitarbeiter von Unternehmen immer auch Adressaten von Botschaften, denen auch ein In-Aussicht-Stellen von »Strafe« inne wohnt: sonst wird die Beurteilung auch beim nächsten Mal schlecht ausfallen, sonst wird Dir Anerkennung entzogen. Auch damit wirken diese Botschaften auf das Selbst, indem sie den Betroffenen einen Spiegel vorhalten, der kein wirklicher Spiegel ist. Er zeigt nämlich nicht nur das Abbild der Innensicht auf das Selbst (Subjekt), sondern mischt Teile der Außenwelt (Objekte) in die Darstellung:

> » Was Narziß im Spiegel der Wasseroberfläche sieht, ist aber nicht ein inneres Bild von sich,
> sondern das Bild, wie die Welt ihn sieht.
> (Altmeyer 2000, S. 2f.)

Führungskräfte sind im Wettbewerb immer auch einem Blick von außen auf das Selbst ausgesetzt, der im Innen weiterwirkt. Es geht eben nicht nur darum, dass Führungskräften durch den Vergleich mit anderen der Aufstieg in der Hierarchie verwehrt oder ein höheres Gehalt versagt bleibt. Stattdessen finden sie sich in einer Außenwelt, die Vergleiche zu ihren Ungunsten entscheidet, auch wenn die Führungskraft diese Bewertung nicht nachvollziehen kann. Bei jedem explizitem Blick von außen wird der innere Blick auf das eigene Selbst in Frage gestellt. Dies gilt es zu akzeptieren.

Zudem kann eine Führungskraft bei negativer Bewertung dem Anderen das begehrte höhere Gehalt und seine Stellung nicht einfach wegnehmen, weil er sich an die Regeln zu halten hat. Er kann dem Anderen seine überlegenen Fertigkeiten und guten Eigenschaften nicht abnehmen, weil sie nicht übertragen werden können. Und er kann seine aus dem Vergleich resultierenden Verletzungen nicht in die Unternehmensrealität hineintragen, um, wie in der Kindheit, Trost zu erfahren.

Vielmehr gilt es immer wieder, den »bewertenden Blick des Anderen auf das Selbst« konstruktiv zu nutzen. Im guten Fall einer hinreichend ausgeprägten Ich-Identität kann der

Betroffene »sich aus der Perspektive des Anderen sehen und damit als Subjekt Anschluss an die Welt der Objekte gewinnen, der der andere ebenfalls als Subjekt angehört« (Altmeyer 2000, S. 14). Er kann seine Affekte regulieren, seinen Urteilssinn und seinen Realitätssinn aufrechterhalten und konstruktive Lösungsmöglichkeiten suchen. Bestenfalls resultiert daraus genau jener Ansporn, der gemeint ist, wenn von »gesunder« Konkurrenz die Rede ist, die mit der Handlungsbereitschaft zu eigener Aktivität verbunden ist (Streeck 2007). Dies setzt aber voraus, dass der Betroffene eine wenn auch noch so kleine Chance sieht, sein Ziel zu erreichen. Es setzt voraus, dass das, auf das sich sein Manko im Vergleich bezieht, für ihn selber auch veränderbar ist und er auf seine Fähigkeiten vertrauen kann, es tatsächlich zu verändern – und die Außenwelt diese Veränderung, in welcher Form auch immer, honorieren würde.

Ist dies nicht der Fall, sind die Möglichkeiten, im Außen konstruktiv zu reagieren, begrenzt. Der Betroffene sieht sich vor die Herausforderung gestellt, sich seinem Spiegelbild zu stellen und seine im Vergleich mit dem Anderen offenbarten Defizite zu akzeptieren. Damit ist er auf sich selbst zurückgeworfen und seine in der Kindheit erworbenen Fähigkeiten, seine Schwächen zu integrieren. Der Spiegel des Außen, dessen Vorläufer nach Winnicott das Gesicht der Mutter ist (Winnicott 1965), fördert im gelingenden Prozess die Selbstreflexivität. Voraussetzung, dass dies gelingen kann, sind aber hinreichend positive Erfahrungen der Wertschätzung in der Vergangenheit – und wohl auch in der Gegenwart –, auf die das Gefühl der Selbstachtung aufbaut. Nur dann gelingt der intersubjektive Austausch im Kontakt mit der Welt (Altmeyer 2000, S. 18; ► Kap. 2).

Das kann nicht immer glücken. Die Ich-Stärke, die für einen solchen inneren Entwicklungsprozess ausgeprägt sein muss, ist individuell sehr unterschiedlich. In der Wirtschaftswelt kommt noch hinzu, dass ungünstige äußere Faktoren wahrscheinlich sind. Der weiter bestehende, alltägliche Stress durch die permanente Anforderungsdichte und Komplexität bindet innerer Ressourcen und erschwert es, den Abstand zum Geschehen zu finden, der notwendig wäre, um die verinnerlichten Normen zu reflektieren und gegebenenfalls neu zu justieren.

Je weiter oben eine Führungskraft in der Hierarchie angesiedelt ist, desto averser wirkt das äußere Umfeld. Die Beziehungen zu den Kollegen werden mit jedem Aufstieg etwas mehr von strategisch-politischen Überlegungen überlagert, das Selbst muss nach außen zugunsten eines professionellen Agierens mehr und mehr abgeschottet werden. Diese Veränderung der Beziehungsqualität stört die innere Entwicklung immens, lernen wir doch von Anbeginn unseres Lebens in unseren Beziehungen zu anderen (vgl. beispielhaft Franz u. West-Leuer 2008, sowie allgemeiner Aron u. Harris 2010 und Fonagy et al. 2002).

Hinkt die innere Entwicklung dem äußeren Aufstieg in der Hierarchie so fast notgedrungen hinterher, wird es immer schwerer, die eigenen Schwächen zu integrieren. Die daraus entstehenden Verletzungen können sich verselbstständigen und eine versteckte, und daher umso wirksamere Dynamik im Unbewussten des Betroffenen in Gang setzen, die zunehmend destruktive Tendenzen entwickelt. (Selbst-)Sabotage, versteckte und offene Konflikte sind die Folge. Der zunächst »glühende Neid«, der mit Aristoteles als Wetteifer verstanden werden kann (Streeck 2007, S. 2), hat destruktive Tendenzen entwickelt.

6.3 Neid und Neidabwehr im Coaching

Neid ist ein ubiquitäres Phänomen. Gleichzeitig ist es ein unangenehmes Gefühl, dem sich niemand gerne stellt. Weder die Führungskraft, noch der Coach. Gerade in den Fällen, in denen ein Coaching-Prozess stagniert und scheinbar grundlos immer wieder Rückschritte auf Fortschritte folgen, mag es hilfreich sein, den Blick auf dieses verpönte Gefühl zu schärfen. Dies gilt umso mehr, als die Berufswirklichkeit von Führungskräften in Wirtschaftsunternehmen (aber nicht nur da) für das Entstehen und die Persistenz von Neid einen idealen Nährboden bietet. Der Begriff »Neid« wird im Folgenden umgangssprachlich benutzt und nur da, wo es für die weiteren Überlegungen sinnvoll ist, theoretisch unterfüttert. (weitergehend vgl. Roth u. Lemma 2008 und West 2010, sowie zur Abgrenzung gegenüber verwandten Gefühlen Smith u. Kim 2007).

6.3.1 Führungskräfte in der Konkurrenzfalle

Neid ist nach Melanie Klein »das ärgerliche Gefühl, dass eine andere Person etwas Wünschenswertes besitzt und genießt, wobei der neidische Impuls darin besteht, es wegzunehmen oder zu verderben« (Klein 1962a, S. 226). Er entsteht nach dieser Lehrmeinung in der allerfrühesten Kindheit während des Stillprozesses. Im Stillprozess fühlt sich das Baby eins mit der Mutter, so vollkommen eins, wie das außerhalb des Mutterleibes nur möglich ist. Die Brust der Mutter steht in diesem Verständnis nicht nur für Nahrung, sondern für eine umfassende Geborgenheit und einen umfassenden Schutz des Babys. Die auch in einer guten Beziehung mit der Mutter unvermeidlichen Enttäuschungen, sei es, dass die mütterliche Brust nicht ununterbrochen zur Verfügung steht, sei es, dass das Stillerlebnis die vorgeburtliche Einheit mit der Mutter nicht vollständig zu ersetzen vermag, führen bei dem Baby »zu dem Gefühl, dass es eine gute und eine böse Brust gibt« (Klein 1962a, S. 225), wobei die böse Brust böse ist, weil sie abwesend ist und dem Baby somit die Erfüllung seiner Wünsche versagt. Im Baby entsteht das Gefühl, die Mutter halte das Glückspendende für sich selber zurück.

Neid hat nach Melanie Klein immer zerstörerische Anteile, weil die Brust der Mutter zudem dadurch böse wird, dass das Baby seine eigenen (angeborenen) Aggressionen in die Mutterbrust projiziert (Klein 1962b, S. 55):

» Neid […] strebt nicht nur danach, auf diese Weise auszurauben, sondern auch danach, […] böse Teile von sich selbst in die Mutter […] hinzutun, […] um sie […] zu zerstören. (Klein 1962a, S. 226f.)

In diesem Verständnis ist Neid eine Emotion, die, wie andere Gefühle auch, in der normalen Entwicklung, in einer sehr frühen Lebensphase des Säuglings entsteht. Je nach der weiteren Entwicklung des Säuglings werden diese Gefühle mehr oder weniger integriert. Im guten Fall wird die Brust trotz der ambivalenten Gefühle »genommen und das Nähren voll genossen« (Klein 1962a, S. 229). Mit den entstehenden Dankbarkeitsgefühlen und der Verinnerlichung dieser guten Erfahrungen macht das Baby einen großen Schritt zu einer gesunden Ich-Entwicklung, die dadurch gekennzeichnet ist, dass das Ich das Gute und Positive in sich bewahren kann und nicht zerstören muss.

Weder kann dieser Prozess »übersprungen« werden, noch ist bei einem normalen Verlauf die weitere Entwicklung des Kindes gefährdet: Neid gehört zum Menschwerden somit hinzu.

In diesem Kontext stellt sich die Frage, warum Neid in unserer Gesellschaft so tabuisiert ist. Während es fast jeder Führungskraft scheinbar mühelos gelingt, sich aggressive Selbstanteile, Angst und Kleinheitsgefühle einzugestehen, viele Führungskräfte auch Übertragungs- und Aktualisierungsanteile in ihrem beruflichen Selbst entdecken und reflektieren können, ist es in der – zugegeben nicht repräsentativen – Erfahrung der Autorin noch nicht einmal vorgekommen, dass eine Führungskraft sein Anliegen im Coaching mit Neidgefühlen in Zusammenhang gebracht hätte.

Legen wir das Verständnis von Laverde-Rubio zugrunde, entsteht Neid durch eine Interaktion mit einem bestimmten Objekt (dem Anderen), bei der das Subjekt eine Asymmetrie zu seinem Nächsten (»peer«) wahrnimmt. Diese wird als unfair erlebt, weil damit die Phantasie von einem idealisierten Objekt einhergeht, das diese ungleiche Verteilung unausgewogen und damit »betrügerisch« vollzieht. In der Folge werden Hass, Liebe, Ungerechtigkeit, Hilflosigkeit und das Gefühl eines mangelhaften Selbst provoziert (Laverde-Rubio 2004, S. 401). Laverde-Rubio versteht Neid somit in Abgrenzung zu Winnicott als das Ergebnis eines Wissens über die Realität (Laverde-Rubio 2004, S. 408).

Die Betroffenen sehen, was der durch den Vergleich produzierte Spiegel ihnen zeigt. Sie sehen die Diskrepanz zwischen ihrem inneren Bild und dem mit Äußerem kontaminierten Spiegelbild und leiden daran. Die Regression in magisches Denken externalisiert die damit verbundenen Schmerzen: Das idealisierte Objekt vollzieht diese »Kontaminierung« in betrügerischer Absicht. Der innere Konflikt wird damit nach außen verlagert.

6.3.2　Fallvignette

Fallbeispiel
Herr Kabil, Mitte 30, arbeitet in einer Führungsposition in einem amerikanischen, weltweit agierenden Großunternehmen in Deutschland. Vorher war er auf unterschiedlichen Führungspositionen in anderen Unternehmen tätig, und der Stellungswechsel bedeutete einen weiteren Aufstieg für ihn. Als Herr Kabil in seiner gegenwärtigen Position eingestellt wurde, arbeitete sein aktueller Vorgesetzter noch auf der gleichen Führungsebene wie er selber. Die beiden etwa Gleichaltrigen und hierarchisch Gleichgestellten entwickelten ein gutes, aus Sicht von Herrn Kabil sogar freundschaftliches Verhältnis. Wenige Monate später wird der ehemalige Führungskollege befördert und somit zum disziplinarischen Vorgesetzten von Herrn Kabil.
Im Coaching übt Herr Kabil offen Kritik am Führungsverhalten seines Vorgesetzten. Insgesamt schätze er den Vorgesetzten aber sehr, weil er insgesamt ein sehr feiner Kerl sei, mit dem er früher über Berufliches einvernehmlich gesprochen, auch oft Privates geteilt und auf gemeinsamen Dienstreisen auch viel Spaß gehabt hätte. Jetzt aber verschließe sich der Vorgesetzte, ziehe sich privat zurück und reagiere auch auf berufliches Feedback sehr einsilbig. Als die Beraterin wissen möchte, was ihn (den Vorgesetzten) zu einem feinen Kerl mache, lobt Herr Kabil dessen fachliche Fähigkeiten sehr ausführlich und dass er früher menschlich sehr angenehm gewesen sei, kommt dann aber wieder auf sein davon abweichendes und unangemessenes Führungsverhalten zurück. Auf die Frage, wie sich Herr Kabil diese Gegensätze erklärt, erzählt er, der Vorgesetzte habe kein ausgeglichenes Privatleben, und auf die bevorstehende Geburt seines ersten Kindes habe er auch merkwürdig zurückhaltend reagiert. Als die Beraterin fragt, ob Herr Kabil vermute, dass sein Vorgesetzter neidisch auf sein Privatleben sei, weist der Klient dies weit von sich und wiederholt alle guten Eigenschaften, die sein Vorgesetzter in seinen Augen habe. Danach fragt er nach: »Oder glauben Sie vielleicht, dass er wirklich neidisch auf mein Privatleben ist?«

In der Situation des Klienten lassen sich viele Aspekte finden, die in der Literatur mit Neid in Verbindung gebracht werden: Der Vergleich mit einem grundsätzlich als ähnlich empfundenen Anderen, bei dem der Klient gewahr wird, dass der etwas hat, was er selbst nicht hat (die Beförderung), die Idealisierung dieses Anderen (der ein sehr feiner Kerl sei) und wohl auch der Wunsch, an dem teilzuhaben, was der Andere hat: Als ehemalige Kollege des Chefs wünscht er sich einen privilegierten Zugang zu diesem, der ihn wärmen würde (»die gute Brust«). Dass ihm der von Herrn Kabil als »seinesgleichen« empfundene Chef diesen besonderen beruflichen und auch privaten Zugang zunehmend verwehrt, führt zu der Wahrnehmung, es sei falsch, dass dieser befördert wurde, weil sein Führungsverhalten (vor allem aber nicht nur ihm selber gegenüber) unangemessen sei. Die Asymmetrie zwischen ihm und seinem Vorgesetzten wird von Herrn Kabil zunehmend als unfair empfunden. Hier ist gerade die Tatsache, dass er seinen Vorgesetzten aufgrund der Historie als »seinesgleichen« empfindet, Quell seiner quälerischen Neidgefühle:

> **»** Bewegen sich die Attribute der anderen Person weit jenseits jeder Erreichbarkeit, halten sich Neidgefühle in Grenzen.
> (Streeck 2007, S. 3)

Gleichzeitig muss Herr Kabil diese Gefühle verleugnen: Er darf sich nicht als neidisch empfinden. Dies gelingt zunächst über die Projektion: Neidisch sind immer nur die Anderen (Haubl 2004). Es soll aber die Beraterin sein, die dieses ausspricht. Stellvertretend für den Klienten soll sie den Vorgesetzten als neidisch entlarven. Als sie Herrn Kabil dies spiegelt, kippt dieser wieder in die Idealisierung seines Vorgesetzten und die Rationalisierung seiner eigenen intensiven inneren Beschäftigung mit ihm. Er findet viele Worte und Details, um sich zu vergewissern, dass seine aggressiven Vorbehalte gegen seinen Vorgesetzten *sachlich* gerechtfertigt sind, während er ihn persönlich ja sehr schätzt, also *neidfrei* mögen kann.

Gleichzeitig ist es ihm zunächst unmöglich, den Vorwurf, der Vorgesetzte sei neidisch auf das Privatleben seines Untergebenen, selber auszusprechen – zu tabuisiert ist diese Zuschreibung. In einer Welt, in der »gesunde Konkurrenz« herrscht, darf man nicht neidisch sein. Gleichzeitig schimmert durch, dass Herr Kabil fürchtet, dass sein Privatleben und die damit verbundenen zukünftigen Verpflichtungen der Grund für seine empfundene Zurückweisung im Beruflichen sein könnte. Dies wird im weiteren Beratungsprozess deutlich, in dem die gegenwärtigen familiären Umstände des Klienten zunehmend an Bedeutung im Beratungsgespräch gewinnen und Biographisches, dabei auch die Beziehungen des Klienten zu seinen Geschwistern, und das jeweilige Verhältnis der Geschwister zu den Eltern thematisiert werden. Die Übertragung der Geschwisterkonkurrenz auf das berufliche Setting kann aber nur indirekt bearbeitet werden, da auch der Geschwisterneid durch Idealisierung abgewehrt wird.

Dennoch scheint der Verlauf der Beratung darauf hinzuweisen, dass die Abwehr des Neidgefühls einen Riss bekommen hat, weil dieses Gefühl, wenn auch nur indirekt, einer Bearbeitung zugänglich wird. Es zeigt sich aber, dass diese indirekte Bearbeitung nicht ausreicht, ein Ausagieren zu verhindern.

Fallbeispiel

Im weiteren Verlauf berichtet Herr Kabil von einem Personalwicklungsseminar für Führungskräfte, an dem er teilgenommen hat. In diesem von einem externen Anbieter angebotenen Seminar wurden den Führungskräften die Grundzüge und Bausteine der neuen Unternehmenskultur vermittelt. Herr Kabil ist von den darin enthaltenen Bausteinen (Wertschätzung, Fairness, offene Kommunikation, Feedbackregeln usw.) sehr überzeugt. Auf dem Seminar wagt er es auf Aufforderung des Trainers, Kritik am Führungsstil seines unmittelbaren Vorgesetzten zu üben, der seine Mitarbeiter nicht nur in der Sache, sondern auch als Person kritisiere und damit die vorgestellten Feedback-Regeln verletze. Dieser ist ebenfalls unter den Teilnehmern und weist die Kritik von sich. Kurz darauf verschlechtert sich das ehemals sehr enge, zum Zeitpunkt des Seminars aber schon belastete Verhältnis des Klienten zu seinem Vorgesetzten sprunghaft. Herr Kabil bittet mehrfach um ein klärendes Gespräch mit seinem Vorgesetzten, das dieser aus Zeitmangel immer wieder aufschiebt, was Herr Kabil als ein weiteres Ausweichen empfindet.

In dieser Phase des Beratungsprozesses betont der Klient immer wieder, dass er ja immer bemüht sei, alle Konflikte sachlich anzusprechen, und auch in dem Seminar sehr sachlich agiert habe. Völlig anders benehme sich sein Vorgesetzter, der seinen Emotionen ständig freien Lauf ließe. Die Beraterin fragt darauf: »Würden Sie sich also wünschen, dass Konflikte immer sachlich besprochen werden?«, was der Klient zunächst bejaht, dann aber für Privates relativiert. Im Unternehmen aber, so sein Fazit, sei für Emotionen kein Platz. Die Beraterin verweist darauf, dass sie das selbst als nur indirekt Involvierte anders erlebe und seinen Berichten noch niemals emotionslos gefolgt sei. Sie sei vielmehr mal traurig, mal wütend, mal hilflos, aber nie emotionslos gewesen. Darauf entsteht eine große Pause. Doch als der Klient nach mehreren Minuten zum Ende der Stunde wieder zu sprechen beginnt, führt er noch einmal entschieden aus, dass Gefühle im Unternehmen keinen Platz hätten.

Der Klient ist in dieser Phase mit dem Widerspruch zwischen seinem inneren Bild (als primär sachlich auftretender Mitarbeiter auch ein guter Mitarbeiter und im Recht zu sein) und dem Spiegel konfrontiert, der den Blick des Vorgesetzten auf ihn enthüllt: dass er auch als »sachlicher« Mitarbeiter nicht immer gut für das Unternehmen ist und möglicherweise auch gar nicht so »sachlich« ist, wie er sich selber empfindet. Diesen Blick des Vorgesetzten empfindet er als den Blick des Unternehmens auf ihn, also als den Blick des »generalisierten Anderen«. Parallel dazu ist die Beraterin mit dem Widerspruch zwischen ihrem eigenen Selbstbild (mit dem Klienten eine andere, respektive neue Perspektive auf sein Dilemma entwerfen zu können) und dem Spiegel konfrontiert, in dem der Blick des Klienten auf sie enthalten ist, der eben dieses verweigert. Ihr Bemühen, die Selbstreflexivität des Klienten zu aktivieren, wird demonstrativ abgewehrt. Sie empfindet bei sich, »etwas« sei »ungerecht«, wo sie sich doch so anstrengt und nach ihrem Kenntnisstand sachlich auch alles »richtig macht« – und doch mit der Erkenntnis konfrontiert wird, dass es nicht »funktioniert«. In der Gegenübertragung hat sie damit ein klares Bild von der Situation des Klienten. Da sich die Beraterin in der Supervision aber damit arrangieren kann, eben Grenzen zu haben, wird der Neidaspekt des beruflichen Konflikts des Klienten in der Beratungssituation nicht weiter re-inszeniert. Das Bemühen der Beraterin, den inneren Konflikt des Klienten zu »halten«, gerät dabei auch zur Ausflucht vor der Frage, warum der Widerstand des Klienten so groß ist. Einmal mehr greif das Tabu: Neid darf nicht gedacht werden.

Fallbeispiel

Einige Termine später berichtet Herr Kabil von einem Meeting, dessen Vorbereitung ihn schon in der vorausgegangenen Beratungsstunde sehr beschäftigt hat. Er habe sich akribisch auf seine Präsentation vorbereitet, habe aber im Vorfeld der Besprechung an den Gesten und der Mimik seines Vorgesetzten erkannt, dass dieser ihn »klein machen« wolle. Nach wenigen einführenden Sätzen habe ihn der Vorgesetzte dann auch in der Besprechung vor allen anderen unterbrochen. Er, der Klient, sei in der Folge völlig aus dem Konzept geraten und hätte die Besprechung nur mit großen Mühen durchgehalten. Aber es sei auch seine eigene Schuld gewesen, weil er sich schon vorher so klein und ängstlich gefühlt habe. Er wäre im Kontakt mit seinem Vorgesetzten nicht mehr er selbst. Dabei sei es doch sein Vorgesetzter, der gegen die Normen des Unternehmens verstoße, weil er ihn mit seiner negativen Emotionalität derartig unter Druck gesetzt habe.

Ganz offensichtlich hat Herr Kabil seine aggressiven Impulse gegenüber seinen Vorgesetzen auf dem Führungskräfteseminar (teilweise) ausagiert. Das institutionelle Setting hat ihn dazu verführt, seine Vorsicht, bzw. den notwendigen »Grad an antizipatorischer Paranoia« (▶ Kap. 1, 3), aufzugeben. Dadurch, dass externe Trainer das Seminar durchgeführt haben, und dadurch, dass die Werte der neuen Unternehmenskultur in ihrer idealisierten Form Gegenstand des Seminars waren, ist dem Klienten die Schere zwischen gelebter bzw. leb-barer Realität und der idealisierten Version der Unternehmenskultur sehr deutlich geworden. Gleichzeitig hat er genau diesen Antagonismus verdrängt, als er ihn ansprach: ohne jegliches Gefühl für die Konsequenzen, die notwendig für ihn daraus folgen würden, dass er die informellen, aber in der Realität dominierenden Normen verletzt hat, indem er seinen Vorgesetzen in so einem Setting offen kritisiert. Die widersprüchliche Komplexität der Situation im Führungskräfteseminar wäre nur mit pragmatischem Abstand handhabbar gewesen. In der Verstrickung mit seinem Vorgesetzten fehlte Herrn Kabil dieser Abstand: Der aggressive Impuls »musste« heraus. Gleichzeitig bot die Situation dem Klienten scheinbar die Möglichkeit, seine eigene Aggression passiv zu bemänteln (weil durch die idealisierte Version der »neuen« Unternehmenskultur gedeckt) und in etwas Destruktives gegenüber dem Vorgesetzten, also gleichsam im Vorgesetzten zu »verwandeln«.

Das Ausagieren seiner destruktiven Impulse hat Herrn Kabil die angestrebte emotionale Entlastung gebracht, allerdings nur so lange, bis er die Konsequenzen seines Handelns in Form der Zurückweisung durch den Vorgesetzten erleben musste. Dieser hat nicht nur imaginiert böse reagiert (wie die abwesende Mutterbrust), sondern ganz real mit einer »Verfolgung« geantwortet.

Im weiteren Verlauf schaukelte sich der Circulus vitiosus auf. Die eigene projizierte Aggression des Klienten und die reale (Gegenübertragungs-)Aggression des Vorgesetzten führten zu einem heißen Konflikt. Der Vorgesetzte kritisierte die (Führungs-)Entscheidungen des Klienten immer häufiger und immer kleinteiliger und wich den Rechtfertigungsversuchen und Klärungswünschen des Klienten immer konsequenter aus. Das Selbst des Klienten war seinen inneren Verfolgern nicht durchgängig gewachsen und oszillierte zunehmend in die paranoid-schizoide Position, aus der es immer weniger Entrinnen gab: Das Gefühl, zerstört zu werden und dem hilflos ausgeliefert zu sein, griff immer mehr um sich und wurde am Ende als real empfunden: Der Vorgesetzte wolle ihn klein machen, und er hätte dem nichts entgegen zu setzen.

Wir hatten oben gesehen, dass Neid nach Melanie Klein in der paranoid-schizoiden Position entsteht und bei guter Entwicklung integriert wird und Gefühlen von Dankbarkeit Bahn schafft. Insofern mutet es nicht überraschend an, dass die Aktualisierung dieses Gefühls bei ungünstigen Umständen eine Regression in eben diese Position zur Folge haben kann. Die fehlende Dankbarkeit gegenüber dem Objekt des Neides, im vorliegenden Fall gegenüber dem Vorgesetzten, der lange ein »guter Kumpel« war und Herrn Kabil im Verlauf der Eskalation viele Rückzugsmöglichkeiten bot, deutet darauf hin, wie heftig der Neid des Klienten empfunden wurde und wie wenig es der Beraterin im Verlauf des Beratungsprozesses gelungen ist, die damit verbundenen Gefühle aufzufangen und/oder einer Reflektion zugänglich zu machen. Bis auf die implizite Vermutung von Herrn Kabil, der Vorgesetzte selber könne neidisch sein, die die Beraterin einmal aufgegriffen hat, ist dieses tabuisierte Gefühl in dem Beratungsprozess nicht mehr explizit bearbeitet worden. Auch in der Gegenübertragung der Beraterin hat dieses Tabu gegriffen; den Gedanken, selber auf den Klienten und seine Führungsposition in einem großen Unternehmen neidisch sein zu können, hat sie nicht reflektiert (vgl. zum Neid der Berater und Beraterinnen Löwer-Hirsch 2012, S. 14ff.), ebenso wenig den möglichen Neid des Klienten ihr gegenüber, der wohl auch dazu beigetragen hat, ihre einzige diesbezügliche Intervention, die einen wirklichen Erkenntnisgewinn gebracht hätte, abzublocken. Ein »Containment« konnte derart nicht gelingen.

Der weitere Beratungsverlauf war entsprechend von Interventionen geprägt, die Herrn Kabil immer wieder einen Realitätscheck anboten, um seine Gefühle von Hilflosigkeit und das

Gefühl eines mangelhaften Selbst abzumildern, sowie von eher sachlich geprägten Reflektionen, wie die Situation entschärft werden könnte. Im Nachhinein stellt es sich für die Beraterin so dar, dass sie an den Symptomen gearbeitet hat und nicht unmittelbar an der Ursache.

Herr Kabil reflektierte im weiteren Prozess seine fehlende Bereitschaft, in einem Unternehmen zu arbeiten, in dem die Kluft zwischen der idealisierten und der realen Unternehmenskultur so groß sei. Er empfand diese Diskrepanz, die er in der Person seines Vorgesetzten personifiziert sah, zunehmend als Unehrlichkeit, an der er keinen Anteil haben wollte, und prüfte Outside Options in weniger großen Unternehmen. Dabei brachte er auch zur Sprache, dass er nicht gewillt sei, seine eigenen Werte im Berufsleben dauerhaft auszublenden.

Hier ist deutlich zu erkennen, dass in der Eskalation des Konfliktes die Phantasie des »idealisierten Objektes« Raum nimmt, dass die ungleiche Verteilung (der Positionen zwischen dem Vorgesetzten und dem Klienten) vollzogen hat: Das Unternehmen mit seiner »unrealistischen« Unternehmenskultur gerät zunehmend in den Fokus.

Die Ursache des Konfliktes verschiebt sich damit im inneren Erleben des Klienten mehr und mehr vom Objekt des Neides zum Unternehmen, das die Ausgangssituation »betrügerisch« vollzogen hat. Der innere Konflikt wird externalisiert. Der Klient verlässt das Unternehmen.

Dass Herr Kabil die Institution, in der er gearbeitet hat, für seine inneren Konflikte verantwortlich macht, geschieht ohne Zweifel auf dem Boden der Realität. Die Regeln, die in diesem Unternehmen implementiert sind, bieten durch den verankerten Grundgedanken »gesunder Konkurrenz« den Nährboden für neidbasierte Konflikte und verweigert gleichzeitig systematisch deren Bearbeitung.

Die Heftigkeit, mit der Herr Kabil das Unternehmen für seine inneren Konflikte verantwortlich macht, kann indes nicht verstanden werden, ohne die Dynamik von Neidaffekten zu reflektieren. Gleichzeitig wird deutlich, dass die Einbeziehung dieses tabuisierten Gefühls den Beratungsprozess wohl bereichert hätte (vgl. dazu Löwer-Hirsch 2012).

6.4 Auswege aus dem Labyrinth: zum Umgang mit dem tabuisierten Gefühl

Der Klient der oben dargestellten Fallvignette arbeitet in einem sehr großen, weltweit agierenden, amerikanischen Unternehmen in Deutschland. Der amerikanische Traum vom Aufstieg durch Leistung ist in diesem Unternehmen gelebte Realität – allerdings nicht für jeden; und nicht für jeden, der aufsteigt, in der gleichen Geschwindigkeit und mit dem gleichen Erfolg: Je weiter oben die Hierarchieebene, desto knapper sind die Positionen. Es ist eben diese Knappheit, die den Wert der Positionen im Top-Management konstituiert. Wären sie für alle zu haben, wären sie wertlos. Das Prinzip des Marktmechanismus, der den Preis von Gütern und Dienstleistungen durch deren Knappheit anzeigt, gilt auch hier. Allerdings wird oft vergessen, dass der »Preis« nicht mit dem »Wert« gleichzusetzen ist, vielmehr zeigt der Preis den Wert nur sehr unzureichend an.

Insofern stimmt die »Ökonomisierung« unserer Lebenswelt sehr nachdenklich, geht doch dadurch das eigene Gespür dafür verloren, welchen Wert Materielles und Immaterielles für einen selber hat. Den hohen Preis sehr knapper Güter und – wie im vorliegenden Fall – hierarchischer Positionen im Unternehmen mit dem Wert dieser Güter und Positionen für einen selber gleichzusetzen, bedeutet dann, sich ohne Nachdenken unterzuordnen, kann also bedeuten, einen gesellschaftlichen Maßstab für sich selber ohne Hinterfragen zu akzeptieren und sich daran zu orientieren.

Diese Gefügigkeit mit Nachahmung als spezieller Ausprägung zeigt Parallelen zu einer Beeinträchtigung, die Winnicott als falsches Selbst charakterisiert:

» Das falsche Selbst wird also auf der Grundlage von Gefügigkeit aufgebaut und ist damit nicht mehr als verinnerlichte Umwelt (…), ein Abklatsch von Außeneinflüssen, d. h. nichts wirklich Eigenes.
(Winnicott 1984, S. 173, zitiert nach Heltzel 2002, S. 126)

Positiv gewendet dient das falsche Selbst dem Schutz des wahren Selbst, das durch dieses Versteckspiel vor Übergriffen geschützt wird.

Es mag gerade Führungskräften in großen Unternehmen notwendig erscheinen, ihr wahres Selbst zu schützen, Führungskräften, die während ihres Aufstieges in der Hierarchie sehr vielen Übergriffen ausgesetzt sind und denen während dieses Aufstiegs ein hohes Maß an Gefügigkeit abverlangt wird. So können sie innere Ressourcen sparen, um weiter zu funktionieren.

So gesehen überrascht es nicht, dass erfolgreiche Unternehmer sich dem Primat des Erfolgs anders unterordnen als erfolgreiche, abhängig Beschäftigte (Topmanager) in Großunternehmen (Druyen 2009). Trotz der Abhängigkeit von Kunden und Banken, die den Aufstieg der Unternehmer begleitet hat, erleben sich Unternehmer eher als selbstbestimmt. So scheint die Übergriffigkeit der Institution Großunternehmen, die sich in der normierten Personalbeurteilung am deutlichsten zeigt, prägender auf Menschen zu wirken als das anonyme Feedback von Banken und Märkten gegenüber Unternehmern. Letzteres mag (trotz der real direkter wirkenden Risiken) als weniger verletzend erlebt werden, da es weniger personenbezogen erfolgt und durch mannigfache externe, nicht zu kontrollierende Einflüsse zufälliger erscheint. Auch die schiere Größe mancher Unternehmen (gemessen an der Mitarbeiterzahl) und die dadurch erreichte Illusion einer eigenen Lebenswirklichkeit, erschwert den Mitgliedern dieser Institutionen, Abstand zu den dort gelebten Normen und Werten zu halten.

Doch der Preis ist hoch, wie auch die an den Anfang dieses Buches gestellte Filmbesprechung zeigt. So könnte die Gefügigkeit im Sinne einer Unterwerfung unter die geltenden Leistungsnormen, die viele große Unternehmen gerade ihren Führungskräften abverlangen, einem zumindest partiellen Verlust des wahren Selbst fördern und damit zu einer erzwungenen Als-ob-Emotionslosigkeit der Manager führen. Wird damit das Ausagieren der »gewaltsam« verdrängten Emotionen gefördert, heizt sich die Atmosphäre schnell auf. Dies kann nicht im Sinne der Personalpolitik der Unternehmen sein und lastet schwer auf der einzelnen Führungskraft.

Gefragt scheint eine Affektregulierung als Modulation von Affekten, um sie in der Mitte zwischen den Extremen des Übermaßes oder des gänzlichen Fehlens zu halten (Fonagy et al. 2002, S. 76). Die Anforderungen, die damit verbunden sind, sind hoch komplex. Das gilt insbesondere für den Neid. Da Neid so tabuisiert ist, ist er einer Bearbeitung sehr schwer zugänglich. Die damit verbundene Explosivität kann in einer Welt, die konkurrenzbasierte Werte hoch hält, nur begrenzt werden, wenn es Raum für die Verlierer gibt. Ein Perspektivenwechsel in den Personalabteilungen, der in den Blick nimmt, dass jeder Verlierer auch einen Gewinner produziert, könnte hilfreich sein, die Gefühle der Verlierer zu sehen und damit einer Bearbeitung zugänglich zu machen.

Einmal mehr: »Schmuddelecken müssen sein« (John u. West-Leuer 2013; West-Leuer u. John 2013), gerade für tabuisierte Gefühle wie den Neid. Auch Führungskräfte können nur in der inneren Auseinandersetzung und nicht in der Verdrängung ihrer vielschichtigen angenehmen wie unangenehmen Emotionen wachsen. Dazu gehört auch der Raum für eine Auseinandersetzung von Führungskräften mit ihrem präödipalen Neidkomplex und eine

Verarbeitung ihrer ödipalen Konkurrenz mit dem gleichgeschlechtlichen Elternteil. Nur so können sie erreichen, dass die Angst nicht länger dominiert: Nur einer hat an der Spitze Platz (Sies u. Löwer-Hirsch 1999). Gelingt die Überwindung dieser Angst, ist auch das Systemvertrauen möglich, das Führungskräfte brauchen, um ihren Aktionsradius im Wettbewerb innerhalb der Organisation und angesichts immer volatilerer Marktumfelder aufrecht zu erhalten (vgl. Luhmann 2000, S. 49).

Gerade weil im Top-Management großer Unternehmen in der Regel an der Spitze nur Platz für *einen* CEO ist, wäre es hilfreich, die Führungskräfte darin zu unterstützen, das *ich oder er*, das die Institution damit vorgibt, für sich persönlich zu hinterfragen und andere Vorstellungen zu entwickeln, die eine persönliche Entwicklung in Gang setzen: für andere und sich ein Nebeneinander und also ein *ich und er* denken zu können.

Literatur

Altmeyer, M. (2000). Narzißmus, Intersubjektivität und Anerkennung. *Psyche* 54/2, 143–171.

Aron, L., & Harris, A. (2010). In Beziehungen denken – in Beziehungen handeln. Neuere Entwicklungen der relationalen Psychoanalyse. In M. Altmeyer, & H. Thomä (Hrsg.), *Die vernetzte Seele. Die intersubjektive Wende in der Psychoanalyse* (S. 108–121). Stuttgart: Klett-Cotta.

Berg, H. (1995). Wettbewerbspolitik. In *Vahlens Kompendium der Wirtschaftstheorie und Wirtschaftspolitik* (S. 239–300), München: Vahlen.

Diepold, B. (1990). Psychoanalytische Aspekte von Geschwisterbeziehungen. *Praxis der Kinderpsychologie und Kinderpsychiatrie* 37, 274–280.

Druyen, T. (2009). *Reichtum und Vermögen: Zur gesellschaftlichen Bedeutung der Reichtums- und Vermögensforschung.* Heidelberg: Springer.

Fonagy P. et al. (2002). *Affektregulierung, Mentalisierung und die Entwicklung des Selbst.* Stuttgart: Klett-Cotta.

Franz, M., & West-Leuer, B. (2008). *Bindung, Trauma, Prävention. Entwicklungschancen von Kindern und Jugendlichen als Folge ihrer Beziehungserfahrungen.* Gießen: Psychosozial-Verlag.

Haubl, R. (2004). *Neidisch sind immer nur die anderen.* München: C. H. Beck.

Heltzel, R. (2002). Von der Psychiatrie zur Psychoanalyse oder: Die Wiederentdeckung Winnicotts. *Luzifer-Amor* 15(30), 123–152.

John, E.-M., & West-Leuer, B. (2013). Coaching Multinational Companies – An Interdisciplinary Analysis of a Management Consultant´s Case Narrative. *Procedia – Social and Behavioral Sciences* 82, 628–637

Klein, M. (1962a). Neid und Dankbarkeit. In M. Klein, *Das Seelenleben des Kleinkindes und andere Beiträge zur Psychoanalyse* (S. 225–244). Stuttgart: Klett-Cotta.

Klein, M. (1962b). Zur Psychogenese der manisch-depressiven Zustände. In M. Klein, *Das Seelenleben des Kleinkindes und andere Beiträge zur Psychoanalyse* (S. 55–94). Stuttgart: Klett-Cotta.

Laverde-Rubio, E. (2004). Envy: One or Many? *International Journal of Psychoanalysis* 82(2), 401–418.

Lindenberg, U. (2008) *Mein Ding.* Album: Stark wie Zwei. Unterföhring: Starwatch.

Löwer-Hirsch, M. (2012). Neiden und Gönnen in Coaching und Supervision. In B. Dorst et al. (Hrsg.), *Gönnen und Neiden.* Ostfildern: Patmos.

Obama, B. (1995). *Ein Amerikanischer Traum.* München: Hanser.

Roth, P., & Lemma, A. (2008). *Envy and Gratitude Revisited.* London: International Psychoanalytical Association.

Scherm, E., & Süß, S. (2000). *Personalmanagement.* München: Vahlen.

Sies, C., & Löwer-Hirsch, M. (1999). Psychodynamik der Innovation. In C. Rohe (Hrsg.), *Werkzeuge für das Innovationsmanagement* (S. 48–66). Frankfurt a. M.: FAZ.

Smith, R. H., & Kim, S. H. (2007). Comprehending Envy. *Psychological Bulletin* 133(1), 46–64.

Streeck, U. (2007). *Herausforderungen des Neidgefühls und seine Verarbeitungen.* Plenarvortrag, 23.04.2007, im Rahmen der 57. Lindauer Psychotherapiewochen.

West, M. (2010). Envy and difference, *Journal of Analytical Psychology* 55, 459–484.

West-Leuer, B., & John, E.-M. (2013). Psychodynamic Coaching in Multinational Companies – An Interdisciplinary Case Analysis. *Procedia – Social and Behavioral Sciences* 82, 502–510.

Winnicott, D. W. (1965). *Reifungsprozess und fördernde Umwelt.* München: Kindler.

Scham – die Maske der Makellosigkeit

Beate West-Leuer

E.-M. Lewkowicz, B. West-Leuer (Hrsg.), *Führung und Gefühl*,
DOI 10.1007/978-3-662-48920-8_7, © Springer-Verlag Berlin Heidelberg 2016

7.1   Führungskräfte zwischen Öffentlichkeit und Selbstwahrnehmung

Die Globalisierung der Real- und Finanzwirtschaft und die Liberalisierung der Märkte haben in den vergangenen Jahren die geographische Ausbreitung schwerer Wirtschafts- und Finanzkrisen ermöglicht. Eine Ursache solcher Krisen ist das Streben der Menschen nach vermehrtem Wohlstand und materiellem Wachstum, in der Annahme, Wohlstand und Wachstum seien Bollwerke gegen Verfall und Tod. Dass diese Annahme eine fatale Illusion ist, wird erfolgreich verdrängt. Stattdessen werden die Schuldigen für die Wirtschaftskrisen im Management nationaler und multinationaler Konzerne vermutet.

Bei der Beratung von Führungskräften in multinationalen Firmen stellt man jedoch fest: Viele Manager sind sich keiner Schuld bewusst. Viele gehen im Gegenteil davon aus, dass ohne erfolgreiche Wirtschaft die westliche Welt heute in einer Misere wäre. Man handle doch im Sinne der Allgemeinheit entsprechend den »alternativlosen« Wachstums- und Profit-Maximen des Wirtschaftssystems. Trotz, vielleicht auch wegen dieser Unschuldsbehauptung stellen die Anbieter professionellen Business-Coachings übereinstimmend fest, dass gerade Führungskräfte vermehrt Symptome biopsychosozialer Entgleisungen zeigen (Bäcker 2010), die emotionale Instabilität nahe legen. Coaching wird immer häufiger als Burnout-Prophylaxe angeboten[1], und die Nachfragen zwischen Coaching und Psychotherapie verwischen (Grimmer u. Neukom 2009).

Im Folgenden soll der Frage nachgegangen werden, ob eine Ursache für die Zunahme emotionaler Destabilisierung bei Managern weniger auf manifesten Schuldgefühlen beruht, dem Unternehmen durch inkompetentes Handeln geschadet zu haben, als vielmehr auf latenten Schamdilemmata und Bloßstellungsphantasien, den komplexen und häufig undurchsichtigen Anforderungen des Unternehmens an einen idealen Manager nicht zu entsprechen.

7.2   Scham – eine Palette eng verwandter Affekte und ein Mikrotrauma

Scham und Schuld sind selbstreflektierende Affekte, durch die ein Mensch sich selbst betrachtet und in Frage stellt. Bei Schuld frage ich mich: Wie konnte ich *das* nur tun? Bei Scham frage ich mich: Wie konnte *ich* das nur tun? Während sich Schuld auf eine befürchtete Strafe für etwas bezieht, das man falsch gemacht hat, bezieht sich Scham auf den Kern des Selbst. Schuld setzt eine Handlung voraus, für die man sich entschuldigen kann. Scham impliziert, dass ein bestimmter Aspekt des Selbst zum Vorschein gebracht wird, der von anderen generell abgelehnt wird. Scham ist stark mit der Angst verbunden, sich lächerlich zu machen, sich zu exponieren oder in eine beschämende Situation zu geraten. Eine solche Angst vor Bloßstellung kann in milder Signalform auftreten oder als überwältigende Panik (Tiedemann 2013, S. 73).

Für die folgende Betrachtung gilt es, zwei Qualitäten der Scham zu unterscheiden: zwischen natürlicher Scham und Beschämung. Die natürliche Scham bezeichnet jene Scham, die auftritt, wenn ein Mensch – freiwillig oder unfreiwillig – etwas Intimes von sich preisgibt. Beschämung kommt einer von außen kommenden Bestrafung gleich: Die Botschaft »Schäm Dich!« wäre der direkteste Ausdruck einer Beschämung als pädagogische Maßnahmen (Tiedemann 2013, S. 103). Die gesunde Scham dient in gesellschaftlicher Hinsicht als »Hüterin« der

---

1   Mündliche Mitteilung während der Qualitätskonferenz der Weiterbildungsanbieter im Deutschen Bundesverband Coaching (DBVC) 2010

sozialen Anpassung. Ein Zur-Schau-Stellen unserer Gefühle – oder unserer Nacktheit – wird mit Isolation und Verachtung quasi gesellschaftlich sanktioniert (Tiedemann 2013, S. 105).

Scham hat immer zwei Pole (vgl. Wurmser 2013, S. 60):

- Wofür schäme ich mich? Kern dieses Subjektpols ist der dreifache Makel, bestehend aus Schwäche, Defekt und Schmutzigkeit.
- Wovor schäme ich mich? Beim Objektpol schäme ich mich vor bedeutsamen oder mächtigen Anderen.

Als intersubjektives Geschehen ist es der Blick des Anderen, der in einem komplexen Hin und Her von Täuschen, Verbergen, Enthüllen und Verworfen-Werden Scham auslöst (Schüttauf 2008). Der Blick des Anderen, mag er verachtend oder auch nur vermeintlich verachtend auf einer subjektiv als beschämend empfundenen Schattenseite der eigenen Person ruhen, löst einen Moment der unkontrollierbaren Affektüberflutung aus, im schlimmsten Fall auch noch begleitet von einen »Flush« des Errötens (Seidler 2001; Tiedemann 2013, S. 89).

7.3 Schamangst im Unternehmen – ein Instrument der Selbstverdinglichung

Scham kann als Unterseite eines gesunden oder auch pathologischen Narzissmus verstanden werden: Wenn das Gefühl der Anerkennung ausbleibt, wird dies subjektiv als Scham empfunden. (Tiedemann 2013, S. 39) Das Fehlen der frühen Affektabstimmung und -spiegelung (▶ Kap. 2) kann bei Menschen einen grundsätzlichen Zweifel an ihrer Fähigkeit wecken, emotionale Zustände mit anderen zu teilen. Dies erzeugt ein Gefühl der Einsamkeit und Scham in Bezug auf die eigenen Bedürfnisse. Die Scham ist dabei die Kraft, die die Lebendigkeit der (anderen) Affekte erkalten lässt. Es wird stattdessen eine Maske entwickelt und zur Schau getragen, die suspekt erscheinende Affektivität und Lebendigkeit hinter einem falschen Ideal-Selbst verbirgt und versteckt. (Tiedemann 2013, S. 82).

Unternehmen spiegeln und unterstützen diesen allzu menschlichen Versuch der Selbstidealisierung in einer perfekt konstruierten Unternehmensidentität, der Corporate Identity. In Anpassung an die Corporate Identity sollen sich Führungskräfte betriebsintern und nach außen als Repräsentanten von Tadel- und Makellosigkeit geben. Das Repräsentieren der Firma als sympathisch gehört zum Job dazu. »Schwächen, Defekte, Schmutzigkeit« sind auf den ersten Blick nicht auszumachen. Werden Wachstumsziele verfehlt, oder – gravierender noch – Unregelmäßigkeiten oder Verstöße gegen wirtschafts- und gesellschaftspolitischer Regeln und Normen öffentlich bekannt, ist ein Schuldiger kaum auszumachen. Je größer das Unternehmen, desto undurchsichtiger sind die Prozesse. Um das Unternehmen zu rehabilitieren, kommt es dennoch zur Ausstoßung: Einzelne Führungskräfte werden in die Verantwortung genommen, entlassen oder auch öffentlich an den Pranger gestellt (John u. West-Leuer 2013). Für den Betroffenen eine hochnotpeinliche Angelegenheit, die es in jedem Fall zu vermeiden gilt.

In multinationalen Unternehmen wird der Wert eines Managers an seinen ökonomischen Erfolgen und an Wachstum gemessen. Prosperiert das Unternehmen, ist er der Größte, stagniert das Unternehmen oder muss gar Gewinnwarnungen anzeigen, ist er ein Versager. Diese Abwertung bezieht sich dann nicht auf nachvollziehbare Entscheidungsfehler, die er sich hat zu Schulden kommen lassen und aus denen er lernen wird. Die Abwertung bezieht sich auch nicht nur auf seine Funktion und die damit zusammenhängenden Aufgaben, denen er nicht gerecht wird, sondern überträgt sich auf die ganze Person. Der Manager ist nicht nur in seiner Führungskompetenz, sondern im Kern seines Selbst getroffen (West-Leuer

u. John 2013). Auf mittleren Führungsebenen kann Scham beispielsweise entstehen, wenn Wachstumsquoten nicht erreicht werden; die Schamangst ist so existenziell, dass der Vertriebsleiter Wachstumsquoten vor seinen Mitarbeitern verteidigt und durchzusetzen versucht, die er selbst von vornherein als unrealistisch einschätzt (vgl. Schüttauf 2008). Erreicht er das unrealistische Ziel dann doch, ist er ein Held, mit dem Ergebnis, in Zukunft noch abhängiger von narzisstischen Größenphantasien und abgewehrten Beschämungsängsten zu agieren. Dies zeigt: Nicht-pathogene narzisstische Bedürfnisse nach Anerkennung und nicht-pathogene Schamangst vor Entwertung, Verachtung und Ausstoßung sind emotionale Kategorien, deren sich die Unternehmen bedienen, um ihre Ziele zu erreichen. Die »Interventionen« der Führungskräfte richten sich – häufig unbewusst und nonverbal – an die abgewehrte Schamangst der nachgeordneten Führungskräfte, um diese zu Höchstleistungen zu animieren (nicht motivieren); sie gehen dabei von einen hohen Maß an Identifikation mit den Wachstumszielen des Unternehmens aus und verlangen einen Einsatz, der über eine gesunde Work-Life-Balance weit hinausgeht. Stellt sich der Erfolg in einem nicht ausreichenden Umfang ein, kommt eine diffuse Angst zum Tragen; die Führungskraft sieht die Anerkennung für das Geleistete gefährdet, die häufig zur zentralen sinnstiftenden Kategorie des Lebens und damit lebensnotwendig geworden ist.

Die Scham, die sich nun Bahn zu brechen droht, basiert weniger auf inneren Konflikten zwischen Ich und Überich, oder Ich und Ideal-Ich. Es geht vielmehr um das Selbst, die ganze Person. Scham basiert auf der nun manifesten Erfahrung der Verdinglichung, wenn der eigene Status als Subjekt vom Unternehmen ignoriert, missachtet, verleugnet oder verneint wird. Diese Berufserfahrung wiederholt häufig frühe, kindliche Erfahrung von Wirkungslosigkeit und den daraus resultierenden Versuchen der Selbstverdinglichung, um doch noch Anerkennung von den frühen Bezugspersonen zu erhalten (Tiedemann 2013, S. 27f.).

In vielen Gesellschaften werden die Jahresziele vor einer großen Management- oder Mitarbeitergruppe präsentiert. Nach Ablauf der Periode, Jahr oder Quartal, werden sie wiederum mit den inzwischen erreichten Resultaten vergleichend gezeigt. Vorgesetzte müssen dann zu der Kategorie »missed« ebenso Stellung nehmen wie zu der Kategorie »reached« oder »exceeded«. Das kann sachlich gemeint sein, löst aber bei dem so Beurteilten zwangsläufig Gefühle aus: entweder gewonnen (Freude) oder verloren (Angst/Scham/Schuld/Ärger) zu haben. Die Forderung, auf die Beurteilung sachlich oder rational zu reagieren, wirkt umso bedrückender, weil die Unfähigkeit des Betroffenen, bei »der Sache« zu bleiben, für ihn selbst spürbar ist, auch wenn er seine Emotion nicht nach außen zeigt. Im ungünstigen Fall soll der Beurteilte nicht nur hinnehmen, schlechter beurteilt zu werden, sondern soll – weil die Beurteilungsmaßstäbe transparent und möglichst »fair« gehalten sind – auch die auftretenden Affekte nicht haben. Das ist eine Forderung, die über das reine Akzeptieren der Auswahlentscheidung hinausgeht und zur oben genannten »Verdinglichung« und »Selbstverdinglichung« beiträgt. Die Haltung des Vorgesetzten spielt dabei eine kritische Rolle. In manchen Unternehmen zeigt der oberste Chef seine Ziele nicht, lässt aber andere präsentieren.

7.4   Beratung – immer schambesetzt

Droht durch solche und andere Situationen ein Karriereknick, sucht die Führungskraft selbst oder auch ihr Vorgesetzter Rat bei einem Berater; dieser soll nun Lösungen finden, die sich abzeichnende Kränkungen abwenden und die Angst vor öffentlichem Versagen bannen. Dabei ist das Eingeständnis, Beratung anzustreben, an sich schon beschämend.

Um die Gründe für nachlassende Leistungen oder übertriebene Abhängigkeiten von narzisstischer Anerkennung zu verstehen, bedarf es einer Schärfung der Selbstkenntnis. Doch keine Selbsterkenntnis findet ohne begleitende Schamkonflikte statt. Sehr allgemein gesprochen hat der Klient den Wunsch, in der Beratung gesehen und (an)erkannt zu werden; dieser Wunsch ist jedoch mit der Angst verbunden, entblößt zu werden, und löst somit Schamangst aus (Tiedemann 2013, S. 109).

» Es vergeht wohl kaum eine Stunde der Beratung, in der wir nicht im Schweigen des Klienten, oder im Gerede, im Zorn oder in der Einschüchterung, und vor allem in der Überzeugung eigenen Unwertes, der einen oder anderen Form des Sich-Schämens gewahr werden. (Wurmser 1990, S. 16, zit. bei Tiedemann 2013, S. 63).

Während im Unternehmen Scham umgangen und Schamangst gefördert wird, ist Beratung nur dann erfolgreich, wenn der Klient die Scham erkennt und bearbeitet. Der Berater hat jedoch ein Dilemma, denn Scham ist vermutlich der einzige negative Affekt, der deutlich an Intensität zunimmt, wenn man seine Aufmerksamkeit darauf richtet. Scham fühlt sich an wie unerwartete Bloßstellung, die einen defizitär und minderwertig erscheinen lässt, so die eine Seite der Medaille (Tiedemann 2013, S. 101). Auf der anderen Seite schützt Scham jedoch die Selbstintegrität. Die erfolgreiche Bewältigung von Schamerlebnissen spielt eine wichtige Rolle bei der Entwicklung und Aufrechterhaltung des Selbstkonzeptes und der persönlichen Identität. Dieser »kleine Schmerz«, dieses maßvolle und dosierte Erleben von Scham, ist notwendig, um sich selbst in Frage stellen zu können und somit zu lernen. Wenn der Schamaffekt nicht traumatisierend wirkt, entwickeln sich Ideale, Werte und Selbstkonzepte (Tiedemann 2013, S. 103).

Um der Frage nachzugehen, ob eine Ursache für die Zunahme der Destabilisierung bei Managern auch auf latenten Schamdilemmata beruhen kann, soll daher im Folgenden auf einen Beratungsfall rekurriert werden. Für die Analyse der Schamdynamik des Klienten wird ein Gedächtnisprotokoll der Beraterin und Autorin dieses Beitrags herangezogen. Untersucht werden Metaphern aus den Themenbereichen »Macht versus Ohnmacht« und »Aufdecken versus Verhüllen«, die verdeckte oder umgangene Scham symbolisieren. Metaphern aus dem Bereich »Macht versus Ohnmacht« können Hinweise auf Scham wegen scheiternder Allmachtphantasien enthalten, Metaphern aus dem Themenbereich »Aufdecken versus Enthüllen« Hinweise auf Scham wegen ungewollter Enthüllungen (vgl. Schüttauf 2008).

7.5   Fallanalyse

Der Klient, Herr Adam[2], ist Mitte 30 und Diplom-Ingenieur und gehört als Vertriebsleiter zum mittleren Management eines multinationalen Unternehmens. Er hat eine psychodynamisch orientierte Beraterin aufgesucht, weil er nach einem Karrieresprung und Wechsel des Arbeitgebers vermehrt Stresssymptome bei sich feststellt. Er möchte nicht, dass das Unternehmen von seinen Schwierigkeiten erfährt. Daher trägt er die Kosten des Coachings selbst. Die anfängliche Kriseninvention im Zwei-Wochen-Rhythmus wird später in eine Karrierebegleitung umgewandelt. Der Klient absolviert im Sechs-Wochen-Rhythmus ein jeweils 60-minütiges Beratungsgespräch.

---

2   Name wurde geändert.

7.5.1 **Erster Abwehrversuch**

Fallbeispiel
Der Klient nimmt telefonisch Kontakt zu mir auf, weil er ein Führungskräftecoaching suche. Er sei seit kurzem Abteilungsleiter »Sales« in einem internationalen Konzern, der Zulieferungssysteme für den Maschinenbau produziert. Der Ausflug in die Kultur der globalen Wirtschaft erscheint mir spannend und erfolgversprechend. In die Sitzung kommt Herr Adam gut gekleidet: grauer Anzug, weißes Hemd, Budapester Schuhe, Schlips, freundlich lächelnd und zuvorkommend. Trotz meiner Vorfreude und Neugier beschleicht mich in dem Moment, als ich die Tür öffne und in ein Gesicht voller strahlender Selbstgewissheit schaue, ein unbehagliches Gefühl. Ich habe plötzlich Sorge, hier nicht zu genügen, **nicht das entsprechende Werkzeug für ein Empowerment zu haben**, das notwendig wäre, um die Karrierechancen von Herrn Adam im Unternehmen zu steigern.

Dieser Textausschnitt zeigt, dass die Beraterin auf die äußeren Erscheinung und den Auftritt des Klienten mit der Sorge reagiert, den Kompetenznormen (Hilgers 2006; Schüttauf 2008) eines Business-Coachs nicht zu entsprechen. In seiner Rolle als Managers in einem weltweit agierenden Konzern strahlt der Klient ein hohes Maß an Selbstbewusstsein aus. Die Beraterin reagiert auf diese Ausstrahlung des Klienten mit einem Gefühl des potenziellen Nicht-Genügens. »Nicht-Genügen« oder Ungenügen ist Ausgangspunkt jeden intersubjektiven Schamgeschehens (Schüttauf 2008). Es setzt ein, weil die Beraterin glaubt, nicht über das entsprechende Werkzeug zu verfügen, das den Klienten zur »(Selbst-)Ermächtigung« befähigt – ganz so, als gäbe es derartige Werkzeuge. Die Wahl der Metapher unterstreicht den Teilobjektcharakter, den Beratungsbeziehungen im Mainstream des Business-Coachings häufig haben: Beraten wird nicht die ganze Person. Stattdessen soll die Rolle oder die Funktion, in der sich eine Person befindet, mit entsprechenden Tools nach einem vorgegebenen Muster moduliert werden. Der Klient erwartet passgenaue Ratschläge oder Rezepte zur Verbesserung seiner Management- und Führungskompetenzen. Diese werden – bei einer Eins-zu-eins-Umsetzung – dazu führen, dass er dem eigenen Image und dem vorgegebenen Image eines idealen Managers entspricht, so die illusorische Grundannahme. Diese »Verdinglichung« des Klienten zu einem Objekt, das moduliert werden kann und soll, entspricht dem Gefühl von Entfremdung, das Funktionsträger häufig äußern. Konzept des psychodynamischen Coachings ist es jedoch, die Selbstverdinglichung, die zu Beginn eines Beratungsprozesses vorherrscht, in eine ganzheitliche Beratungsbeziehung zu überführen (West-Leuer 2003).

Die Wahl des Begriffs »Empowerment« ist eine Metapher aus dem Themenkreis »Macht und Ohnmacht« und verweist auf eine narzisstische Dynamik großer Konzerne. Durch eine handwerklich gekonnt durchgeführte »Ermächtigung« des Klienten könnte die Beraterin selbst an Macht, Einfluss und Ansehen gewinnen. Gelingt dies nicht, fällt das Scheitern auf sie zurück. Ihr professioneller Ruf käme zu Schaden. Es würde sichtbar, dass sie den Kompetenznormen nicht genügt, und sie würde von der »professional community« der Business-Coachs ausgeschlossen, so die diffuse Sorge, der ein Modus der Selbstverdinglichung zugrunde liegt.

Als Übertragung oder projektive Identifikation verstanden, lässt sich aus der Inkompetenzscham der Beraterin ableiten, dass der Klient Sorge hat, den Aufgaben seiner Management- und Führungsposition nicht gerecht zu werden. Fach- und Führungskräfte multinationaler Konzerne haben aufgrund der Komplexität ihres Umfelds sehr viele, wenig strukturierte Aufgaben zu bewältigen. Diese sind dadurch gekennzeichnet, dass keine erprobten Lösungswege existieren (Alpar et al. 2008). Das für die Bewältigung solcher Aufgaben notwendige Rüstzeug basiert im Wesentlichen auf Erfahrungswissen. Es umfasst implizites Wissen, das per Definition nicht schriftlich aufbereitet werden oder im Hörsaal gelehrt werden kann (Spender 1996a, b), sondern durch Anleitung, Analogien und Wiederholungen aufgenommen wird (Nonaka u.Takeuchi 1995; Grant 1996; Osterloh et. al 1999). Herr Adam hat dieses Erfahrungswissen nicht, denn er ist »neu« im Unternehmen. Auch hat er keine Führungserfahrung. Sein unmittelbarer Vorgesetzter ist langfristig erkrankt, so dass er keine Anleitung oder Einarbeitung erfährt.

Dass die Aufgaben wenig oder schlecht strukturiert sind, ist in informellen Gesprächen im Unternehmen unstrittig, wird aber offiziell nicht diskutiert. Stattdessen wird die Verantwortung von einer Entscheidungsebenen auf die andere verschoben – immer sind die Anderen schuld. Anmerkungen, dass die Unübersichtlichkeit im schnellen Wachstum des Unternehmens – beispielsweise durch Unternehmenszukäufe – begründet sein könnte, werden abgeschmettert. Die Zukäufe werden als alternativlos im Rahmen von Wettbewerbsfähigkeit und Profitsteigerung im Sinne der Aktionäre begründet. Manager und Führungskräfte zeigen sich dennoch selbstsicher, die propagierten Wachstumsziele zu erreichen, weil Selbstsicherheit von ihnen erwartet wird und sie sich vor Mitarbeitern, Kollegen und Vorgesetzten keine Blöße geben dürfen. Scheitert ein Manager, und bricht beispielsweise der Umsatz im Vertrieb wiederholt ein, oder werden die vom Mutterkonzern vorgegebenen Wachstumsquoten nicht erreicht, verliert er nicht nur an Achtung bei Mitarbeitern, Kollegen und Vorgesetzten, sondern er kann auch seinen Arbeitsplatz verlieren. Trotz der Zahlung gelegentlich hoher Abfindungssummen ist der Absturz kränkend und beschämend, denn der Manager verliert nicht nur seine ökonomische Grundlage, sondern auch seinen Rang in der »professional community« (vgl. John u. West-Leuer 2013).

7.5.2 Zweiter Abwehrversuch

Fallbeispiel

Herr Adam beteuert gleich zu Beginn der ersten Sitzung, er wolle im Coaching ganz offen sein, um möglichst viel über sich, auch über seine Schwächen, zu erfahren. Dieser Wille zur **Selbstoffenbarung** erscheint mir für ein Erstgespräch unangemessen. Ich vermute daher, dass seine Absichtserklärung intrapsychisch Schutz- und Abwehrmechanismen auf den Plan rufen wird. Er wird dann versuchen, eine vielleicht **nicht makellos weiße (Unternehmens-)Weste** vor meinen Blicken zu schützen. Herrn Adams Erläuterungen zu seiner neuen Position lösen in mir den Verdacht aus, dass seine Selbstsicherheit eine **Maske** sein könnte, hinter der sich Ausstoßungs- und vielleicht sogar Existenzängste verstecken. Als Herr Adam von seinen Vorgängern erzählt, die bereits in der Probezeit beziehungsweise nach 18 Monaten entlassen wurden, wirkt das Angebot zur Selbstkritik wie ein Angebot mit dem Rücken zur Wand. Herr Adam erzählt nun, dass er sich Vorwürfe mache, seine alte Firma verlassen zu haben. Er könne kaum schlafen und habe bereits 15 Pfund zugenommen. Als er geht, fragt er mich, ob er Schaden nehmen könne, wenn er sich zwinge, zwei Jahre bei dieser Firma durchzuhalten. Ich verneine dies vorschnell. Bei der Nachbereitung der Sitzung ist mir dies peinlich. Ich habe das Gefühl, Herrn Adam mit einem ganz wesentlichen Anliegen – der berechtigten Angst vor einem »Burnout« – im Stich gelassen zu haben.

Die Bereitschaft zur Selbstoffenbarung ist häufig eine Als-ob-Anpassungsleistung, die die Beraterin besonders ausgeprägt bei Klienten erlebt, die ein empfohlenes oder verordnetes Coaching durchlaufen. Sie ist eine Form des Widerstands gegen das Coaching und kann aufgrund einer Aufspaltung des Ich in eine öffentliche und eine private Seite geleistet werden. Das öffentliche

7

Ich ist das, was der Einzelne nach außen zu sein vorgibt und was ihm in der Arbeitswelt multinationaler Konzerne Wert verleiht und ihn dadurch stabilisiert. Das private Ich bleibt hinter der *Maske* des öffentlichen Ich sorgsam verborgen; es ist der Schatten, der uns unheimlich ist und vor dem wir uns fürchten (Freud 1919; Schüttauf 2008).

Hinter dem Pseudoangebot zur Selbstoffenbarung verbirgt sich häufig Angst vor Idealitätsscham, die auf einer Diskrepanz zwischen Ich und Ideal-Ich beruht (Hilgers 2008). Wenn der Klient »beichtet« und das offenbart, was offensichtlich ist, beispielsweise von »Fehlern« berichtet, die im Unternehmen bereits bekannt sind, wird sich die Strategie der Beratung auf offensichtliche, leicht zu korrigierende Fehler beschränken, die dem Ideal-Ich keinen Abbruch tun, so die unbewusste Hoffnung. Das frühe Angebot zur Transparenz und Offenheit könnte eine solche Verschleierungstaktik sein. Die Beraterin scheint dies dem Klienten zu unterstellen, wenn sie von einer **»nicht makellos weißen Weste«** des Klienten oder des Unternehmens spricht. Weiß ist die Farbe der Unschuld. Hat der Klient eine »weiße Weste«, ist er unschuldig und hat in der Beratung nichts zu befürchten. Die redundante Verwendung der zwei Adjektive »makellos« und »weiß« deckt den Verdacht der Beraterin auf, dass die äußerlich »saubere« Kleidung – das im Business-Bereich weit verbreitete weiße Hemd – gegebenenfalls von möglichen Unregelmäßigkeiten ablenken soll. Ein ästhetisch ansprechendes Corporate Design entspricht auf Unternehmensseite dem weißen Hemd des Klienten.

Herr Adams Erläuterungen über seine Position zeigen, dass sich hinter der nach außen untadeligen Selbstrepräsentation des Klienten weniger Ängste vor Idealitätsscham, sondern durchaus begründete Ängste und Scham vor Ausstoßung verbergen. Das Schicksal seiner Vorgänger im Unternehmen deutet darauf hin, dass der Vertrieb personellen Turbulenzen ausgesetzt war, die Spuren hinterlassen haben. Der Vertriebsleiter könnte Sündenbock-Funktionen erfüllen, weil das Unternehmen sich nicht an die deutsche Unternehmenskultur anpassen will oder kann. Alle »Sünden« der deutschen Tochter werden auf den Leiter des Vertriebs projiziert. Wird er in die Wüste gejagt, trägt er die Sünden aller mit sich fort, und das Unternehmen ist von Schuld und Scham befreit. In diesem Zusammenhang mag Herr Adams zur Schau getragene Selbstsicherheit für seine Position im Unternehmen unabdingbar sein, um nicht das gleiche Schicksal wie die beiden Vorgänger zu erleiden. Eine Entlassung aufgrund fehlender Compliance stellt eine **existenzielle Beschämung** dar. Denn ein Prozess sozialer Ausstoßung aktiviert immer auch internalisierte archaische Ängste vor Desintegration.

Herr Adams Existenzängste sind kein Einzelfall. Der häufig zitierte, oft auch reale Wettbewerbsdruck in multinationalen Unternehmen begünstigt eine »Hire-and-Fire«-Mentalität. Re-Organisationen sind häufig und erzeugen interne Rivalitäten, die, anders als externe Konkurrenz, welche lustvolle und konstruktiv wirkende Aggressionen freisetzen kann (▶ Kap. 9), meist destruktive Auswirkungen hat. Durchaus üblich sind unternehmensinterne Management-Qualifizierungsmaßnahmen, die über einen möglichen Aufstieg im Unternehmen entscheiden. Diese Qualifizierungsmaßnahmen haben oft den Charakter von Assessment-Centern und verursachen nicht selten existenzielle Beschämung der Beteiligten. Bei einer Corporate Identity, die von einem Selbstverständnis des »dedicated to excellence« ausgeht, erleben die im Contest Unterlegenen implizit, nicht zu den Exzellenten zu gehören (John u. West-Leuer 2013).

Die **»makellos weiße Weste«**, die Herr Adam präsentiert, steht auch im Kontrast zur Geschichte des Unternehmens. Schon mit seiner Gründung musste der Gesamtkonzern »Altlasten« der Unternehmenssparte übernehmen, zu der die deutsche Tochtergesellschaft gehört: Die Altlasten resultierten aus dem Umstand, dass die Unternehmenssparte bis zu Beginn des Jahres 2000 toxische Materialen in ihren Produktionsverfahren einsetzte. Die Annahme der Beraterin, dass ein tadelloses Auftreten, die feinen und tadellosen Anzüge der Manager im Außen von Unregelmäßigkeiten oder Schuld im Inneren der Unternehmen ablenken, erfährt durch diesen Einzelfall Unterstützung. Was ein Unternehmen durch einen tadellosen Auftritt abwehrt, ist die öffentliche Auseinandersetzung mit einem Schuld-Scham-Dilemma, das transgenerativ weitergereicht wird, ohne dass sich die Führungskräfte dessen bewusst sind (John u. West-Leuer 2013).

7.5.3 Dritter Abwehrversuch

Fallbeispiel
In der nächsten Sitzung hat Herr Adam ein konkretes Anliegen. Von einem Mitarbeiter seiner Abteilung wurde vergessen, einen wichtigen Auftrag an die Produktion weiterzugegeben, so dass ein Großkunde auf Wochen nicht beliefert wurde. Für den Kunden entstanden Schäden in Millionenhöhe, da eine neue Maschine nicht in Betrieb genommen werden konnte. Der Gruppenleiter deckte seinen Mitarbeiter. Erst als die Geschäftsleitung des Kunden persönlich bei Herrn Adam anruft, erfährt dieser von dem Vorfall. Es droht ein Rechtsstreit mit erheblichen Schadensersatzansprüchen, der nur unter großen Zugeständnissen abgewendet werden kann. Die Frage, was den Mitarbeiter oder den Gruppenleiter zu dieser unbewussten **Sabotage** bewogen haben könnte, fällt mir zunächst nicht ein. Herr Adam wirkt so ruhig, gefasst und freundlich und fragt sich, wie er die Ressourcen dieser beiden Mitarbeiter aktivieren könne, damit solche Fehlleistungen in Zukunft nicht passieren. Wir suchen gemeinsam nach Strategien und Incentives, wie er seine Mitarbeiter besser motivieren könnte.

Fehlleistungen und unbewusste Sabotageakte sind für eine Unternehmenskultur charakteristisch, die systematisch primärprozesshafte Impulse und Strebungen zu kontrollieren versucht. Das Unbewusste entfaltet – als Reaktion auf den Versuch, es zu beherrschen – destruktive Tendenzen. **Sabotage** kann im Kontext multinationaler Unternehmen dadurch verursacht werden, dass alle Mitarbeiter – auch die Führungskräfte sehr großer, unübersichtlicher Einheiten – schon mit ihrem Eintritt in den Konzern in gewissem Umfang de-personalisiert werden. Sie bekommen eine Nummer, die deutlich sichtbar auf dem Mitarbeiterausweis an der Kleidung getragen wird. So ordnen sie sich als »Rädchen« in das Gesamtgefüge von Organisation und Strategie ein. Je größer das Unternehmen, desto stärker ausgeprägt ist auch die Arbeitsteilung bzw. Spezialisierung. Daraus resultiert auch ohne besondere Belastungen eine gewisse Entfremdung. Der Mitarbeiter multinationaler Konzerne mutiert zum Produktionsmittel, dem Humankapital, das im Produktionsprozess – ähnlich wie andere Inputfaktoren – »verbraucht« wird. Eine solche Verdinglichung bewirkt immer auch Scham, die jedoch geleugnet werden muss. Ein Sabotageakt kann als ein Racheakt für diese beschämende Selbstverdinglichung verstanden werden (vgl. West-Leuer u. John 2013).

Das Unternehmen ist relativ klein, und die vor Ort tätigen Mitarbeiter sind dem Geschäftsführer persönlich bekannt. Herr Adam versucht, seiner Führungsrolle gerecht zu werden, indem er als Motivationscoach agiert. Er behandelt seine Mitarbeiter fast therapeutisch. Dabei trifft er auf den »inneren Saboteur« seiner Mitarbeiter, den Leistungszurückhalter, der seine Arbeitskraft schont und sich nicht im Über-Engagement für die Firma verschleißen lassen will. Bewusst versucht fast jeder, sein Bestes zu geben. Wenn dies nicht ausreicht beziehungsweise nicht entsprechend anerkannt wird, rächen sich die Mitarbeiter am Unternehmen für die mit zu verantwortende Selbstverdinglichung mit **Leistungszurückhaltung** und **Fehlleistungen**. Das Fallbeispiel zeigt, wie einzelne Mitarbeiter – als Reaktion auf Degradierung, Depotenzierung oder Überforderung – ihr destruktives Potenzial ins Unbewusste abdrängen, wo es eine umso unkontrollierter Wirksamkeit entfaltet (vgl. West-Leuer 2009).

7.5.4 Scheitern des zweiten Abwehrversuchs und erste Bearbeitung

Fallbeispiel

Erst in der nächsten Sitzung frage ich Herrn Adam, ob er denn nicht ärgerlich oder wütend auf die »Saboteure« unter seinen Mitarbeitern sei, eine Frage, die er auffällig schnell verneint. Ich konfrontiere ihn mit meiner Vermutung, dass er den Vorfall vor sich bagatellisiere. Und dass sein Hang zum Bagatellisieren in einem Zusammenhang mit seinen körperlichen Symptomen stehen könnte, die ich in der ersten Stunde vielleicht vorschnell übergangen habe. Herr Adam wirkt nun erleichtert (weil er sich verstanden fühlt?) und erzählt, dass er vor einigen Wochen einen Vortrag über Burnout besucht habe. Er habe die Symptome erkannt und deswegen ein psychodynamischen Coach gesucht. Vielleicht benötige er ja eine Therapie.

Multinationale Unternehmen agieren in unterschiedlichen Kultur- und Rechtskreisen. Allein daraus ergeben sich vielfältige Dilemmata. Leittragende sind die Manager auf den »oberen« Ebenen in den Zentralbereichen des multinationalen Unternehmens oder die lokalen Geschäftsführer (vgl. John u. West-Leuer 2013). So zeigt sich im weiteren Verlauf des Coaching, dass Herr Adam immer wieder in solche strukturellen Konflikte gerät. Sein Fachvorgesetzter in den USA erwartet, dass er die B-Performer unter seinen Mitarbeitern innerhalb kürzester Zeit durch A-Performer ersetzt, während der deutsche Geschäftsführer aber auf den deutschen Kündigungsschutz verweist und sein Veto einlegt. Der Sabotageakt kann als unbewusste »Kampfankündigung« seiner Mitarbeiter verstanden werden, für den Fall, dass er sich zu sehr auf die Seite seines amerikanischen Fachvorgesetzten schlägt. Dass Herr Adam von dem Sabotageakt erst durch den Kunden erfährt, weist auf eine gravierende Führungsschwäche hin. Wahrscheinlich bedingen die fehlenden Führungserfahrungen die Überforderung. Nur seine klugen Verhandlungen mit dem Kunden und die schützende Hand des deutschen Geschäftsführers, der die Turbulenzen in der Leitung des Vertriebs nicht wiederholen möchte, retten ihn in seiner Position. Der peinliche Vorfall wird nun von ihm bagatellisiert; die darunterliegende Scham wird in Form von depressiven Symptomen abgewehrt, die mit Burnout-Symptomen identisch sind. Nachdem es möglich war, den Klienten mit solch unangenehmen Reflexionen in Kontakt zu bringen und dieses Szenario in der Beratung »durchzuspielen«, ist von Burnout nicht länger die Rede. Langfristig und nach Ausscheiden des deutschen Geschäftsführers wurden sowohl der Gruppenleiter als auch der »vergessliche« Key-Account-Manager von Herrn Adam zunächst versetzt; beide haben dann die Firma verlassen.

7.5.5 Weitere Schritte der Bearbeitung

Fallbeispiel

Nach einigen Sitzungen habe ich das Gefühl, dass der Beratungsprozess stagniert. Immer wieder erzählt Herr Adam, was er eigentlich in seiner Position tun müsse und wie er dabei an den internen Firmenstrukturen scheitere. Ich bespreche den Fall in der Supervision. Die Supervisorin bittet mich, zu beschreiben, was für ein Mensch Herr Adam denn sei. Ich erzähle: Wenn ich ihm die Tür öffne, habe ich das Gefühl, einen kleinen Jungen vor mir zu habe, der mich aus freundlichen Augen hoffnungsvoll anschaut. Die Supervisorin vermutet auf diese Schilderung hin, dass sich Herr Adam seine Führungsaufgabe nicht zutraut und Angst davor hat, von seinen Mitarbeitern durchschaut zu werden. Ich habe eine Idee: Er fühlt sich dann wie ein **Hochstapler**. Und füge hinzu: Ich fühle mich selbst wie eine **Hochstaplerin**, wenn ich mich in einem internationalen Unternehmen als Business-Coach bezeichne. Als ich Herrn Adam diese Interpretation anbiete: Haben Sie vielleicht manchmal das Gefühl, Sie tun nur so, als seien Sie Leiter der Abteilung »Sales«, und Ihre Mitarbeiter könnten Sie durchschauen, lacht er, als fühle er sich ertappt. Nach dieser Sitzung implantiert Herr Adam einen strukturierten Austausch mit seinen für »Produktion« und »Finanzen« zuständigen Kollegen auf Abteilungsleiterebene. Er sorgt für verbindliche fachspezifische Fort- und Weiterbildungen seiner Mitarbeiter im Innen- und Außendienst, damit diese in Zukunft ihren Anforderungen zunehmend kompetenter nachkommen können. All dies setzt er bei der deutschen Geschäftsführung und seinem amerikanischen Fachvorgesetzten ohne große Widerstände durch.

Repetitive, leere Reden sind eine weitere Methode der Schamabwehr. Coach und Klient könnten Handlungsstrategien besprechen, mit welchen Methoden oder Tools die »Schwächen«, die Herr Adam benennt, zu beheben sind. Dabei langweilt sich die Beraterin, weil sie aus Erfahrung weiß, dass solche Strategien keine nachhaltigen Veränderungen in Gang setzen. Gleichzeitig schämt sie sich, dem Klienten nicht weiterhelfen zu können; sie versucht, diese Scham mit Hilfe eines gewissen Ärgers über die langweiligen, sich wiederholenden Erzählungen vor sich und vor dem Klienten zu verbergen. In dieser Situation holt sie sich selbst Hilfe, in dem sie den Fall »schamfrei« in die Supervision einbringt.

Die Metapher der Hochstapelei, die die Beraterin in ihrem Bericht benutzt, deutet darauf hin, dass beide eine Maske tragen. Denn bei Enthüllung droht **ödipale Scham**, weil sie sich selbst überschätzen und damit gegen das gesellschaftliche Gebot der Bescheidenheit verstoßen (Schüttauf 2008; West-Leuer u. John 2013). Theoretisch haben Beraterin und Klient jedoch die erforderlichen Qualifikationen. Sie trauen sich selbst die Kompetenz jedoch nicht zu. Durch diese Erkenntnis der Beraterin gelingt es, aus der gemeinsamen Ohnmachtsfalle herauszufinden, indem sie die zugrunde liegende ödipale Scham nicht länger abwehren (vgl. Benjamin 2010). Prognostisch besonders günstig ist die Tatsache, dass Herr Adam lachen kann, als die Beraterin ihn fragt, ob er vielleicht schwindle, wenn er sich als Führungskraft ausgibt. Das Lachen zeigt, dass er die Scham nicht nur akzeptiert, sondern auch sublimiert: Affektüberflutung und Mikrotrauma finden nicht statt. Das Lachen stellt Distanz her, und die Absurdität seiner Befürchtung, die sich auf frühe Schamerfahrungen bezieht, wird spürbar. Herr Adam muss nicht länger vorgeben, er sei eine Führungskraft (role playing). Er nimmt die Rolle (role taking) und ist nun Führungskraft.

7.5.6 Die Grenzen der Scham-Beratung

Fallbeispiel
Ich freue mich über diese positive Entwicklung und habe das Gefühl, dass Herr Adam nun Führungsfunktionen so übernimmt, wie es seiner Position entspricht. Die Frage, was Herr Adam denn für ein Mensch ist, würde ich nun anders beantworten: kein kleiner Junge, sondern ein junger Mann, der sich selbst reflektiert und reguliert und in einem emanzipativen Sinne auch andere führt. Allerdings weiß ich nichts, oder fast nichts, über sein Privatleben. Das finde ich irgendwie schade und für eine mittlerweile vertrauensvolle Beratungsbeziehung ungewöhnlich. Da Herr Adam weiterhin gerne zum Coaching kommt – wir wandeln die kurzfristige Krisenberatung in Karrierebegleitung um – und mit unserer Arbeit in den Sitzungen zufrieden ist, spiele ich mit der Idee, diesen mir fehlenden Beziehungsaspekt anzusprechen. Anschließend verwerfe ich die Idee.

Im ursprünglichen Sinn (der Schöpfungsgeschichte) ist Enthüllung ein körperliches Entblößen als Urbild des Schamerlebens (▶ Kap. 4, 7). Die Beraterin könnte aufdecken, dass ihr in der Beziehung zum Klienten eine gewisse Nähe fehlt; sie macht es daran fest, dass er wenig über sein Privatleben preisgibt. Aspekte des gegenwärtigen oder vergangenen Privatlebens könnten wichtige Hinweise auf Ursachen für »Hochstapelei« am Arbeitsplatz enthalten. Natürliche Intimitätsscham ist wesentlicher Bestandteil eines gesunden Selbstkonzepts und garantiert Selbstintegrität. Sie hilft entscheiden und einschätzen, ob und inwieweit Persönliches in die spezifischen Unternehmenskultur konstruktiv eingebracht werden kann. So gibt die Beraterin ihren Anspruch auf, mehr »Intimes« über den Klienten zu erfahren. In einem selbstreflektorischen Sinne ist ein »Führen mit Gefühl« nur unter Wahrung der persönlichen Schamgrenzen des Klienten möglich und steht im Gegensatz zur Eingangsbehauptung des Klienten, »ganz offen« zu sein. Ist der Rahmen des zu Besprechenden vorab weiter gesteckt als im vorliegenden Fall, wird auch Privates und Persönliches Thema im Coaching sein.

Das Fallbeispiel zeigt die Bewegung eines affektiven »Auf versus Zu«, »Aufdecken versus Verhüllen« im Umgang mit Scham und Schamabwehr in der Beratungsbeziehung. Im Ergebnis entstehen neue Selbsterfahrungen. Sie bewirken, dass der Klient aus der Überforderungsfalle aussteigen kann, in der er aufgrund seiner überzogenen narzisstischen Ansprüche an sich selbst geraten war. Die Bearbeitung ermöglicht es ihm, auf der Basis realistischer Ideale und Werte in seine Führungsposition hineinzuwachsen.

7.6 Fazit: Hinweise auf überzogene Scham und Schamabwehr

Manager und Führungskräfte sind in doppelter Form von Schamdynamiken tangiert. Zum einen haben sie selbst eine Schamgeschichte, die sie häufig vor sich und ihren Mitarbeitern zu verbergen suchen. Zum anderen haben ihre nachgeordneten Führungskräfte und Mitarbeiter Angst vor Beschämung durch Vorgesetzte.

Das Fallbeispiel hat gezeigt, dass Scham als eine ganze Palette von eng verwandten Affekten und nicht als ein simpler, klar abgegrenzter Einzelaffekt verstanden werden muss. Oft werden Schamprobleme von anderen Affekten, häufig Angst, maskiert (▶ Kap. 5). Die Befürchtungen sind vielfältig. Niemand möchte als schwach angesehen werden, sich lächerlich machen, bloßgestellt und verspottet werden. Aus einer diffusen Angst vor Bloßstellung wagt es keiner, das Offensichtliche zu benennen. Wenn etwas unverständlich ist, stellt selbst im Aufsichtsrat niemand eine Frage; jeder befürchtet, der Einzige zu sein, der etwas nicht versteht. Wenn jemand dann den »white elephant in the room« erwähnt, ist die Erleichterung groß.

Alltägliche Formen der Vermeidung von Scham und Schamangst sind »leeres Reden« (schön, dass wir mal darüber gesprochen haben) oder das Aufsetzen eines Pokerface. Auch ein »eingefrorenes Gesicht« kann ein Hinweis auf zurückgehaltene Schamkonflikte sein, oder die »Flucht nach vorn«: Durch forsches, laut polterndes Auftreten sollen Schamängste und Peinlichkeitsgefühle (über-)kompensiert werden. Kontraphobisch kann auch exzessives oder exhibitionistisches Sich-zur-Schau-Stellen die Angst vor unkontrollierter Affektüberflutung eindämmen helfen. Schamgefühl wird auch auf Mitarbeiter, Kollegen oder Vorgesetzte projiziert. Diese werden dann durch machtvolles Agieren und Einschüchterungen in Schach gehalten. Humor und Lachen über sich selbst zeugen von konstruktiver Distanz zu dem schmerzhaften Affekt (vgl. Tiedemann 2013, S. 92).

Scham kann als ein Zentralaffekt verstanden werden, von dem aus sich Motivationshemmnisse und Minderleistungen im Arbeitsalltag erklären lassen. Scham und Schamgefühle hemmen und limitieren Freude und Lust an der Arbeit. Sie treffen das Selbst in seiner Existenz und sind nach meiner Überzeugung eine der häufig unterschätzten Ursachen biopsychosozialer Entgleisungen und von Burnout-Symptomatiken. Von daher ist es eine wesentlichen Führungsaufgabe, im Unternehmen für ein Klima und eine Kultur zu sorgen, in dem die natürliche Scham der Menschen (im Sinne von Würde) geschützt und Beschämung möglichst vermieden wird (vgl. Tiedemann 2013). Dazu müssen sich die Führungskräfte der eigenen Scham wohlwollend stellen und sie bearbeiten. Ausgehend von diesem Selbstverständnis gelingt es dann besser, sich in nachgeordnete Führungskräfte, Kollegen und Vorgesetzte einzufühlen und ein gesundes Maß an Schamfreiheit (nicht zu verwechseln mit Schamlosigkeit) in der Unternehmenskultur zu implantieren.

Literatur

Alpar, P., Grob, H.-L., Weimann P., & Winter R. (2011). *Anwendungsorientierte Wirtschaftsinformatik. Strategische Planung, Entwicklung und Nutzung von Informations- und Kommunikationssystemen.* Wiesbaden: Vieweg.

Bäcker, R. (2010). Management-Risiken. Überlegungen zum »Derailment« von Führungskräften. *Organisationsberatung Supervision Coaching* 17(4), 387–404.

Benjamin, J. (2010). Tue ich oder wird mir angetan? Ein intersubjektives Triangulierungskonzept. In M. Altmeyer & H. Thomä (Hrsg.), Die vernetzte Seele. *Die intersubjektive Wende in der Psychoanalyse* (pp. 65–107). Stuttgart: Klett-Cotta.

Freud, S. (1919/1994). Das Unheimliche. In S. Freud, *Studienausgabe. Psychologische Schriften* (Bd. IV, S. 241–274). Frankfurt a. M.: Fischer.

Ghoshal, S., & Nohria, N. (1993). Horses for Courses: Organizational Forms for Multinational Corporations. *Sloan Management Review* 34(2) 23–35.

Grant, R. M. (1996). Toward a Knowledge-based Theory of the Firm. *Strategic Management Journal* 17, 109–122.

Grimmer, B., & Neukom, M. (2009). *Coaching und Psychotherapie. Gemeinsamkeiten und Unterschiede – Abgrenzung oder Integration.* Wiesbaden: VS Verlag für Sozialwissenschaften.

Hilgers, M. (2006). *Scham. Gesichter eines Affekts.* Göttingen: Vandenhoeck & Ruprecht.

John, E.-M., & West-Leuer, B. (2013). Coaching Multinational Companies – an Interdisciplinary Analysis of a Management Consultant's Case Narrative. *Procedia – Social and Behavioral Sciences* 82, 628–637.

Nonaka, I., & Takeuchi, H. (1995). *The Knowledge-Creating Company: How Japanese Companies Create the Dynamics of Innovation.* Oxford. Oxford University Press.

Osterloh, M., Frey, B. S., & Frost, J. (1999). Was kann das Unternehmen besser als der Markt? *Zeitschrift für Betriebswirtschaft* 11, 1245–1265.

Schüttauf, K. (2008). Die zwei Gesichter der Scham. *Psyche* 62 (9/10), 840–865.

Seidler, G. H. (2001). *Der Blick der Anderen. Eine Analyse der Scham.* Stuttgart: Klett-Cotta.

Spender, J.-C. (1996a). Organizational knowledge, learning and memory: three concepts in search of a theory. *Journal of Organizational Change Management* 9(1), 63–78.

Spender, J.-C. (1996b). Making Knowledge the Basis of a Dynamic Theory of the Firm. *Strategic Management Journal* 17, 45–62.

Tiedemann, J. L. (2013). *Scham.* Gießen: Psychosozial.

West-Leuer, B. (2003). Von Ist-Zustand zu Ist-Zustand: Coaching als spiraler Prozess. In B. West-Leuer, & C. Sies (Hrsg.), *Coaching – Ein Kursbuch für die Psychodynamische Beratung* (S. 95–124). Stuttgart: Pfeiffer at Klett-Cotta.

West-Leuer, B., & John, E.-M. (2013). Psychodynamic Coaching in Multinational Companies – An Interdisciplinary Case Analysis. *Procedia – Social and Behavioral Sciences* 82, 502–510.

Wurmser, L. (2013). *Die Maske der Scham. Die Psychoanalyse von Schamaffekten und Schamkonflikten.* Heidelberg: Springer.

Trauer und Depression – gelingende und misslingende Bewältigung von Veränderung im Management

Bernhard Grimmer

E.-M. Lewkowicz, B. West-Leuer (Hrsg.), *Führung und Gefühl*,
DOI 10.1007/978-3-662-48920-8_8, © Springer-Verlag Berlin Heidelberg 2016

Veränderung bedeutet Abschied und Neuanfang. Etwas zurücklassen und aufgeben zu müssen, was einem wichtig und vertraut ist, löst Trauer aus. Noch nie hatten Führungskräfte so viele Veränderungen in so kurzer Zeit zu managen wie heute. Dabei sind sie mit ihrer eigenen Trauer und der ihrer Mitarbeiter konfrontiert, die sie bewältigen müssen. In der gegenwärtigen Literatur zu Management und Führung spielt Trauer jedoch keine Rolle. Stattdessen stehen Burnout und Depression im Kontext von Beschleunigung und Arbeitsverdichtung im Zentrum der Diskussion. Aus psychologischer Sicht gibt es enge Verbindungen und wichtige Unterschiede zwischen Trauer und Depression. Wenn Trauer nicht wahrgenommen, erlebt und bewältigt wird, steigt das Risiko, an bestimmten Formen von Depressionen zu erkranken. Man kann sich deshalb fragen, ob die massive Zunahme von Krankheitstagen und Arbeitsausfällen aufgrund von Erschöpfungszuständen und Depressionen, wie sie Daten der Krankenversicherer seit Jahren belegen (IGES-Institut 2013) und von der viele Führungskräfte des mittleren Managements betroffen sind (Wagner et al. 2013), auch mit einer Unfähigkeit zu trauern zusammenhängt.

Im Folgenden werden der Zusammenhang von Trauer und Depression bei Führungskräften und die gesundheitserhaltende Wirkung der Trauerarbeit untersucht. Am Anfang wird die Emotion Trauer und dann die psychische Funktion der Trauerarbeit beschrieben. Das Verhältnis von Trauer und Depression wird im zweiten Teil beleuchtet. Schließlich folgt eine vertiefte Auseinandersetzung mit Trauer und Depression bei Führungskräften anhand von Fallbeispielen aus Coaching und Organisationsberatung.

8.1   Trauer und Trauerarbeit

Trauer ist eine emotionale Reaktion auf Veränderung, Trennung und Verlust. Sie zeigt uns, dass wir jemanden verloren haben, den wir geliebt haben, oder uns etwas verloren gegangen ist, was uns bedeutungsvoll und vertraut war.

Die Symptome der Trauer sind vielfältig: psychischer Schmerz, Sehnsucht und Vermissen, Verzweiflung, Niedergeschlagenheit, Einsamkeitsgefühle, aber auch Wut, Enttäuschung und Klage über den Verlust. Hinzu können körperliche Symptome wie Schlafstörungen oder Appetitlosigkeit kommen.

Wie wir Trauer erleben und die Verlusterfahrung bewältigen, ist sehr individuell. Es lassen sich dennoch häufig zu beobachten typische Phasen eines Trauerprozesses unterscheiden: Nach anfänglichem Erleben, wie betäubt zu sein, setzen Gefühle des Vermissens und der Sehnsucht ein. Die Hoffnung auf eine Wiederkehr des Verlorenen kann noch nicht aufgegeben werden. Mit der Zeit setzt sich dann die Erkenntnis des unwiederbringlichen Verlusts durch, was erst zu großer Trauer, manchmal bis zur Verzweiflung, und schließlich zu dessen Anerkennung führt. Eine Phase der Ablösung und Neuorientierung kann beginnen (Bowlby 1980).

Freud (1917) hat das Trauern als eine schmerzhafte, aber für die Gesundheit wichtige psychische Arbeit beschrieben. Zunächst ist im Zuge der Trauerarbeit zu realisieren und anzuerkennen, dass die geliebte Person nicht mehr existiert oder zumindest nicht mehr für die Erfüllung meiner Wünsche zur Verfügung steht. Gelingt diese manchmal äußerst schmerzhafte Anerkennung der Realität des Verlusts nicht und wird sie stattdessen verleugnet, droht eine depressive Entwicklung oder im schlimmsten Fall sogar eine wahnhafte Verkennung der Realität. Mit der Anerkennung des Verlusts beginnt die Ablösung vom Verlorenen. Erinnerte Erlebnisse können nochmals durchlebt und die starke Bedeutung und emotionale Besetzung des Verlorenen zumindest teilweise zurückgenommen werden. Dadurch wird die Zuwendung zu etwas Neuem, zu anderen Menschen oder Dingen möglich. Gelingen der emotionale Besetzungsabzug und die Ablösung vom Verlorenen gar nicht, so droht ein melancholisches Festhalten am Vergangenen, was die Vitalität, die Zuwendung zu Neuem und die Bereitschaft zu Veränderungen hemmt.

Trauer setzt Liebesfähigkeit und Bindung voraus. Sie signalisiert, dass geliebt und begehrt wurde, was nun vermisst wird. Sie wird im Lebensverlauf spürbar, wenn Veränderung geschieht, Geliebtes und Vertrautes aufgegeben werden muss. Dies ist besonders der Fall bei den Übergängen zwischen verschiedenen Entwicklungs- und Lebensphasen, etwa wenn die erwachsen gewordenen Kinder das Elternhaus verlassen oder vom Berufsleben in den Ruhestand gewechselt wird und natürlich beim Tod geliebter Menschen. Zuletzt verweist die Trauer auf die Begrenztheit des Menschseins, auf Tod und Vergänglichkeit. Trauer ist deshalb nicht nur eine Reaktion auf einen äußeren Verlust oder eine Veränderung in der Umwelt. Sie entsteht auch, wenn unerreichbare und unrealistische Ziele aufgegeben werden müssen oder wenn eigene Entscheidungen dazu führen, dass eine Wahl für etwas zugleich der Verzicht auf etwas anderes bedeutet. Durch die Trauerarbeit, in welcher Form auch immer sie stattfindet, wird gleichzeitig Verlorenes und Vergangenes in ihrer persönlichen Bedeutung gewürdigt und Anpassungsfähigkeit an neue Bedingungen hergestellt.

8.2   Trauer und Depression

Das Erleben, die Dauer und die Ausdrucksformen der Trauer wie der Trauerarbeit sind sehr individuell, aber genauso soziokulturell beeinflusst und ausgestaltet. Trauer ist immer auch sozial konstruiert, wie die unterschiedlichen Trauerrituale und das wechselhafte medizinische und psychologische Verständnis von Trauer im historischen Verlauf verdeutlichen (Frevert 2013). Dies zeigt sich beispielsweise in der Entwicklung des von der Amerikanischen Psychiatrischen Vereinigung herausgegebenen international gebräuchlichen Diagnosemanuals Psychischer Störungen DSM (American Psychiatric Association 2013). Bei einer komplizierten und anhaltenden Trauerreaktion entwickeln Betroffene ähnliche Symptome wie bei einer Depression: Niedergeschlagenheit, Antriebslosigkeit, Verzweiflung und Hoffnungslosigkeit, Konzentrationsschwierigkeiten, Schuld- oder Minderwertigkeitsgefühle, Appetitverlust oder Schlafstörungen. Bis vor kurzem galt, dass eine Trauerreaktion, sofern sie nicht mindestens zwei Monate (in der vorletzten Ausgabe DSM 3 sogar noch ein Jahr) anhielt, von einer depressiven Erkrankung zu unterscheiden sei und nicht als solche klassifiziert werden durfte. In der neuesten Ausgabe (DSM 5) gilt bereits nach zwei Wochen eine solche Trauerreaktion als krank, und die Diagnose einer Depression kann gestellt werden. Dadurch wird eine zuvor als normal und gesund angesehene Trauerreaktion pathologisiert und droht im gegenwärtig populären Depressionskonzept aufzugehen. Wo bisher die psychische Arbeit im Sinne der Selbstheilungskräfte und die Zeit die Wunden heilten, können nun sehr schnell Psychopharmaka und Psychotherapie zum Einsatz kommen.

Diese Entwicklung wirft die Frage auf, ob Trauer womöglich ein unzeitgemäßes Gefühl ist, weil sie ihre Zeit braucht und zu einem vorübergehenden Stillstand führen kann. Dazu passt, wie erwähnt, dass in der gegenwärtigen Diskussion zu Führung und in der aktuellen Management- oder Coaching-Literatur der Begriff der Trauer kaum auftaucht, während Depression und Burnout in aller Munde sind.

Trauer und Depression sind verschiedene Möglichkeiten, auf Verluste und Trennungen zu reagieren. In seiner für das psychodynamische Verständnis von Trauer grundlegenden Arbeit »Trauer und Melancholie« spitzt Freud (1917, S. 431) den zentralen Unterschied so zu: »Bei der

Trauer ist die Welt arm und leer geworden, bei der Melancholie (wie Freud die Depression bezeichnete, B.G.) ist es das Ich selbst.« Während bei der Trauer der schmerzhafte Verlust und die Beschäftigung mit dem Verlorenen im Vordergrund stehen, dominieren im depressiven Erleben ein stark beeinträchtigtes Selbstwerterleben, Selbstanklagen, Versagensgefühle, Hilf- und Hoffnungslosigkeit, Schuldgefühle oder Enttäuschungswut. Hinzu kommt der Verlust von Vitalität, Antrieb und Motivation.

Hilf- und Hoffnungslosigkeit überwiegen, wenn ein Gefühl der Abhängigkeit von der verlorenen Person und kein Vertrauen in die eigenen Selbststeuerungsmöglichkeiten bestehen. Die Schuldgefühle entstehen, wenn der Betroffene den Eindruck hat, durch eigenes aggressives Handeln Menschen verletzt oder verloren zu haben. Oder aber er wendet Wut und Enttäuschung, die ursprünglich der verlassenden Person galten, gegen sich, was zu Selbstanklage bis hin zur Suizidalität führen kann. Versagensgefühle, Minderwertigkeitsgefühle, aber auch gegen sich selbst gewendete Enttäuschungswut treten auf, wenn eigene hohe Ich-Ideale trotz höchster Anstrengung und Verausgabung nicht erreicht werden.

Wie beschrieben stellt Trauerarbeit eine gesundheitserhaltende Form der Bewältigung von Trennung und Verlusterfahrungen dar. Jedenfalls für einen Teil depressiver Entwicklungen gilt, dass wichtige Aspekte dieser psychischen Arbeit nicht gelingen. Die Nicht-Akzeptanz oder Verleugnung der Realität eines unwiederbringlichen Verlusts oder eines unerreichbaren Ziels spielen bei den heute weit verbreiteten Erschöpfungsdepressionen (Grimmer 2015) eine große Rolle. Oft sind die Betroffenen bereit, sich bis zur Erschöpfung grenzenlos zu verausgaben, um Ziele zu erreichen, die unter den gegebenen Umständen unerreichbar sind. Sie versuchen beispielsweise, bestehende Grenzen und strukturelle Probleme in Organisationen durch grenzenlosen persönlichen Einsatz und Verausgabung zu kompensieren, ehe sie erschöpft, resigniert und desillusioniert depressiv werden.

Neben der Verleugnung eines Verlust oder von Grenzen kann aber auch die Ablösung und Verabschiedung vom Verlorenen oder Vergangenen – der Abzug der emotionalen Besetzung – scheitern, was zu einer klagenden und häufig anklagenden, rückwärtsgewandten und bedrückten Haltung führt. Eine nicht gelingende Trauerarbeit, sei es aufgrund der Verleugnung der Realität und der Grenzen, sei es durch das Scheitern der Ablösung, kann in einer Depression enden. Umgekehrt lässt sich deshalb auch formulieren:

» Der Erwerb der Fähigkeit, zu trauern, kann die Überwindung der Depression signalisieren. (Beutel 1980, S. 760)

8.3   Trauer und Depression im Management

8.3.1 Change Management als emotionale Herausforderung

Management, Top-Management erst recht, bedeutet heute vor allem Veränderungsmanagement. Die vielfach beschriebenen gesellschaftlichen und wirtschaftlichen Wandlungsprozesse der letzten Jahrzehnte (Sennet 2005), gekennzeichnet durch Globalisierung, Beschleunigung (Rosa 2005), Verdichtung von Arbeitsprozessen oder die Vermarktlichung ehemals marktferner Organisationen (Gesundheitssystem, Universitäten, Verwaltungen), hat mit den Organisationsstrukturen und den Arbeitsorganisationsformen (Korunka u. Kubicek 2013; Kratzer u. Dunkel 2013) auch die Anforderungen an Führungskräfte verändert. Organisationen müssen flexibler agieren, und anhaltende Restrukturierungen und die Steuerung von Veränderungen erforderten permanente Anpassungsleistungen der Unternehmen und ihrer Beschäftigten. In vielen Branchen finden Change-Management-Prozesse immer häufiger und in kürzerer Zeit statt. Teams werden im Rahmen von Projekten für begrenzte Zeit zusammengestellt und aufgelöst. Dadurch werden soziale Beziehungen und Bindungen unter den Mitarbeitern fragiler, instabiler und weniger verlässlich.

Je nach Führungsebene sind Manager von diesen Entwicklungen auf unterschiedliche Weise betroffen. In ihren beruflichen Rollen sind sie vielfältigen Ansprüchen und emotionalen Herausforderungen ausgesetzt. Grundsätzlich wird von ihnen erwartet, die Zukunft ihrer Organisation zu gestalten und dynamische Träger der Veränderungsprozesse zu sein. Sie sollen Visionen und Strategien entwickeln oder Prozesse an neue Strategien anpassen.

Dabei hat das Tempo der Veränderungen und Umstrukturierungen zum Teil derart zugenommen, dass viele Führungskräfte, die ins Coaching kommen, kaum noch Phasen der Konsolidierung und Stabilisierung erleben. Dies gilt in den letzten Jahren zunehmend auch für Branchen, in denen traditionell weniger dynamische Veränderungen der Organisationsstrukturen stattfanden, wie Universitäten, im Gesundheitssystem oder ehemals staatliche und jetzt privatisierte Betriebe. Dabei sehen sich besonders Führungskräfte des mittleren Managements auch durch häufige personelle Wechsel im Top-Management vor ständig neue Anforderungen gestellt.

8.3.2 Grenzenlose Verausgabung und depressive Erschöpfung von Führungskräften

Fallbeispiel

Herr A. arbeitet als Ingenieur in einem ehemaligen Staatsbetrieb, der vor einigen Jahren privatisiert wurde. Als Fachexperte und Leiter einer Entwicklungsabteilung, der bereits seine Ausbildung in einem ähnlichen Betrieb in der gleichen Branche absolvierte, ist er mit den technischen Produkten des Unternehmens hoch identifiziert und in seiner Entwicklungstätigkeit intrinsisch motiviert. In den fünf Jahren seiner Unternehmenszugehörigkeit hat er sechs verschiedene, direkt vorgesetzte Bereichsleiter erlebt, die alle nach kurzer Zeit das Unternehmen entweder selber verlassen haben oder versetzt bzw. gekündigt wurden. Alle Bereichsleiter, noch dazu meistens fachfremd, seien in der kurzen Zeit ihrer Tätigkeit bemüht gewesen, positiv aufzufallen und sich mit neuen Ideen und Projekten zu profilieren. Dies habe zu andauernden Umstrukturierungen geführt und zu einem ständigen Anfangen, ohne etwas beenden zu können. In diesen zeitweise chaotischen Zuständen hat Herr A. mit seinem Team versucht, die Entwicklungsprojekte fortzusetzen, von deren Notwendigkeit und Nachhaltigkeit er überzeugt war, die jedoch von den wechselnden vorgesetzten Managern nicht priorisiert wurden. Er sah sich selber in der Rolle und Verantwortung, die Zukunft des Unternehmens durch technische Innovationen zu sichern, wobei er die zeitweilige Planlosigkeit in der Organisation durch einzelgängerischen und grenzenlosen Einsatz zu kompensieren versuchte. Er arbeitete täglich bis spät in die Nacht hinein. Noch weit nach Mitternacht verschickte er E-Mails und Berichte, um dann am nächsten Tag zu beklagen, dass sie keiner gelesen hatte. Es gelang ihm nicht, sich damit abzufinden, dass seine Vorstellung von nachhaltiger Produktentwicklung unter den bestehenden Umständen nur begrenzt möglich war und seine anhaltende Verausgabung nicht zielführend sein konnte. Schließlich entwickelte er einen schweren depressiven Erschöpfungszustand mit einer somatoformen Schmerzsymptomatik und fiel für mehrere Monate krankheitsbedingt aus.

Das Beispiel zeigt die Entwicklung eines schweren Burnouts beim Versuch, mit der rasenden Veränderung in der Organisation Schritt zu halten und die eigenen Belastungsgrenzen zu verleugnen. Durch eigene Größenphantasien getrieben, versuchte Herr A., die Instabilität und Strukturlosigkeit der Organisation zu kompensieren. Ein ähnliches Muster wird von vielen Burnout-Betroffenen berichtet (Grimmer 2015). Die Auseinandersetzung mit der Realität, was in dieser Organisation und für ihn persönlich möglich ist und was unmöglich und unerreichbar, ein wichtiger Aspekt der Trauerarbeit, findet nicht statt. Aus diesem Grund setzt auch kein Trauer- und Distanzierungsprozess ein, sondern die Verausgabung geht weiter, bis zur völligen Erschöpfung. Schließlich verweigert der Körper die Arbeit und erzwingt eine Unterbrechung der Dynamik. Sprichwörtliches Arbeiten bis zum Umfallen lautet hier die Devise und ist in solchen Fällen eher die Regel als die Ausnahme. Die Begrenztheit der eigenen Leistungsfähigkeit, die im Erleben der Betroffenen in der Vergangenheit ein Garant für beruflichen Erfolg und Aufstieg war, wird bis zum körperlichen Zusammenbruch verleugnet. Der Symptome produzierende Körper wird als ein von außen kommender Gegner erlebt, der der eigenen Motivation in die Quere kommt (»Ich würde ja weiter arbeiten, wenn ich nur nicht so erschöpft wäre«). Zu trauern beinhaltet, etwas loszulassen und aufzugeben, aber in der erschöpfenden Verausgabung gelingt dies nicht. Die widrigen Umstände sollen durch immer mehr Einsatz bezwungen werden, um die selbstwertstabilisierende Illusion der vollen eigenen Funktionsfähigkeit aufrechtzuerhalten.

Eine ähnliche Dynamik spielt eine große Rolle bei oft sehr erfolgreichen männlichen Führungskräften, die im Rahmen einer umgangssprachlich als Midlife-Crisis beschriebenen Situation einen Coach aufsuchen. Zu erleben, dass sie nach einem anhaltenden, erfolgreichen, beruflichen Aufstieg in ihrer Karriere an Grenzen stoßen, ihre Leistungsfähigkeit nachlässt und sie sich in ihrer Position durch die Konkurrenz jüngerer Kollegen bedroht fühlen, lässt Selbstzweifel und Ängste aufkommen. Besonders wenn ihre Identität und ihr Selbstwertgefühl sehr von ihrem Erfolg und ihrem Funktionieren im Beruf abhängen, können massive Ängste vor Stagnation oder dem Verlust der Leistungsfähigkeit auftreten, die durch noch mehr Einsatz beruhigt werden sollen und in Erschöpfung oder Depression münden können. Meistens offenbaren die Betroffenen in der Zusammenarbeit im Coaching mit der Zeit ihre Ängste vor dem Älterwerden – und letztlich vor dem Tod –, womit auch Fragen nach der bisherigen und zukünftigen beruflichen Laufbahn und deren Sinn drängender werden. In diesen Fällen dreht sich die zu leistende psychische Trauerarbeit darum, den natürlichen Entwicklungsverlauf im Berufsleben und im Leben überhaupt anzuerkennen, von unerreichten und vielleicht unerreichbaren Karrierezielen Abschied zu nehmen und das Erreichte schätzen zu lernen.

8.3.3 Widerstand gegen Veränderung und verhinderte Trauerarbeit

Manche Führungskräfte hingegen, die in ihrer Organisation über Jahre oder gar Jahrzehnte hinweg Phasen der Stabilität erlebt haben, drohen in eine Verweigerungshaltung gegenüber anstehenden Veränderungen zu verfallen, denen sie nicht entgehen können. In diesen Prozessen müssen sie nun zum Teil langjährige und vertraute Arbeitsbedingungen und soziale Beziehungen aufgeben. Wenn es nicht gelingt, diese Verluste zu betrauern, um sich von ihnen zu lösen und für neue Strukturen und Aufgaben aufgeschlossen zu sein, droht ein melancholisches Festhalten an alten Gewohnheiten. Das Neue wird abgelehnt und im Versuch, sich an die alte Arbeitsweise zu klammern, droht die oben beschriebene depressive Entwicklung. Davon betroffen scheinen eher ältere Führungskräfte und Teams zu sein, die über lange Zeit unter wenig dynamischen Verhältnissen gearbeitet haben. Bei ihnen haben sich gelegentlich Gefühle der Zeitlosigkeit oder der Unendlichkeit breit gemacht. Veränderung wird dann als starke Bedrohung wahrgenommen und abgelehnt.

Fallbeispiel

Herr B. ist fast 50 Jahre alt und im mittleren Management eines internationalen Großunternehmens tätig. Als Leiter einer Supportabteilung ist er verantwortlich für ein Team, das an verschiedenen Orten in Deutschland und in anderen europäischen Ländern angesiedelt ist. Er zeichnet sich in seiner Arbeit durch Genauigkeit und einen Perfektionsanspruch mit zwanghaften Zügen aus und hat auch aufgrund seiner langen Zugehörigkeit und Identifikation mit dem Unternehmen und seiner Produkte ein hohes Verantwortungsgefühl für die Produktqualität. Das international operierende Unternehmen von Herrn B. befindet sich nun seit kurzem in einem dynamischen Veränderungsprozess. Die Auslagerung von Teilen der Supportabteilung in andere europäische Länder bringt auf Ebene der Arbeitstätigkeit wie der Kommunikation vielfältige Neuerungen mit sich. Vor allem aber machen sich zwei Veränderungen für Herrn B. deprimierend bemerkbar. Erstens werden nun aufgrund strategischer Überlegungen der Geschäftsleitung bestimmte Produktionsfehler einkalkuliert, weil die Kosten und der Aufwand, sie zu beheben, die anfallenden finanziellen Folgen der Fehler übersteigen würden. Herr B. hat aber aufgrund seines Perfektionismus und seiner Identifikation mit der Arbeit und den früheren Qualitätsstandards des Unternehmens große Mühe, dies zu akzeptieren. Es bedeutet, dass sich viele Fehler immer wiederholen und er keinen Einfluss darauf hat, dass sie dauerhaft behoben werden. Zweitens wurde in den letzten Jahren eine übergeordnete Koordinationsstelle zwischen der Supportabteilung und den anderen Geschäftsbereichen aufgelöst. Es ist so nur noch schwer möglich, Rückmeldungen und Anregungen für Veränderungen weiterzugeben, die zu einer Reduktion der Fehler führen könnten. Auf diese Entwicklung innerhalb der Organisation konnte sich Herr B. nicht einstellen. Es gelang ihm nicht, seine gewohnte Arbeitsweise um- und sich auf die neue Strategie und die veränderten Prozesse einzustellen. Mit der Zeit verspürte er eine zunehmende Erschöpfung, Antriebslosigkeit, Schlafstörungen, Grübeln und niedergedrückte Stimmung. Schließlich kam es zur Krankschreibung durch den Hausarzt und einem vierwöchigen Klinikaufenthalt.

Herr B. blieb auch nach dem Veränderungsprozess mit dem erinnerten Bild der Organisation identifiziert, in der er so lange gearbeitet hatte. Er war zunächst nicht in der Lage, sich von dieser inneren Verbundenheit zu lösen, und versuchte in der täglichen Arbeit, den alten Zustand wiederherzustellen. Die zunehmend sichtbar werdende Diskrepanz zwischen seinem erinnerten Wunschbild und den neuen Verhältnissen ertrug er auf Dauer nicht und geriet in eine depressive Krise. Erst die im Verlauf des Coaching einsetzende Trauerarbeit ermöglichte Herrn B. die Identifikation mit der Organisation, wie er sie kannte, zu lösen. Es gelang ihm, sich einzugestehen, dass er die alten Verhältnisse nicht zurückbringen kann. Zudem sah er ein, dass die Werte, die ihm in seiner Arbeitsweise wichtig waren, wie Nachhaltigkeit, Genauigkeit und Vollständigkeit, unter den veränderten Bedingungen deutlich an Bedeutung verloren hatten und weniger gefragt waren. Schließlich entschloss er sich dazu, das Unternehmen zu wechseln.

8.3.4 Die Integration divergenter Rollenerwartungen als emotionale Herausforderung

Die Anforderungen an Führungskräfte sind aber noch aus einem anderen Grund gestiegen. Die dynamischen Veränderungen erfordern einerseits nach wie vor klassische Managementfähigkeiten wie Entscheidungen treffen unter Zeitdruck und unter sich beschleunigt wandelnden

Bedingungen, Delegation, Strategieentwicklung, Planung oder Prozessoptimierung. Auf der anderen Seite sind in den letzten Jahren weiche Faktoren von Führung, die die Beziehungsgestaltung zu Mitarbeitern betreffen, viel wichtiger geworden. Unzufriedenheit mit dem Führungsverhalten der direkten Vorgesetzten ist nicht nur ein sehr häufiger Kündigungsgrund von Mitarbeitern, sondern inzwischen ist durch verschiedene Untersuchungen (Stiljanow u. Bock 2013; Haubl 2014) auch belegt, dass das Führungsverhalten direkt Einfluss auf die Gesundheit der Mitarbeiter hat. Im Kontext der gleichzeitig massiv gestiegenen Arbeitsausfälle aufgrund von Depressionen und Burnout wird neuerdings eine gesundheitsorientierte oder salutogenetische Führung diskutiert (Haubl 2013; Rigotti et al. 2014). Als gesundheitsfördernde Merkmale gelten dabei Anerkennung und Wertschätzung vermitteln, Handlungsräume und Entwicklungsmöglichkeiten bieten, Leistungsgerechtigkeit vorleben sowie soziale Unterstützung geben. Im Coaching äußern Führungskräfte, dass sie diese Entwicklung eigentlich begrüßen, aber unter dem Mangel der dafür benötigten zusätzlichen zeitlichen Ressourcen leiden. So erleben sie diese neuen Anforderungen vor allem als weiteren Druck.

Mit dieser Veränderung müssen Führungskräfte divergente Rollenideale integrieren. Auf der einen Seite gilt nach wie vor die Orientierung am Ideal eines emotionsarmen Entscheidungsträgers, der die notwendige Distanz behält, der immer auch fremd im eigenen Team bleibt und eine disziplinierte und vollfunktionsfähige Hochleistungsmaschine ist. Gleichzeitig soll er nun den Kontakt zu den Mitarbeitern intensivieren und emotional erreichbar sein. Er soll auch im Hinblick auf seine eigenes Belastungsmanagement als Vorbild dienen und mit sich wie mit den Mitarbeitern fürsorglicher umgehen (Stiljanow u. Bock 2013). Dies führt notwendigerweise zu einer Intensivierung der Beziehung zu den Mitarbeitern, Rückmeldesysteme wie das 360°-Feedback erhöhen die wechselseitige Abhängigkeit weiter. Diese Entwicklung verstärkt die zu lösenden emotionalen Konflikte der Führungskräfte. In ihrer doppelten Funktion, Veränderungen anzustoßen und umzusetzen auf der einen Seite und den Mitarbeitern im Team Sicherheit, Stabilität und Anerkennung zu vermitteln auf der anderen Seite, benötigen sie ein ausgeprägtes psychisches Integrationspotenzial und die Fähigkeit, Ambivalenzen und emotionale Zwiespalte auszuhalten, ohne die dazugehörigen Gefühle auszublenden. Ihren Mitarbeitern müssen sie besonders in Veränderungsprozessen Halt geben und deren Verlustängste und möglichen Widerstände gegen die Neuerungen aufnehmen. Sie müssen sich in deren Situation einfühlen und sie bei ihrer psychischen Trauerarbeit (vertraute Arbeitsbedingungen loslassen können, sich noch Unsicherheit verbreitenden Neuerungen zuwenden können) unterstützen, wenn der Veränderungsprozess gelingen soll. Es sind solche nicht aufgenommenen Ängste und Widerstände, die Umstrukturierungsprozesse in Organisationen oft stagnieren oder scheitern lassen. Um diese Funktion erfüllen zu können, muss eine Führungskraft zunächst ihre eigene innere Ambivalenz ertragen, die Notwendigkeit der anstehenden Veränderung akzeptieren und die dabei aufkommende eigene Angst aushalten. Sie muss ihre eigene Trauerarbeit leisten, um sich von den alten Strukturen und Arbeitsweisen zu lösen. Wenn ihr beides gelingt, nämlich sich neugierig, offen und motiviert der anstehenden Entwicklung zuzuwenden und gleichzeitig den Abschied von den vertrauten und bekannten Verhältnissen wertschätzend zu betrauern, kann die Führungskraft die Mitarbeitenden in ihren Veränderungsprozessen unterstützen. Für Letztere ist der Prozess oft schwerer, da sie die Verhältnisse weniger mitbestimmen können und ihnen mehr fremdbestimmt ausgesetzt sind. Dies kann die Tendenz steigern, sich an Altes und Vertrautes zu klammern. Erlebte Hilflosigkeit, wenn die Arbeitsbedingungen durch eigenes Handeln nur wenig beeinflusst werden können, erhöht die Gefahr von depressiven Reaktionen und Burnout-Zuständen (Siegrist 2013).

Der Konflikt, in dem sich die Führungskraft befindet, besteht auch darin, die Spannung auszuhalten, aus Sicht der Mitarbeiter als Stellvertreter der bedrohlichen Veränderung angesehen zu werden und die entsprechende emotionale Reaktionen ertragen, regulieren und verdauen zu müssen, gleichzeitig aber selber unter großem Druck zu stehen, Umstrukturierungen in kurzer Zeit vornehmen zu müssen und schwere, auch die Mitarbeiter enttäuschende Entscheidungen treffen zu müssen.

Von besonderer Bedeutung ist, ob es der Führungskraft gelingt, sich zeitweise auch mit den Verlustgefühlen und -ängsten der Mitarbeiter identifizieren zu können, um eine Spaltung zu vermeiden, die sich bei Organisationsentwicklungsprozessen häufig beobachten lässt. Das Management, auch um die Mitarbeiter zu überzeugen und zu motivieren, idealisiert das Neue und die Veränderung, entwertet aber zugleich das Alte und Vertraute. Dies passiert verstärkt, wenn der Change-Prozess durch neue Manager oder externe Berater angestoßen wird, die mit der Organisationskultur und -geschichte nicht vertraut sind. Erleben die Mitarbeiter nun noch zusätzlich zum Veränderungsdruck die Entwertung ihrer bisherigen Arbeitstätigkeit und Leistung, erschwert dies die Trauerarbeit und Ablösung zusätzlich. Als Reaktion auf die erlebte Entwertung kann der Widerstand gegen das Neue und seine Repräsentanten wachsen, und das Alte und Bekannte wird gegen die Entwertung geschützt. Oder es kommt zur Identifikation mit der Entwertung, was die Gefahr depressiver Reaktionen erhöht. Eine solche Entwicklung kann schließlich zu einer Spaltung in der Organisation zwischen Veränderungsträgern auf der einen Seite und den Anhängern der alten Strukturen auf der anderen Seite führen.

Fallbeispiel

In der Folge der Privatisierung einer Rehabilitationsklinik kam es zu einem Wechsel der medizinischen Direktorin und mehrerer weiterer Mitglieder der Geschäftsleitung. Auf eine lange Phase mit wenig Veränderungsdruck in der Institution, in der sich sehr stabile Teams und Stationen herausgebildet hatten und in denen zahlreiche Mitarbeiter seit vielen Jahren arbeiteten, folgte nun eine Phase der inhaltlichen Neuorientierung und Umstrukturierung. In kurzer Zeit wurden neue Behandlungsangebote entwickelt, und Teams aufgelöst und neu zusammengesetzt. Zeitgleich nahm der ökonomische Druck deutlich zu. Manche Mitarbeitenden, die zuvor jahrelang eine Patientengruppe betreuten, sollten nun in der gleichen Zeit zwei Patientengruppen übernehmen und identisch behandeln. Andere sollten die gleiche Arbeit wie bisher mit einem reduzierten Arbeitszeitpensum erledigen. Zwei Aspekte des Change-Prozesses wurden von den Mitarbeitenden besonders beklagt. Erstens fühlten sie sich schlecht informiert und erlebten die Veränderung als einen ausschließlich zentral von der Geschäftsleitung gesteuerten Prozess, in den sie weder involviert noch frühzeitig informiert wurden, sondern sich immer wieder vor vollendete Tatsachen gestellt sahen. Und zweitens litten sie unter der deutlich ausgesprochenen Entwertung der bisherigen Arbeitsweise und Organisationskultur durch die neue Führung. Im Laufe dieses Veränderungsprozesses kam es zu einem rasanten Anstieg der Arbeitsausfälle. Viele Mitarbeitende beklagten sich über die neue Führung, begaben sich ihr gegenüber in einen ausgesprochenen oder unausgesprochenen Widerstand, vermissten die alten Zeiten und reagierten zum Teil resignativ oder depressiv.

Die Institution hatte sich bis zu diesem Zeitpunkt über Jahrzehnte nur langsam gewandelt, und der ökonomische Druck war zuvor deutlich geringer gewesen. Die Mitarbeitenden hatten jetzt aber in kurzer Zeit verschiedene Veränderungen zu ertragen (fremdbestimmte Versetzung in neue Teams, Arbeitsverdichtung und weniger Zeit, Entwertung bestimmter Berufsgruppen und traditioneller Arbeitsweisen). Die Neuausrichtung der Institution durch die neue Geschäftsführung ging mit einer massiven Entwertung der bisherigen Organisationskultur einher. Zusammen mit der rasanten Veränderungsdynamik, die keine Zeit für Rückschau und Abschied ließ, war für viele Mitarbeiter die notwenige Trauerarbeit nicht zu leisten. Erst durch nach und nach neu eintretenden Führungskräfte auf der Ebene von Teamleitungen, die sich für die bisherige Arbeitsweisen und Kompetenzen der Mitarbeiter interessierten und zugleich mit den neuen Zielen der Institution identifizieren konnten, verminderte sich der Krankenstand, und es gelang vielen Mitarbeitern besser, sich der veränderten Institution anzupassen.

8.3.5 Schuldgefühle im Management

Die emotionalen Konflikte einer Führungskraft spitzen sich zu, wenn Veränderungsprozesse mit nicht gewünschten Versetzungen oder gar Entlassungen von Mitarbeitern einhergehen. Hier zeigen sich die widersprüchlichen Rollenanforderungen besonders deutlich. Die oben angedeuteten, aktuellen Führungskonzepte erfordern zwangsläufig eine intensivere emotionale Bindung und eine weitreichende Verantwortlichkeit der Führungskraft bis hin zur Gesundheit seiner Mitarbeiter. Diese Bindung erschwert auf der anderen Seite die Trennung im Falle einer Entlassung oder Versetzung und kann Schuldgefühle verstärken. Haubl (2013) beschreibt, wie sich Führungskräfte deshalb auf eine neo-liberale Haltung zurückziehen, die es ihnen ermöglicht, von ihren Mitarbeitern Selbstverantwortung und Selbstfürsorge zu fordern. Auf diese Weise können sie sich mit einer rationalisierten Begründung aus ihrer Verantwortung zurückziehen und die innere Konfliktspannung reduzieren. Umgekehrt können die zunehmende Bindung und das Verantwortungsgefühl die Entlassung und Trennung von Mitarbeitenden zu einer zu persönlichen Frage werden lassen und in der Führungskraft verkörperte Schuldgefühle verstärken. Es wird dann schwer, den notwendigen Abschied, der durch die Umstrukturierung der Organisation notwendig geworden ist, betrauern zu können. Durch die in den Schuldgefühlen dem eigenen Handeln zugeschriebene Aggression kann die Bindung an die Mitarbeiter weiter verstärkt und die Gefahr einer depressiven Reaktion erhöht werden. Auch in diesem Fall kann es zu Spaltungsprozessen in Organisationen kommen, in denen die Aufgabe, Mitarbeiter zu entlassen, an bestimmte Manager oder externe Berater delegiert wird.

Die verschiedenen Beispiele aus Coaching und Organisationsberatung zeigen, welche Bedeutung die Fähigkeit, zu trauern, für Manager besitzt. Hervorzuheben ist ihre gesundheitsfördernde und protektive Wirkung vor Burnout-Zuständen und depressiven Entwicklungen. Trauer setzt voraus, dass eine emotionale Bindung an andere Menschen oder Verhältnisse besteht. Sie verweist darauf, dass Veränderung, Abschied und Neubeginn schmerzhaft seien können, aber zum (Arbeits-)Leben dazugehören. In der Literatur wird beschrieben, dass sich besonders im Top-Management viele Führungskräfte mit ausgeprägten, narzisstisch akzentuierten Persönlichkeitszügen finden lassen (Dammann 2007). Ein Aspekt eines ausgeprägten Narzissmus ist eine hohe Selbstbezogenheit und geringe emotionale Bindung an andere Menschen. Dies ermöglicht es diesen Führungskräften, mit einer gewissen emotionalen Kälte und Distanz sowie angetrieben durch manchmal größenphantastische Wünsche nach Erfolg und Macht sowie einer idealisierten Zukunftsvision in der von ihnen geführten Organisation Veränderungsprozesse anzustoßen, ohne (zu-)viel Rücksicht auf ihre Mitarbeiter zu nehmen. Dadurch eignen sie sich einerseits dafür, Veränderungsprozesse anzustoßen und durchzusetzen, andererseits droht die beschriebene Entwertung des Alten und Vertrauten, und die notwendige Trauerarbeit findet nicht statt, da ihre Fähigkeit zur emotionalen Wertschätzung und Bindung begrenzt ist. Es verwundert deshalb auch nicht, dass ausgeprägte narzisstische Persönlichkeitszüge das Risiko erhöhen, ein Burnout oder eine Depression zu entwickeln. Straus (2015) fand dazu bei stationär behandelten Patienten einer Klinik für Stressfolgeerkrankungen einen deutlichen Zusammenhang.

Die von Freud (1917) beschriebene psychische Trauerarbeit mag unzeitgemäß wirken, da sie mit einer vorübergehenden Vertiefung in das Vergangene und einem zeitweiligen Stillstand verbunden ist. Sie ist aber nicht rückwärtsgewandt und konservativ an alten Verhältnissen festhaltend, sondern dient der Ablösung und der Zuwendung zu Neuem. Die Trauer kann zu einem wirkungsvollen »Instrument der Entschleunigung« werden, ohne sich gegen Fortschritt und Entwicklung zu wenden (vgl. Busch 2011, S. 95).

8.4   Zusammenfassung

Für die Emotion Trauer ist in der gegenwärtigen Managementliteratur und in den Führungsetagen kaum Platz, obwohl die beschleunigten Veränderungsprozesse Führungskräfte ständig mit Veränderung, Verlust, Abschied und Neubeginn konfrontieren. Für eine Zukunfts- und Optimierungsorientierung können Trauerprozesse rückwärtsgewandt und verzögernd erscheinen. Es besteht aber ein Zusammenhang zwischen nicht bewältigter Trauer und dem Risiko, an Burnout oder Depressionen zu erkranken. Erfolgreiche Trauerarbeit stärkt die Resilienz gegenüber Stressfolgeerkrankungen.

Literatur

American Psychiatric Association (2013). *Diagnostic and Statistical Manual of Mental Disorders* (5. Aufl.). Washington, DC: American Psychiatric Association.

Beutel, M. (2008). Trauer. In W. Mertens, & B. Waldvogel (Hrsg.), *Handbuch psychoanalytischer Grundbegriffe* (3. Aufl., S. 757–761). Stuttgart: Kohlhammer.

Bowlby, J. (1980). *Attachment and loss: Loss, sadness and depression.* New York: Basic Books.

Busch, H. J. (2011). Unbehagen, Trauer, Melancholie – alles Depression? *Freie Assoziation* 14, 89–100.

Dammann, G. (2007). *Narzissten, Egomanen, Psychopathen in der Führungsetage. Fallbeispiele und Lösungswege für ein wirksames Management.* Bern: Haupt.

Freud, S. (1917). *Trauer und Melancholie.* Gesammelte Werke (Bd. 10, S. 426–446). Frankfurt a. M.: Fischer.

Frevert, U. (2013). *Vergängliche Gefühle.* Göttingen: Wallstein.

Grimmer, B. (2015). Burnout – Psychodynamische und soziodynamische Überlegungen zu einem neuen Leiden. *Figurationen* 1, Themenheft Erschöpfung.

Haubl, R. (2013). Resilienzfaktoren einer salutogenen Organisationskultur. In R. Haubl et al. (Hrsg.), *Riskante Arbeitswelten. Zu den Auswirkungen moderner Beschäftigungsverhältnisse auf die psychische Gesundheit und die Arbeitsqualität* (S. 183–199). Frankfurt a. M.: Campus.

IGES Institut GmbH (2013). *DAK-Gesundheitsreport 2013.* Hamburg: DAK Gesundheitsmanagement.

Korunka, C., & Kubicek, B. (2013). Beschleunigung im Arbeitsleben – neue Anforderungen und deren Folgen. In G. Junghans, & M. Morschäuser (Hrsg.), *Immer schneller, immer mehr. Psychische Belastung bei Wissens- und Dienstleistungsarbeit* (S. 17–38). Wiesbaden: Springer.

Kratzer, N., & Dunkel, W. (2013). Neue Steuerungsformen bei Dienstleistungsarbeit – Folgen für Arbeit und Gesundheit. In G. Junghans & M. Morschäuser (Hrsg.), *Immer schneller, immer mehr. Psychische Belastung bei Wissens- und Dienstleistungsarbeit* (S. 40–61). Wiesbaden: Springer.

Rigotti, T. et al. (2014). *Rewarding and sustainable health-promoting leadership.* Publikation der Bundesanstalt für Arbeitsschutz und Arbeitsmedizin: Dortmund.

Rosa, H. (2005). Beschleunigung. *Die Veränderung der Zeitstruktur in der Moderne.* Frankfurt a. M.: Suhrkamp.

Sennett, R. (2005). *Die Kultur des neuen Kapitalismus.* Berlin: Berlin-Verlag.

Siegrist, J. (2013). Burn-out und Arbeitswelt. *Psychotherapeut* 58, 110–116.

Stilijanow, U., & Bock, P. (2013). Keine Zeit für gesunde Führung? Befunde und Perspektiven aus Forschung und Beratungspraxis. In G. Junghans, & M. Morschäuser (Hrsg.), *Immer schneller, immer mehr. Psychische Belastung bei Wissens- und Dienstleistungsarbeit* (S. 145–164). Wiesbaden: Springer.

Straus, D. (2014). Der erschöpfte Mann. Unveröffentlichter Vortrag an der Tagung »Psychoandrologie«, Psychiatrische Klinik Münsterlingen.

Wagner, I. et al. (2013). Psychosoziale Arbeitsbelastung und depressive Symptome bei Führungskräften. *Psychotherapeut* 56, 26–32.

8

Aggressivität – »Am besten demokratisch und dominant«

Wolfgang Weigand

E.-M. Lewkowicz, B. West-Leuer (Hrsg.), *Führung und Gefühl*,
DOI 10.1007/978-3-662-48920-8_9, © Springer-Verlag Berlin Heidelberg 2016

»Wer erfahren will, ob ein Alligator lächeln kann…«, soll sich Ferdinand Piëch ansehen, eine Führungskraft »aus der Zeit geduldeter Tyrannei« (aus einem Leitartikel der ZEIT). Noch traut man zwar den Personen an der Spitze mehr zu als den Systemen, aber wir leben am »Beginn des posttyrannischen Zeitalters«. Dem Alligator vergeht das Lächeln, die »Wüstenspringmaus« ist als Leitbild der Führungskraft gefragt[1]. Der Rücktritt von Piëch als Vorstandsvorsitzender von VW erfolgte zwei Tage später.

Wenn man seit Jahrzehnten den Diskurs um Führung und Hierarchie aufmerksam verfolgt, ist man immer wieder erstaunt, dass die gleichen Fragen so gestellt werden, als ob man sie eben erst entdeckt hätte und vor allem die angebotenen Antworten nun endlich den Weg zur endgültigen Beseitigung der lästigen Führungsprobleme anböten. Eine Sinnkrise von Führung wird verständlicherweise von Zeit zu Zeit konstatiert, weil sich die Vorstellungen von Individuum und Gemeinschaft, von Macht und Abhängigkeit und von der Rollengestaltung im beruflichen Kontext permanent verändern, die damit verbundene Grundfrage nach der guten Führung aber erhalten bleibt. Diese Grundfrage wird gegenwärtig sehr widersprüchlich beantwortet. Da gilt der alte Grundsatz »Hierarchie ist das grundlegende Prinzip aller hierarchischen Systeme« über den Abbau von Führung durch Ausbau der Autonomie der Mitarbeiter bis hin zum Funktionieren einer Firma, in der sich Chef und Mitarbeiter kaum sehen.

Einen Beitrag zur Aggressivität im Management zu schreiben, ist nicht nur wegen der dürren wissenschaftlichen Faktenlage schwer; man kann zu diesem wieder in Konjunktur geratenen Thema alles lesen, was man sich wünscht. Das muss nicht schlecht sein, wenn die Untersuchungen zum Thema eine anthropologische Grundlage hätten; eine solche findet man eher in alten Klassikern – da gehört auch schon Richard Sennetts 1990 erschienene »Autorität« dazu. Aktuell wird eher zu Umfragen und Studien gegriffen, deren Entstehung nur bedingt überprüfbar ist. Mitarbeiter werden befragt, Führungskräfte interviewt und Hypothesen entwickelt, die zwar aus erkenntnisleitenden, aber schwer identifizierbaren Interessen veröffentlicht werden. In Leadership-Zirkeln ist derzeit der Begriff der »Authentizität« in der Diskussion[2], andernorts macht man sich Sorgen, weil Führung als »Scheißjob«[3] wahrgenommen wird, oder man nimmt sich, wie oben, eher die Wüstenspringmaus, die sich systemisch herausputzt, als den Alligator zum Vorbild.

Dieser Beitrag beginnt mit dem Versuch, Faktoren zu differenzieren, die auf Aggression und Aggressivität[4] bei Führungskräften Einfluss haben können. Es folgen zwei Beispiele, die nachvollziehbar zeigen, wie bei der Entstehung von Aggressivität in Unternehmen psychische, soziale und institutionelle Faktoren zusammenwirken und der Aggression ihren jeweils spezifischen Ausdruck verleihen, um dann zu klären, warum im offiziellen Sprachgebrauch und im Verhaltenscodex von Führungskräften die Aggression eher verdrängt wird. Die öffentliche Wahrnehmung der Praxis des Führungsverhaltens stellt sich deutlich anders dar. Aggression wird immer dann problematisch, wenn sie ihre Wurzeln in einem psychischen Defizit hat und sich in einem destruktiven Machtumgang manifestiert. Diese Kombination kann zu einer unheilvollen Trias von Narzissmus, Macht und Angst führen. An zwei weiteren Fallbeispielen wird dies deutlich. Zum einen sind die intrapsychischen Wurzeln eines problematischen Aggressionsumgangs im Unternehmenskontext nicht zu »heilen«. Zum anderen sind die institutionellen und strukturellen Rahmenbedingungen, die ein hohes Aggressionspotenzial produzieren, kaum für Veränderungen zugänglich. Aus dem Gang der Betrachtung werden ab-

---

1   ZEIT, Nr. 17, 2015, S. 1
2   Süddeutsche Zeitung, 25/26.04.2015, S. 53
3   brandeins, 3/2015
4   Wenn nicht näher definiert, wird der Begriff »Aggression« wertneutral als basaler Affekt (▶ Kap. 2), »Aggressivität« für ein dysfunktionales Ausagieren verwendet.

schließend Schlussfolgerungen gezogen, die Führungskräften und Managern helfen könnten, unangemessene Aggressivität einzudämmen und Aggression zu einem konstruktiven Faktor in der Unternehmensrealität zu machen.

9.1 Aggression und Führung – zur Differenzierung eines komplexen, interaktiven Geschehens

Der Manager ist in die Beziehungs- und Gruppendynamik des sozialen Systems seines Führungsbereichs eingebunden, also in die aus der Interaktion mit Mitarbeitern, Kollegen und Vorgesetzten entstehenden Spannungen, die Anlass zu aggressivem Verhalten geben können. Die Führungskraft ist ein Teil dieser Interaktionsdynamik. Der dominante Chef mag die Grenzen seiner hierarchisch begründeten Rolle offensichtlich nicht einhalten; welche Auswirkungen dies hat, wird aber von den Reaktionen seiner über ihm und unter ihm befindlichen Bezugsgruppen mitbestimmt, je nachdem, ob sie sein Verhalten ertragen, kritisieren oder offenen Widerstand leisten. Auch bei der »hidden agenda«, also bei dem, was hinter dem äußerlich sichtbaren Verhalten verborgen liegt und bestenfalls einem Teil der Betroffenen bewusst ist, handelt es sich um ein interaktives Phänomen.

Was im Subsystem des Betriebes passiert, wird vom Gesamtsystem des Unternehmens nachhaltig beeinflusst. Die Umsetzung des Führungsleitbilds in einer sozialen Einrichtung, einer gewinnorientierten Firma, einem Krankenhaus, einer Schule oder einer militärischen Organisation unterscheidet sich signifikant. Offene Kommunikation, vertrauensvolle Zusammenarbeit, Fehlertoleranz – so vergleichbar mögen die hehren Ziele der Organisationen lauten, im Krankenhaus geht es jedoch anders zu als in der Jugendbildungsstätte oder einem professionellen Sportverein. Die unbewusste Aggression des Chefarztes gegen den Patienten, die durch Spaltung und Abwehr zustande kommt, hat nicht annähernd etwas mit der bewussten Aggression des Einrichtungsleiters einer Jugendbildungsstätte zu tun, die notwendig ist und dann entsteht, wenn er sich gegen die Aggressivität seiner Klientel durchsetzen muss. Schließlich wird die Aggressivität des Sportdirektors durch seine Abhängigkeit vom Leistungssportler bestimmt. Er wird seinen Ärger auf den Sportler unterdrücken, wenn er diesen braucht.

Es gibt auch Gemeinsamkeiten: Alle Führungskräfte spüren einen ungeheuren Leistungsdruck und leiden mehr oder minder darunter. Nur erfolgreiche Führungskräfte steigen in der Hierarchie auf, die anderen müssen oft genug um ihre Arbeitsplätze bangen. Nur erfolgreiche Unternehmen verbleiben im Markt, die anderen werden aufgekauft oder müssen schließen. In diesem Sinne kann Wettbewerb auch als Überlebenskampf verstanden werden und damit als Nährboden für das Entstehen und Ausagieren von Aggressionen. So zitiert die ZEIT vom 20.10.2012 eine Studie der European Agency for Safety and Health at Work, nach der 40% der europäischen Führungskräfte mit Gewalt und Belästigungen am Arbeitsplatz konfrontiert sind. Innerbetriebliche Gewalt fungiert dann als Ventil für Konkurrenzdruck von außen.

Eine Untersuchung im Bereich Unternehmensethik der Universität Erlangen-Nürnberg kommt zum Ergebnis, dass im mittleren Management der Druck von oben doppelt so groß ist wie der Druck von unten; fast 60% der Manager geraten in moralische Konflikte und verstoßen gegen persönliche Wertvorstellungen; ihr Privatleben relativiert sich durch die Tatsache, dass annähernd 80% abends, am Wochenende oder im Urlaub für ihren Chef erreichbar sein müssen (Link 2015). Unterschiede im Gehalt, in den Aufstiegsmöglichkeiten und in der Identifikation mit dem Unternehmen komplementieren die genannten Faktoren. So wird Aggression strukturell erzeugt, aber gleichzeitig kaum sichtbar; sie sucht sich aber einen Ort, an dem sie ausgelebt werden kann. Das müssen nicht die Mitarbeiter oder Kollegen sein; aber sie sind davon natürlich nicht ausgeschlossen.

Der persönliche und private Raum des Managers, seine Lebenssituation, seine Lebenspartner, seine Familie und seine Freunde sind das private System, das die Herausforderungen der Führungsrolle ausgleichen (Work-life-Balance), aber auch verstärken und zuspitzen kann. Welche der beiden Seiten hat Priorität? Gelingt der Ausgleich? Nehmen Schuldgefühle oder private Konflikte im sozialen Nahraum überhand, weil es nicht gelingt, die Anforderungen aus der beruflichen Führungsrolle zu begrenzen und zu relativieren? Dann trägt der private Raum die Kosten einer attraktiven Führungsposition mit. Bricht das private Unterstützungssystem zusammen, sind Depressionen oder Aggressionen die nachvollziehbare Folge, weil die Leistung des Managers nach Meinung vieler Experten ohne die Unterstützung durch Lebenspartner oder Familie nicht gegeben wäre.[5]

Der vielleicht wichtigste Entstehungsort von Aggressionen ist die persönliche Lebensgeschichte des Managers, seine familialen Ursprünge und seine Sozialisation. Im individuellen Führungsstil und Führungsverhalten sind immer auch biographische Spuren zu finden, die das Verhältnis zur Aggression bestimmen. Sie sind deshalb so beachtenswert, weil sie nicht einfach ausradiert werden können und durch gute Vorsätze obsolet werden. Bei grober Dysfunktionalität bedarf es einer Auseinandersetzung mit den Defiziten und Deformierungen, die einer weitreichenderen »Behandlung« bedürfen. Der Ort dafür ist nicht das Unternehmen (► Kap. 2).

Individuelle und persönliche Dispositionen korrespondieren also mit der sozialen, vielleicht auch gruppendynamischen Nahsituation und der Unternehmensstruktur/-kultur und schaffen damit den Boden für das Entstehen und die Ausformungen aggressiven Verhaltens. Die praktische Beratungserfahrung zeigt, dass im Umgang mit aggressivem Verhalten folgende Aspekte zu beachten sind: zum einen die besondere Rolle der Führungskräfte und Manager[6], zum anderen die Frage, welches Unternehmen sie steuern (Teile eines Konzerns, ein mittelständisches Unternehmen, einen Familienbetrieb?). Ein schlüssiges Aggressionskonzept kann helfen, die Aggressionsphänomene präzise zu beschreiben und damit die Möglichkeiten der Veränderung zu erhöhen.

Der Manager muss genügend aggressive Energie besitzen, um sich innerbetrieblich und nach außen durchzusetzen, Widerstände zu überwinden, seine Ziele zu erreichen und **seiner Rolle gerecht zu werden.** Aggression wird gebraucht, um in Kontakt und Beziehung zu kommen; der lateinische Ursprung des Wortes »aggredi« heißt anpacken, angreifen, auch im Sinne: an jemanden herangehen, sich ihm nähern; sich daran machen, etwas zu tun. Die letztere Bedeutung ist eher neutral und allgemein im Sinne einer geplanten Aktivität. Die Mehrdeutigkeit des Begriffes zeigt sich besonders in der Fokussierung des »Angreifens« als Annähern und Berühren oder als kämpferisches Verhalten. Dieses doppelte Gesicht der Aggression, die pauschal gesprochen zum Lieben wie zum Hassen gebraucht wird, zeigt, dass die Grenzziehung zwischen beiden Vorgängen einen uneindeutigen Zwischenraum kennt, den wir mit dem Begriff der »zugewandten Konfrontation« aus der Beratungspraxis positiv besetzen können.

Oft ist es die Aggressivität der Führungskraft, die bei den Mitarbeitern **Angst auslöst**, sie zur Anpassung zwingt und kein angenehmes Betriebsklima erzeugt. Vor allem dann, wenn ein Unternehmer wie Oliver Sammler, der die Wirtschaft der Zukunft zu kennen glaubt und sich selbst als den aggressivsten Mann im Internet bezeichnet, Aggression als neue Tugend

---

5   ZEIT, Nr. 14, 2015, S. 20
6   Der Autor verwendet die Begriffe »Führungskraft« und »Manager« synonym. Eine Unterscheidung der beiden Rollen und Funktionen ist im Kontext dieses Beitrags weniger relevant.

proklamiert und von seinen Mitarbeitern fordert: »Überrascht mich mit Eurer schlauen und durchdachten Aggressivität.«[7] Geltendes Recht, die Moral und die Konkurrenten werden frontal angegriffen. Die betriebswirtschaftliche Tradition, das eigene wirtschaftliche Handeln am Leitbild des ehrlichen Kaufmanns zu orientieren, wird verlassen. Damit bricht er auch mit dem bisher geltenden Konsens, dass Feindseligkeit gegen seinesgleichen als Artmerkmal zwar anzuerkennen ist, aber der Gesellschaft es zukommt, sie zu mildern (vgl. Mitscherlich u. Mitscherlich 1969).

Kets de Vries sieht die Gefahr, dass die Energie, die Leitende aufwenden, um effektiv zu managen, in destruktiven Erscheinungsformen zu Tage tritt. Er sieht den Aufbau von Vertrauen zwischen Führer und Geführtem als wirksames Gegenmittel und die damit verbundene Erfahrung, zu wissen, »was es bedeutet, Untergebener zu sein, wie es sich anfühlt, eine solche Position innezuhaben. Führungskräfte sollten über Empathie verfügen und über die Fähigkeit zu imaginativer Selbstanalyse« (Kets de Vries 1998, S. 178).

Die Inaktivität von Führungskräften, die in einer bestimmten Situation nicht handeln, um größeres Unheil zu vermeiden, sondern den Dingen ihren (unglücklichen) Lauf lassen, kann man dabei als passive Form der Aggression verstehen. Die derzeitige Bundeskanzlerin Angela Merkel rückt in die Nähe einer solchen Führungskraft, die zumindest bei einem Teil ihrer Wähler dadurch Aggressionen auslöst, dass sie eher das Erwartbare, das Beruhigende und das Gesicherte oder das sie selbst Sichernde formuliert, und keine neuen Entwürfe, Zielvorstellungen, vielleicht sogar Visionen entwickelt, die zum gesellschaftlichen Aufbruch, zumindest aber Anlass zum Diskurs und Thema eines politischen Wettstreites werden könnten.

Eine Typisierung oder Systematisierung aggressiven Verhaltens bringt uns allerdings nicht wirklich weiter, da jeder soziale Gestus, jedes Verhalten mit offener oder versteckter aggressiver Energie angefüllt sein kann; das bekannte biblische Beispiel des Judas-Verrates illustriert das sehr nachdrücklich. Als Judas Jesus umarmt, um ihn damit bei den festnehmenden Soldaten zu verraten, sagt Jesus zu ihm: »Freund, mit einem Kusse verrätst Du den Menschensohn« (Lukas 22,48). Judas liebt Jesus und hasst ihn gleichzeitig, weil er vielleicht in Konkurrenz mit dem Lieblingsjünger ist. Er richtet schließlich nach dem Verrat, der ihn schuldig werden lässt, die Aggression gegen sich und bringt sich um.

»Ich unterwerfe mich, damit ich unterwerfen darf«, formuliert Klaus Mertes die Korrespondenz zwischen Gewalttäter und Gewaltopfer. »Unterwerfungsrituale haben für beide Seiten Opfer und Täter, eine magische Attraktivität.«[8] Der Unterworfene gehört zu einer Gruppe, die unterwerfen darf. Assistenzärzte, die in Kliniken von ihren Chefs ausgebeutet werden, geben als Grund an, diese Zeit der Unterwerfung nur deshalb auszuhalten zu können, weil man später selbst in eine Rolle kommt, in der man über andere bestimmen kann.

In diesen Fällen **impliziert die Organisationskultur, partiell oder insgesamt, aggressives Führungsverhalten**, wie z. B. beim Militär, im Gefängnis, in der traditionellen Schule oder auch in Kliniken, in denen der Patient sich eigentlich heilende Interventionen wünscht, sich aber mit der aus Überforderung und Hilflosigkeit entstehenden Aggressivität des Personals konfrontiert sieht. Gerade die totalen Institutionen, in denen der Zweck der Organisation nur dadurch erreicht wird, dass auch das persönliche Leben und die gesamte individuelle Existenz dem Organisationsziel unterworfen wird, bieten interessante Einblick in die Entstehung und den Umgang mit Aggression. Die in diesen Organisationen entstehenden Überforderungen und Grenzüberschreitungen und der Kampf des Individuums um die eigene Existenz erzeugen ein hohes Aggressionspotenzial bis hin zu missbräuchlichen Exzessen, die dann nicht reflexiv

---

7 Süddeutsche Zeitung, 03./04.01.2015, S. 25
8 ZEIT, Nr. 5, 2015, S. 56

verarbeitet werden können, sondern wieder durch neue, oft aus einem Schuld- und Strafbedürfnis entstehende Aggressionen verstärkt und potenziert werden (vgl. Goffman 1973).

9.2   Zur Entstehung von Aggressivität in Unternehmen – zwei Beispiele

9.2.1   Die Wut des gekränkten Managers

Fallbeispiel

Er belächelte mich, als ich mich als Berater der oberen Führungskräfteebene darum bemühte, die Gefühlswelt der Manager, die ich in Einzelgesprächen oft kennengelernt hatte, auch in der Gruppe zum Sprechen zu bringen. Je mehr sich die Gruppe den Themen von Hilflosigkeit und Angst näherte, umso zynischer kommentierte er die Versuche der einzelnen Führungskräfte, sich Schwächen einzugestehen und bei einer schonungslosen Analyse des Führungsverhaltens an die Grenze der eigenen Möglichkeiten zu kommen. Und er bedeutete mir, dass er nichts von meinen Versuchen hielt, über den »Weg, Schwäche zu zeigen« zum Erfolg zu kommen, sondern konfrontierte mich in einer sarkastischen Rede mit seinem eigenen Führungsverhalten: »Da vorne geht die Herde, ich gehe hinterher und treibe an, wenn nötig mit der Peitsche; anders können Sie nicht erfolgreich sein.«
Er nahm mir dann auch die Zügel aus der Hand. Zuständig war er als Mitglied des Vorstandes für die sog. A-Häuser, also die Flaggschiffe des Konzerns, die aber in letzter Zeit nicht mehr die erwarteten Geschäftsergebnisse einbrachten. Die Kritik, die er vom Aufsichtsrat einstecken musste, hatte ihn tief gekränkt. Seine Wut darüber bekamen die Geschäftsführer der Häuser und auch der Berater direkt zu spüren.

9.2.2   Aggressivität, die aus der Angst kommt

Fallbeispiel

Ein neues zukunftsweisendes, aber auch risikoreiches Projekt eines Unternehmens, das sich um psychisch Kranke kümmert, geht ans Netz. Alle Blicke richten sich auf diesen wohldurchdachten und gut vorbereiteten Versuch, neue Wege in der Arbeit mit dieser Klientel zu gehen. Das Management steht auf dem Prüfstand. Das Projekt muss gelingen. Da passiert ein immer möglicher, aber zu diesem Zeitpunkt äußerst ungelegener Zwischenfall: Ein Klient verunglückt. Im Zuge dieses Unglücks wird deutlich, dass eine vorgesehene Sicherungsmaßnahme nicht gegriffen hat. Wer ist nun der Schuldige? Die Angst auf der Managementseite ist groß, und die Suche beginnt. Ein Mitarbeiter, der als äußerst zuverlässig, kompetent und mit der Arbeit des Unternehmens hoch identifiziert gilt, wird als derjenige ausgemacht, der in diesem komplexen Zusammenhang die formale Verantwortung trägt. Ihm drohen nun Sanktionen, die aber vor allem der Rechtfertigung des Managements nach oben und nach außen dienen. Ihn trifft die Aggression.

An diesen beiden Beispielen werden zwei unterschiedliche Quellen der Aggression deutlich, die im weiteren Verlauf dieser Überlegungen eine Rolle spielen: Kränkung und Angst. Die individuellen psychischen Faktoren stehen im Kontext einer sozialen Situation, die sowohl die Kränkung wie die Angst eher verstärken oder reduzieren können. Im ersten Beispiel wurde das

Vorstandsmitglied durch seine führenden Mitarbeiter mit einer Seite konfrontiert, die es bei sich selbst nicht wahrhaben wollte: die eigene Rat- und Hilflosigkeit. Diese auch noch in der Gruppe zu zeigen, war zu kränkend und musste sarkastisch verleugnet werden. Im zweiten Fall hätte das Eingestehen der eigenen Angst das Risiko deutlich gemacht, das mit dem Projekt für das Management und die Mitarbeiter verbunden ist.

9.3 Verdrängung von Aggression bei Führungskräften

Obwohl offene wie versteckte Aggressionen und darüber hinaus eine Vielzahl von Affekten und emotionalen Betroffenheiten den Unternehmensalltag prägen, gilt immer noch das Gesetz der Rationalität, Logik und Sachlichkeit, an das sich alle Mitarbeiter, besonders die Führungskräfte zu halten haben: sich als Mensch zurücknehmen und die Sache in den Vordergrund stellen, und nicht, wie es heute heißt, »die eigenen Befindlichkeiten«. Obwohl jeder weiß, dass der Arbeitsalltag von diesen »Befindlichkeiten« durchsetzt ist und das Gebot der Sachlichkeit nicht eingehalten werden kann, schon gar nicht dafür sorgen kann, Affekte und Emotionen unter Kontrolle zu bekommen, wird der Anschein erweckt, dass die Kommunikation von sachlicher Argumentation geprägt ist und die Entscheidungen nach rationalen Kriterien gefällt werden.

Warum muss diese Gefühlsverleugnung stattfinden? Die einfachste, aber sicher zutreffende Antwort ist die Angst der Akteure vor Kontrollverlust, vor allem in den Situationen, in denen der Tanz der Affekte die Szene bestimmt. Wer führen will, versucht, seine Emotionen im Griff zu haben, d. h. er verdrängt sie, so dass die Aggression dann unauffällig und sublim, meist verschoben an andere Orte, ausagiert wird. Was käme zum Vorschein, wenn die Aggression für alle sichtbar und spürbar und als ein wichtiger Faktor der Interaktion in Arbeit und Organisation begriffen würde? Es hätte die Konsequenz, dass

- sich die Beteiligten mit der Ursache der Aggression auseinandersetzen;
- sie sich ihrer Angst vor oder ihrer Lust an der Aggression stellen müssen;
- die Ideologie der Sachlichkeit und Rationalität entmystifiziert würde;
- jeder mit der Bedeutung der Aggression in seinem persönlichen Leben konfrontiert würde;
- hinter der Aggression Ängste versteckt sein könnten, deren Entdeckung wiederum ängstigt;
- die Rollenträger nicht mehr danach beurteilt werden, was sie sagen, sondern wie überzeugend sie in den jeweiligen Beziehungskonstellationen auftreten, d. h. wie sie mit ihrer eigenen Angst und Aggression und die der Anderen umgehen;
- Fragestellungen im Unternehmen Bedeutung bekommen, die Schein und Wirklichkeit in der Wertehierarchie unterscheiden und ein realistisches Bild der Unternehmenskultur zum Vorschein bringen.

Zwischen der Philosophin Marta Nussbaum (2014) und der Soziologin Eva Illouz begann kürzlich eine Diskussion[9] darüber, inwieweit Emotionen als individuelle psychische Faktoren hilfreich für das Verstehen und Handeln in Organisationen sind. »**Erst wenn Emotionen als institutionelle und nicht als psychologische Größen begriffen werden,** können wir eine Theorie gerechter emotionaler Institutionen ausarbeiten«, meint Illouz. Der darüber beginnende Diskurs kann die Bedeutung und den Umgang mit emotionalen Realitäten im Organisationshandeln in den Vordergrund rücken.

---

9   ZEIT, Nr. 42, 2014, S. 55

9.4　Führungskräfte und Manager in der öffentlichen Wahrnehmung

Eine Studie des Bundesarbeitsministeriums zum Thema Führungskräfte, deren Ergebnisse in der ZEIT[10] veröffentlicht wurden, zeigt, dass die Führungskultur in deutschen Unternehmen unter starker Kritik steht: zu hierarchisch, zu viel Kontrolle, zu starkes Macht- und Gewinnstreben. Es ist kompliziert, ein guter Chef zu sein; er soll einerseits demokratisch und andererseits dominant sein. Aggressives Auftreten ist nicht mehr zeitgemäß. Gleichzeitig hat der kooperative Führungsstil zwischen 1998 und 2008 stark abgenommen, und die Ergebnisorientierung wird immer wichtiger. »Die Vorstellungen von guter Führung gehen noch weit auseinander.«

Dazu zwei Beispiele:

Fallbeispiel
In einer großen psychiatrischen Klinik werden die Mitarbeiter nach der Qualität ihrer Führungskräfte befragt. Das Ergebnis ist für die Führungsebene katastrophal, worauf die Klinikleitung ein Coaching-Konzept zur Verbesserung der Führungsqualität vorlegt, das dann überraschenderweise auf großen Widerstand der Führungskräfte, aber auch vieler Mitarbeiter stößt. Der Berater glaubt, dass die Bereitschaft zur Selbstreflexion und Selbstkonfrontation bei den Führungskräften und Mitarbeitern durch das konfrontative Ergebnis der Mitarbeiterbefragung eher abgenommen und die Angst zugenommen hat.

Fallbeispiel
Hartmut Mehdorn, bekannter Spitzenmanager, hat sich zum Rücktritt entschieden, weil dem »Kampfmanager« sein Kampfgeist abhandengekommen ist.[11] Mehdorn beklagt selbst, dass der Inhaber einer Führungsposition »immer zwischen Kimme und Korn« steht, findet aber gleichzeitig im Westernhelden Clint Eastwood sein Vorbild. Die Aggressivität, die hier als das Verhalten bestimmende Prinzip zum Ausdruck kommt, hat selbstreferenziellen Charakter oder mit dem Volksmund: Wie man in den Wald hineinruft, so schallt es heraus. Trotz der persönlichen Krise, die ihn zum Rücktritt bewog, meint er immer noch: »Es müsste mehr Typen wie mich geben.«

Kets de Vries (1989, S. 56) beschreibt das aggressive Verhalten von Managern mit »der Erwartung, dass die anderen einem feindlich gesinnt sind und somit die misstrauischen und aggressiven Einstellungen des Angreifers rechtfertigen«. Dadurch befreien sie sich von ihren Schuld- und Schamgefühlen, die sie wegen ihres aggressiven Verhaltens befällt.

Die Journalistin Karen Duve (2014) geht in einem engagierten Plädoyer für die humane Gestaltung unserer Zukunft von einer sehr kritischen Beschreibung der Führungskräfte in unserer Gesellschaft, vor allem in der Wirtschaft aus. Sie versucht auch mit empirischem Material zu belegen, dass in den Chefetagen und allerhöchsten Ämtern überproportional häufig Psychopathen zu finden sind. Das Wirtschaftssystem verlange von den Managern, dass sie die betrieblichen Notwendigkeiten über alle sozialen Bindungen stellen. Sie müssten sich von ihrem sozialen Umfeld trennen, um den Zutritt zur Arroganz der Macht und des Geldes mit eigenen Codes und Verhaltensweisen zu bekommen und damit einen neuen eigenen Lebensraum. Wer anhält, verliert sofort die Vorfahrt:

» Ihre eigentlichen Kerneigenschaften sind kompromissloser Eigennutz und Skrupellosigkeit, der hemmungslose Gebrauch anderer Menschen. Sie lügen, dass sich die Balken biegen,

10　ZEIT, Nr. 41, 2014, S. 23
11　Süddeutsche Zeitung, 07./08.03.2015, S. 36

und das Einhalten von Recht und Gesetz ist für sie bloß eine Möglichkeit von vielen. Sie haben buchstäblich kein Gewissen, aber dafür ein grandioses Selbstbewusstsein.
(Duve 2014, S. 24)

Selbst Kets de Vries, der sich sehr gründlich mit den psychischen Dispositionen und der Identität von Führungskräften beschäftigt hat, kritisiert scharf die bei vielen auszumachende Selbstbezogenheit, die das Unternehmen schädigt:

» Ihr Hauptanliegen gilt der Erhaltung ihrer eigenen Person und Wichtigkeit, so dass sie auf die Bedürfnisse anderer Personen und der Organisation herabsehen. Ihre Zügellosigkeit, Selbstgerechtigkeit und Arroganz (…) sowie ihre Unfähigkeit, sich auf einen echten Gedankenaustausch einzulassen, beeinträchtigen das Funktionieren des Unternehmens…
(Kets de Vries 1998, S. 51)

Selbst wenn man diese Beschreibungen für zu einseitig und übertrieben hält, sind solche kritischen Einwürfe ernst zu nehmen und zu untersuchen, weil sie sich in vielen Beiträgen zum Führungsverhalten in verschiedener Ausprägung wiederfinden lassen; noch wichtiger aber ist es, zu verstehen, wie solche Beschreibungen und Bilder zustande kommen, wo sie begründet sind oder klischeehaft bleiben.

Wenn es uns darum geht, die Bedingungen und Möglichkeiten von humaner und gleichzeitig effizienter Führung zu steigern, dann können wir nicht an deren Schattenseiten vorbeigehen. Vielleicht ist es jedoch unter den Bedingungen eines kapitalistischen Marktes, der die Würde und die Seele des Menschen an vielen Stellen dem Profit opfert, unmöglich, das Gute im Schlechten zu retten.

9.5   Ein beschädigtes Selbst

» Niemand kann sich der Abhängigkeit von anderen oder dem Wunsch nach Anerkennung entziehen.
(Benjamin 1988, S. 53)

Die Erfahrung, auf den Anderen und sein Wohlwollen angewiesen zu sein, gehört zu den schmerzlichsten und zugleich beglückendsten Erfahrungen, denen jeder Mensch von Geburt an ausgesetzt ist, kommentiert Hans-Jürgen Wirth (Wirth 2002, S. 49). Wird der Wunsch nach Liebe, Versorgung und Anerkennung, den man auch als gesunden Narzissmus beschreiben könnte, nicht erfüllt, sondern treten die Erfahrungen von Alleinsein, Hilflosigkeit und Ohnmacht an diese Stelle, so kommt es zu einer persönlichen Verletzung, die nach Ausgleich und Kompensation sucht. Personen mit einem beschädigten Selbst hoffen unter anderem, in den Führungsrollen und Machtpositionen jene Grundbedürfnisse und Sehnsüchte erfüllt zu bekommen, die ihnen in der frühen Lebensgeschichte verweigert wurden.

In Shakespeares »König Richard III« bekennt sich der missgebildete und hässliche Richard angesichts seiner Schandtaten zu seinem Lebensmotto:

» Und darum, weil ich nicht als ein Verliebter kann kürzen diese fein beredten Tage, bin ich gewillt ein Bösewicht zu werden…
(Shakespeare 1971, S. 5)

Im Willen zur Macht soll das Gefühl der Minderwertigkeit in ein Gefühl des »kohärenten Selbst« (Kohut 1976) verwandelt werden. Da dies nur bedingt oder gar nicht gelingen kann, wiederholt sich eine frustrierende Situation, aus der Aggression gegen diejenige entsteht, die Anerkennung und Bewunderung verweigern. Die Abhängigkeit von der Anerkennung der Anderen wird unerträglich und schlägt in Aggression um, die mit Hilfe der Rollenmacht zur Unterwerfung, Drangsalierung und Entwürdigung der Untergebenen führt (vgl. dazu Busch 2011).

Hier treffen der intrapsychische Konflikt des Managers und der gruppendynamische Konflikt zwischen Leader und Geführten zusammen. Der Mächtige unterdrückt die Gruppe und ist gleichzeitig abhängig von der Anerkennung durch die Gruppe. Er kommt den Wünschen der Gruppe nach und macht sich kleiner als er wirklich ist, um sich die Anerkennung zu erhalten.

>> Die Anderen sind der Spiegel, in dem wir unser Selbstbild reflexiv erwerben und unser Selbstwertgefühl regulieren, ihnen gilt der unbewusste Blick in der Erwartung von Echo oder Spiegelwirkung.
(Altmeyer 2000, S. 22)

Fallbeispiel
Der Chef eines überregional bekannten Architekturbüros, der für seine spezifischen architektonische Entwürfe bekannt ist und sowohl von der Konkurrenz wie von den eigenen Kollegen bewundert wird, zeigt in seinem Führungsverhalten ein doppeltes Gesicht: Wenn er für seine Arbeit bewundert wird, relativiert er dieses Feedback und lässt nicht erkennen, wie gut ihm die Bewunderung tut. Bleibt die Bewunderung aus, gerät er in eine depressive Verstimmung, die vor allem dann in Aggressivität umschlägt, wenn etwas gegen seinen Willen geschieht, oder wenn Mitarbeiter eine abweichende Meinung äußern, obwohl er immer wieder dazu auffordert. Für seine Kollegen bleibt dieses Verhalten unverständlich. Sie ziehen sich zurück, scheuen den Kontakt mit ihm und warten ab. Nach einiger Zeit normalisiert sich sein Verhalten, und er tut so, als ob nichts gewesen wäre. Diese Verhaltenssequenz wiederholt sich jedoch immer wieder. Gelingt es einem seiner Mitarbeiter oder dem Berater, in einer spezifischen Situation eine gewisse Selbsteinsicht des Chefs zu bewirken, so zieht er sich zurück und ist über seine »totale Unfähigkeit zu führen« deprimiert. Die Aggression des Chefs sorgt für den Rückzug der Gruppe, die gekränkten Mitarbeiter sorgen für den Rückzug des Chefs. Unzufrieden sind beide Seiten.

Der Wunsch nach Übereinstimmung, Zusammenschluss und Harmonie kann sich nach Erich Fromm in einer symbiotischen Liebe manifestieren, die eine aktive und passive Form kennt: Die passive Form der symbiotischen Liebe ist die Unterwerfung. Der Mensch flieht vor dem Alleinsein, indem er sich einer anderen Person unterwirft und sich von ihr leiten und beschützen lässt und sich ihr überlässt. Die aktive Form ist die Beherrschung anderer Menschen. Der dominante Chef entkommt seinem Alleinsein dadurch, dass er sich den Anderen zu seinem eigenen Besitz macht. Es entwickelt sich eine gegenseitige Abhängigkeit ohne eigene Identität.

>> Vor allem in den traditionellen, hierarchischen Unternehmen, in denen Zusammenarbeit vorwiegend disziplinarisch geregelt ist, können sich sadistische Führungskräfte entfalten.
(Müller 1997, S. 145)

Verwickelt sich das beschädigte Selbst der Führungsperson mit ihrer gruppendynamischen Rollenmacht, so gelingt weder der Führungskraft eine positive Identifizierung mit der Führungsrolle noch ihren Untergebenen, sich mit ihren Abhängigkeitsängste und Autonomiewünsche differenziert auseinanderzusetzen. Letztendlich schadet dieser unbearbeitete Konflikt dem Unternehmen.

9.6　Führung im Umgang mit Macht

Nach Max Weber ist Macht »jede Chance innerhalb einer sozialen Beziehung, den eigenen Willen auch gegen Widerstand durchzusetzen, gleichviel, worauf diese Chance beruht« (Weber 1980, S. 28). Hier wird Macht bereits auf dem Hintergrund sozialer Beziehungen gedacht. Hannah Arendt definiert Macht als anthropologische Grundausstattungen des Menschen, die weder gut noch schlecht ist, sondern Element sozialer Beziehungen und gesellschaftlicher Interaktion (vgl. Wirth 2002, S. 26). In einem relationalen Verständnis von Macht ist der Machthaber für den Umgang mit Macht nicht mehr verantwortlich als der, der von der Macht betroffen ist. Noch trockener definiert Niklas Luhmann Macht als ein »Kommunikationsmedium, das dazu dient, auf einen Partner, der in seiner Selektion dirigiert werden soll, Einfluss zu nehmen« (Luhmann 1975, S. 8). Trotzdem erzeugt die Rede über Macht im Diskurs viele ambivalente Gefühle, Widersprüche und Phantasien. Macht ist zunächst eine zwischenmenschliche, gesellschaftliche und politische Realität. Negative Konnotationen dienen dazu, das Machtphänomen zu dämonisieren und es damit einer rationalen Betrachtungsweise zu entziehen. Es gehört zu den basalen Aufgaben von Führung, Macht auszuüben. Es gilt daher, den Umgang mit der Macht zu definieren, zu analysieren und in ihren negativen und positiven Auswirkungen zu beschreiben (vgl. Weigand 2012, ▶ Kap. 1, 3).

Für die Führungskraft hat dies zur Konsequenz, sich mit der Sozialisationsgeschichte der eigenen Machterfahrungen zu beschäftigen: in der Ursprungsfamilie, in den unterschiedlichen sozialen Institutionen (Kindergarten, Schule, Jugendarbeit, Freizeitgruppen,u. a.) sowie mit Situationen, in denen die Abhängigkeit von der persönlichen oder institutionalisierten Macht eines anderen Menschen besonders schmerzlich war, oder in denen konstruktive Machtausübung auch gute Gefühle hinterließ.

Wie das Kind lernen muss, die Abhängigkeit von der Mutter zu akzeptieren, ist die Führungskraft angehalten, ihre Abhängigkeit nicht mit Hilfe eines grandiosen Selbst zu leugnen, sondern sowohl zum Subjekt wie Objekt der Macht zu werden, d. h. Macht auszuüben und Abhängigkeit zu ertragen. Wenn Führungskräfte gefragt werden, was ihnen am schwersten fällt: anzuordnen, sich einzuordnen oder sich unterzuordnen, geben sie an, dass ihnen die Unterordnung am schwersten fällt, nämlich genau das, was sie von ihren Mitarbeitern erwarten.

9.7　Die Trias von Narzissmus, Macht und Angst

Eine Quelle für unangemessene Aggression liegt in einem Defizit an Zuwendung in der frühen Lebensgeschichte, die den Erwachsenen dazu bringt, sich über pathologische Selbstliebe oder durch Herrschaft über andere die Befriedigung jener Bedürfnisse nach Zuwendung, Wohlwollen und Liebe zu holen, die es zur Entwicklung eines gesunden Selbst benötigt hätte, aber nicht bekommen hat. Hierbei handelt es sich dann um Wiederholungen mit der unbewussten Intention, dieses Grunddefizit zu reparieren. Sie werden aber solange nicht erfolgreich sein, wie der Betroffene sich dieser leidvollen Vorerfahrungen nicht bewusst wird.

Jede Konfrontation mit diesem Defizit durch Vorgesetzte, Mitarbeiter oder Untergebene führt zu neuen Kränkungen, die dann depressiv oder aggressiv verarbeitet werden. Opposition oder Widerstand gegen die machtvollen Attitüden des Managers wird daher mit offenen oder subtilen aggressiven Bestrafungen geahndet.

Emotionale Verarmung und Angst verbinden sich und bieten damit einen fruchtbaren Nährboden für die Kompensation dieses Defizits durch machtvolle Aktionen. Der autoritäre Charakter tritt nach unten und buckelt nach oben.

» Entweder man identifiziert sich mit den Herrschenden oder mit dem Beherrschten. Im ersten Fall werden die Größen- und Allmachtphantasien, im letzteren die Geschichte der Kränkungen, Erniedrigungen und Beleidigungen angesprochen und reaktiviert.
(Erdheim 1982, S. 374)

9.7.1 Aggressivität in der kollegialen Zusammenarbeit

Fallbeispiel
Die Leitung des Unternehmensbereichs besteht aus einem Ingenieur, dem technischen Leiter und einem Finanzmanager. Sie leiten die Kommunikationssparte des Konzerns. Der Unternehmens-bereich ist gut aufgestellt und erfolgreich. Sie haben acht Bereichsleiter in ihrem Führungsteam, für das es jährlich zweimal eine mehrtägige Klausur unter Begleitung eines Beraters gibt; Ziel-setzung ist die Bearbeitung aktueller Kooperationsprobleme beziehungsweise Teamkonflikte. Zwischen den beiden Managern gilt für alle Entscheidungen das sog. Vier-Augen-Prinzip. Jeder der beiden braucht die Zustimmung des Anderen in wichtigen Fragen; dieses Prinzip sorgt für gegenseitige Kontrolle und schürt gleichzeitig die Konkurrenz und Rivalität der beiden Mana-ger. Es handelt sich um ausgezeichnete Fachleute, die jeweils die Fachkompetenz des Kollegen anerkennen und schätzen. Die unterschiedlichen persönlichen Charaktere sorgen auf der einen Seite für kreative und produktive Aufgabenbewältigung, erzeugen andererseits viel aggressives Potenzial, wenn die Selbstgefälligkeit des Finanzmanagers (so der Ingenieur) auf die Zwanghaf-tigkeit des Ingenieurs (so der Finanzmanager) trifft. Hin und wieder entstehen Konflikte, die dann weder hart, noch fair ausgetragen werden, sondern Feindseligkeiten entstehen lassen, die grenz-wertig und bedrohlich sind.

Das Feuerwerk der Aggressivität beginnt – nicht geplant und gewollt – vor den Mitarbeitern und macht deutlich, dass beide »Hirsche« über viel Energie, Kompetenz, aber auch Redlichkeit ver-fügen. Für die Mitarbeiter ist die Auseinandersetzung einerseits erschreckend, und andererseits sind sie beeindruckt von ihrem Führungsduo. Die Wertschätzung, die die Mitarbeiter im Laufe der Auseinandersetzung beiden Führungskräften entgegenbringen, verteilt sich auf beide und baut für die beiden Chefs eine Brücke. Sie begreifen, dass ihre Unterschiedlichkeit schnell Anlass zum Streit bietet, aber gleichzeitig produktiv genutzt werden kann, wenn die Integration der Gegensätze gelingt.

Die Präsenz eines objektivierenden Dritten gibt den beiden Chefs Sicherheit, sich ihrer Aggres-sion ohne Gefahr für Leib und Seele bedienen zu können; aber auch die Gruppe zeigt durch wechselnde Identifikation die Wertschätzung für beide Führungskräfte und reduziert damit die Angst der beiden, dass es nur einen Gewinner und einen Verlierer in der Auseinandersetzung ge-ben kann. Durch das Containment des Beraters konnte die Angst, dem Anderen nicht gewachsen zu sein und die Autorität gegenüber dem Führungsteam zu verlieren, reduziert werden, so dass die beiden wieder begannen, freundschaftliche Impulse füreinander zu entwickeln.

9.7.2 Aggressivität als institutioneller Strukturkonflikt

Fallbeispiel
Die Betriebsleitung einer Klinik setzt sich formal gleichberechtigt aus dem ärztlichen Direktor, der Pflegedirektorin und dem kaufmännischen Direktor zusammen; sie strukturiert sich in drei relativ unabhängige Bereiche mit unterschiedlicher bis widersprüchlicher Arbeits- und Organisationskultur. Der Arzt, der Kaufmann und die Pflegechefin haben voneinander unabhängige Arbeitsverträge mit der Trägerverwaltung. In dieser Struktur liegt ein inhärenter Widerspruch, den der Träger für sich nutzen kann. Differenzen zwischen den drei Arbeitsbereichen können nur über die persönliche Verständigung der drei Rolleninhaber erreicht werden. Dazu kann auch das Zugeständnis einer informellen Führung (Primus inter pares) innerhalb der Betriebsleitung gehören. Gelingt beides nicht, muss im Konfliktfall ein Entscheid durch den äußeren Eingriff der Trägerverwaltung erfolgen.

Wenn Konsens gelingt, verliert der Träger an Einfluss; verführt diese Struktur den Träger dazu, mit dem Prinzip »Teile und herrsche« seinen Einfluss aufrecht zu erhalten, wird die Führung der Klinik durch die Betriebsleitung fast unmöglich. Die drei Direktoren des Leitungsteams suchen nicht nach optimalen Lösungen für die anliegenden Probleme, sondern »pokern« über ein Austarieren der jeweiligen Bereichsinteressen um Einfluss, Macht, Geld und Status.

Eine Organisation ist so auf die Dauer nicht effizient zu führen, vor allem, wenn sich die Umweltbedingungen ändern. Neue Regeln bei den Kostenübernahmen durch Versicherungen oder ein Mangel an Fachpersonal betreffen alle drei Bereiche. Dann gerät die Betriebsleitung unter Druck. Jeder der Direktoren gerät in emotionale Not, weil es ihm nicht gelingt, die Probleme alleine aus der Welt zu schaffen. Andererseits aber fehlt das notwendige gegenseitige Vertrauen für eine kritische Betrachtung und Diagnose, um Verantwortlichkeiten zu teilen und Problemlösungen zu erarbeiten. Die Folge ist ein subtiles Anwachsen des Aggressionspotenzials, zunächst in der Betriebsleitung, dann aber auch auf den darunter liegenden Ebenen des mittleren Managements, der Teamleitungen und der Mitarbeiter.

Dieses Aggressionspotenzial macht sich unkontrolliert an den Stellen im Unternehmen Luft, die sich besonders kritisch entwickeln, für eine Skandalisierung eignen und wunde Punkte deutlich werden lassen. Statt kritischer Analyse kommt es zu gegenseitigen Schuldzuweisungen, die dafür sorgen, dass sich neues Aggressionspotenzial entwickelt. In dieser Situation sei ein offener Schlagabtausch zu gefährlich, weil das Machtgleichgewicht gestört und die Folgen unkalkulierbar würden, so die Vermutung der Betriebsleitung. Das Machtgleichgewicht sorgt für einen Nichtangriffspakt und die Koexistenz der Parteien. Da die Aggression sich aber nicht auflöst, wird sie auf informellen Wegen und zum Schaden der Klinik ausagiert. Die offene und transparente Bearbeitung der Aggressivität bleibt ein Tabu, und die emotionale Not wird noch größer.

Diese Pattsituation könnte nur durch den Einbezug der Trägerverantwortlichen und durch Veränderungen der Managementstruktur aufgelöst werden. Aber auch diese Variante bedürfte einer gemeinsamen Haltung in der Betriebsleitung, dazu noch eines Trägerwillens, der mit der Betriebsleitung nicht nach dem Motto »Teile und herrsche« verfährt, sondern Interesse an der Handlungsfähigkeit der Klinikleitung durch Herstellen einer gemeinsamen Verantwortlichkeit hat.

Die beiden abschließenden Beispiele sind eher alltäglich und wollen zeigen,
- auf welch unterschiedlichen Wegen Aggressivität entsteht und dementsprechend bearbeitet werden sollte,

- welch bedeutsame Rolle Mitarbeitergruppen als Bezugssysteme des ersten Fallbeispiels für das Verstehen und Bearbeiten der aggressiven Situation spielen,
- wie aber, wie im zweiten Beispiel, Unternehmensstrukturen Aggressivität produzieren können, die nicht allein interpersonell und interaktionell bearbeitbar sind.

Die Falldarstellung fokussiert nicht auf eine intrapsychische Konfliktbearbeitung dysfunktional aggressiven Verhaltens. Die sollte dort ansetzen, wo die Entstehungsgeschichte des Konflikts liegt. Intrapsychische Konflikte, Folgen psychischer Defizite – gedacht ist an ausufernden Narzissmus und destruktiven Machtumgang – brauchen m. E. zu ihrer Bearbeitung einen sicheren Ort außerhalb hierarchischer Kontrollen, außerhalb des Unternehmens. Sie können durch Interventionen innerhalb des Unternehmens allerdings auf den Weg gebracht werden.

Gruppendynamische Konflikte in und zwischen Arbeitsgruppen, die an der Nahtstelle zwischen personalem und institutionellem System entstehen, können durch ein kontinuierliches Beratungssetting begleitet und ggfs. gemildert, vielleicht konstruktiv genutzt werden.

Schließlich ist den Aggressionen, die strukturelle Ursachen haben nur durch ein Setting der Organisationsberatung beizukommen; dies setzt eine Bereitschaft zu Veränderung in der ganzen Organisation, zumindest in ihrer Spitze voraus und bedarf spezifischer Methoden und Konzepte (vgl. Heltzel u. Weigand 2012).

9.8   Orientierung für Führungskräfte und Manager im Umgang mit Aggressionen und Aggressivität

Bei der Einstellung einer Führungskraft sollte ein Kriterium die Prüfung persönlicher und sozialer Kompetenz im Umgang mit Aggression sein. Wichtig ist dabei weniger ein souveräner Umgang als vielmehr Problembewusstsein und Selbstreflexivität (▶ Kap. 1, 3). Im aktuellen Führungsverhalten ist die Verarbeitung von kritischem Feedback durch Mitarbeiter wie Vorgesetzte eine zentrale Bedingung für die Übernahme einer Führungsrolle. Ohne Selbstreflexivität sind das Erlernen von Führungstechniken und die Kontrolle von aggressivem Verhalten wenig hilfreich. Vielfältige Formen der Selbstreflexivität sind denkbar: vom Alltags-Feedback und Metakommunikation über selbstreflexive Führungsseminare, Coaching und Supervision bis hin zur Therapie.

Die Aufarbeitung von Situationen, die von unangemessen starken Aggressionen geprägt sind, sollten zum Gegenstand der Reflexion mit den Mitarbeitern gemacht werden. Über diese Analyse kann es gelingen, den »wirklichen« Problemen im Unternehmen auf die Spur zu kommen, die durch aggressives Agieren verdrängt werden sollten. Auch die Unterstützung der »aggressiven« Führungskraft durch ihre Vorgesetzten oder durch einen Mentor gehört zur selbstverständlichen Aufgabe im Management. Nicht akzeptablen Formen aggressiven Verhaltens ist nicht nur mit Sanktionierung und Disziplinierung, sondern vor allem durch Aufklärung und Verstehen zu begegnen. Oft sind »Ausraster« Ausdruck eines momentanen Affektdrucks, der nach kurzer Zeit der inneren Beruhigung und rationalen Betrachtung bedauert wird. Dem Betroffenen sollte deshalb die Chance gegeben werden, die »Wiedergutmachung« selbst einzuleiten.

Der konkrete Einsatz von Führungskräften ist nicht nur nach Sachgesichtspunkten zu entscheiden, sondern ebenso unter den Fragen: Wie passt die Führungsperson in diesen Arbeitsbereichen zu den spezifischen Mitarbeitern? Wie gestalten sich die Arbeitsabläufe in diesem Führungsbereich: wird aggressives Potenzial eher begünstigt oder relativiert? Welche

Eigenschaften haben die Personen, die dieser Führungskraft unterstellt sind? Was sind die kritischen Fragestellungen, die aggressive Auseinandersetzungen eher befördern oder hemmen?

Unangemessen aggressives Verhalten einer Führungskraft mag Ausdruck einer problematischen Persönlichkeitsstruktur sein; gleichwohl kann sie durch eine institutionelle Gegenübertragung erzeugt und befördert werden. Die schwierige Arbeitsgruppe, mit der ein Chef nicht zurechtkommt, produziert ein Aggressionspotenzial, zu dessen Entzündung es nur geringer, unbedeutender Anlässe bedarf. Auch die problematische Einbindung der Führungskraft in das hierarchische Gefüge kann zur Unzufriedenheit und zum Anwachsen von Aggression beitragen. Unklare oder widersprüchliche Rollenbeschreibungen, komplizierte Prozesse und Entscheidungsstrukturen erzeugen bei den Betroffenen ein Gefühl von Überforderung, Ohnmacht und Hilflosigkeit, das schnell in Aggression umschlagen kann. Bevor man persönliche Neurosen oder gar Pathologien in der Person des Managers ausmacht, sollten die Strukturen und die Prozesse auf ihre Rationalität überprüft werden.

Im Leitbild des Unternehmens und im Führungskonzept sollten weniger die idealistischen Ziele herrschaftsfreier Kommunikation formuliert werden, sondern die Schwierigkeiten mit offener Kommunikation, Konflikten und verfestigten Strukturen ihren Ort finden. In der Steuerung der Unternehmenskultur gilt es, Konflikt und Aggression als selbstverständliche Begleiterscheinungen von Arbeitsbeziehungen zu verstehen. Sie sind immer auch repräsentativer Ausdruck von Problemen, die einer permanenten Bearbeitung bedürfen.

Nimmt die Führungsperson ihre Rolle ernst, so kommt sie nicht umhin, für sich selbst als Chef besondere Anforderungen und ein hohes Anspruchsniveau zu formulieren. Ähnlich den Ärzten, Juristen, Lehrern und Theologen ist auch Führung eine Profession, die direkt in das Leben der Menschen eingreifen und es nachhaltig beeinflussen kann. Die Gesellschaft und die Politik haben hier Verantwortung zu tragen. Die Ausbildung zur Führungskraft sollte nicht zufälligen Faktoren, traditionellen Ansprüchen oder allein ökonomischen Kriterien überlassen werden; die Profession »Führung« benötigt Standardisierungen, Qualitätsmerkmale, Kontrollen und vor allem Qualifizierungen, um humanen und demokratischen Anforderungen zu genügen.

Literatur

Altmeyer, M. (2000). *Narzissmus und Objekt*. Göttingen: Vandenhoeck & Ruprecht.

Benjamin, J. (1988). *Die Fesseln der Liebe*. Frankfurt a. M.: Stroemfeld.

Busch, H.-J. (2011). Aggression und politische Sozialisation. In T. Hoyer et al. (Hrsg.), *Jenseits des Individuums – Emotion und Organisation* (S. 286–306). Göttingen: Vandenhoeck & Ruprecht.

Duve, K. (2014). *Warum die Sache schiefgeht*. Berlin: Galiani.

Erdheim, M. (1982). *Die gesellschaftliche Produktion von Unbewusstheit*. Frankfurt a. M.: Suhrkamp.

Freimut, J. (1999). *Die Angst der Manager*. Göttingen: Hogrefe.

Giernalczyk, T., & Lohmer, M. (Hrsg.) (2012). *Das Unbewusste im Unternehmen*. Stuttgart: Schäffer-Poeschel.

Goffman, E. (1971). *Asyle*. Frankfurt a. M.: Suhrkamp.

Heltzel, R., & Weigand, W. (2012). *Im Dickicht der Organisation*. Göttingen: Vandenhoeck & Ruprecht.

Kernberg, O. E. (2000). *Ideologie, Konflikt und Führung*. Stuttgart: Klett-Cotta.

Kets de Vries, M. (1989). *Chef-Typen*. Wiesbaden: Gabler.

Kets de Vries, M. (1998). *Führer, Narren und Hochstapler*. Stuttgart: Klett-Cotta.

Kohut, H. (1976). *Narzißmus*. Frankfurt a. M.: Suhrkamp.

Link, O. (2015). Ein Mann der Mitte. *brandeins 3*, 110–113.

Luhmann, N. (1975). *Macht*. Stuttgart: utb.

Mitscherlich, A., & Mitscherlich, M. (1969). *Die Idee des Friedens und die menschliche Aggressivität*. Frankfurt a. M.: Suhrkamp.

Müller, U. R. (1997). *Machtwechsel im Management.* Freiburg: Haufe.

Nussbaum, M. (2014). *Politische Emotionen.* Berlin: Suhrkamp.

Schmidbauer, W. (2004). *Persönlichkeit und Menschenführung.* München: dtv.

Sennett, R. (1990). *Autorität.* Frankfurt a. M.: Fischer.

Shakespeare, W. (1597) *König Richard III.* : Stuttgart: Reclam (1971).

Weber, M. (1921) *Wirtschaft und Gesellschaft.* Tübingen: Mohr 1980.

Weigand, W. (2012). Der Gang ins Zentrum der Macht. In R. Heltzel, & W. Weigand (Hrsg.), *Im Dickicht der Organisation* (S. 117–158). Göttingen: Vandenhoeck & Ruprecht.

Wirth, H-J. (2002). *Narzissmus und Macht.* Gießen: Psychosozial-Verlag.

9

Führen und Mitgefühl

»Damit Affekte zu Gefühl und Mitgefühl werden« – Führungskräfte als Change Manager

Norbert Hartkamp

E.-M. Lewkowicz, B. West-Leuer (Hrsg.), *Führung und Gefühl*,
DOI 10.1007/978-3-662-48920-8_10, © Springer-Verlag Berlin Heidelberg 2016

Leben ist Veränderung: Dieser Gedanke drückt sich im berühmten, fälschlich Charles Darwin zugeschriebenen Zitat aus:

» Es ist nicht die stärkste Spezies, die überlebt, auch nicht die intelligenteste, es ist diejenige, die sich am ehesten dem Wandel anpassen kann.
(Matzke 2009)

Marktbedingungen, technische Neuerungen, gesetzliche Vorgaben oder wirtschaftliche Erfordernisse können äußere Ursachen für notwendige Veränderungen sein. Innerhalb von Unternehmen oder Institutionen können veränderte Strategien, neue Arbeitsmittel oder Veränderungen innerhalb der Arbeitnehmerschaft Change-Prozesse erfordern.

Veränderungsprozesse können »top-down« (z.B. i.S. eines Re-Engineerings von Geschäftsprozessen) oder »bottom-up« (z.B. i.S. des »lean management«) erfolgen. Meist verbinden sich diese Ansätze in der Weise, dass strategische Veränderungen »top-down« erfolgen, während Prozessverbesserungen »bottom-up« angestoßen werden. Change Management erfordert somit nicht nur ein zutreffendes Verständnis der Organisation, die sich verändern will oder muss, sondern – weil Veränderung von Organisationen auch die Veränderung von Menschen erfordert – auch ein Verständnis derjenigen, die sich verändern wollen oder müssen.

Nun sind Gewohnheiten ohne Zweifel Teil eines jeden Lebens, und häufig sind sie bei notwendigen Veränderungen hinderlich. Oft genug sind wir Menschen nicht sehr gut darin, uns zu verändern, denn wir wollen bleiben, die wir sind und die wir waren. Daraus ergeben sich oft charakteristische mentale und affektive Muster bei denjenigen, die einer Veränderung unterworfen sind. Verleugnung der Veränderungsnotwendigkeit, um den Status quo zu erhalten, Frustration und Ärger angesichts einer unvermeidbaren Veränderung, deren Notwendigkeit nicht eingesehen wird, Versuche, zu verhandeln, um »zu retten, was zu retten ist« oder auch regelrecht depressive Verfassungen, wenn eingesehen werden muss, dass das Altvertraute keinen Platz mehr hat, können einer Akzeptanz, Integration und Freude über neue Möglichkeiten vorausgehen.

Im Einzelfall kann angesichts von Notwendigkeiten seitens der Führung die Versuchung bestehen, Veränderungen im Sinne eines »Friss oder stirb« durchsetzen zu wollen. Zu einem solchen »Friss oder stirb«-Vorgehen gehört z.B. die mangelnde oder inkorrekte Kommunikation bezüglich notwendiger Veränderungsmaßnahmen, das Ignorieren von Einwänden und Gegenargumenten, Ironie und Zynismus oder versteckte, aber auch offene aggressive Kommentierungen und Kritik bezogen auf die Gegner eines Veränderungsprozesses.

Wie auch immer sich Veränderungsprozesse im Einzelnen gestalten und abspielen: Sowohl ihr Gelingen als auch ihr Scheitern sind durch die zentrale Rolle der Emotionen, der Affekte und Gefühle, gekennzeichnet. Effiziente Führung benötigt daher emotionale Intelligenz (George 2000), wobei das Schlagwort »emotionale Intelligenz« die Einschätzung und den Ausdruck von Emotionen, die Nutzung von Emotionen zur Vertiefung von gedanklicher Klarheit und zur Verbesserung von Entscheidungen sowie, insgesamt, das Wissen um und die Steuerungsfähigkeit von Emotionen umfasst (Mayer u. Salovey 1997). Erfolg – in welchem Bereich auch immer – ist nur zu erzielen auf der Grundlage guter Entscheidungen; gute Entscheidungen setzen größtmögliche Klarheit voraus. Klarheit wiederum ist aber nur durch ein Sich-bewusst-Sein der eigenen Motivationen, Gefühle und Gedanken zu erreichen.

Die präzise Wahrnehmung eigener, aber auch fremder affektiver Prozesse ist somit eine Kernkompetenz für Führungskräfte. Sie fördert die Selbstreflexion und versetzt diese in die Lage, Führung aktiv und intersubjektiv zu gestalten. Sie fördert Entscheidungsprozesse, indem sie hilft, die Aufmerksamkeit auf zweckdienliche Ziele auszurichten (Damasio 1994). Die präzise Wahrnehmung eigener und fremder affektiver Prozesse ermöglicht es Führungskräften, eine gemeinsame Vorstellung von Zielen und Zwecken einer Organisation und der Wege, sie zu erreichen, zu entwickeln. Die Fähigkeit, eigene und fremde Gefühle wahrzunehmen und sie quasi als Navigationsgerät, als Kompass zu nutzen, erleichtert es, in den Mitarbeitern Wissen und Fähigkeiten zu aktivieren und eine Wertschätzung des aufgabenbezogenen Handelns zu fördern. Kompetenter Umgang mit Gefühlen schafft in Organisationen Begeisterung und Enthusiasmus ebenso wie Vertrauen und Zuversicht, und dies trägt dazu bei, dass Organisationen eine Bedeutung und eine Identität gewinnen und aufrecht halten (Ashkanasy u. Tse 2000).

Es stellt sich damit aber die Frage, wie Führungskräfte handeln können, um solche Fähigkeiten bei ihren Mitarbeitern zu fördern. Wenn beispielsweise ein Geschäftsführer oder Vorstand feststellt, dass Mitglieder im Führungskader die erforderlichen Kompetenzen nicht haben, benötigt er Kommunikations- und Interventionsmuster, welche die Kollegen in ihrer Wahrnehmung von Affekten und im konstruktiven Umgang damit unterstützen und fördern.

Kommunikationsmuster, die sich für solche Zwecke eignen, stellt die interaktionell-psychoanalytische Methode bereit (Heigl-Evers u. Ott 1998; Streeck 2007). Sie bestehen ganz wesentlich aus **authentischen, dabei aber selektiven, an ein zu erreichendes Ziel angepassten Antworten**, mit denen die emotionale Basis unseren Denkens und Handelns (▶ Kap. 2) berücksichtigt wird. Wenn die Führung solche selektiv-authentischen Antworten kommunikationsstrategisch einsetzt, kann dies bewirken, dass Emotionen wie Verblüffung, Staunen, Überraschung oder Betroffenheit, aber auch Ärger, Scham oder Trauer vom Gesprächspartner bewusster und differenzierter erlebt werden. Die Integration solcher Gefühle in das Selbstbild schafft die Basis für Klarheit, die gute Entscheidungen ermöglicht. So lassen sich Beeinträchtigungen, die sich aus der Unter- bzw. Übersteuerung einzelner Emotionen ergeben, im Einzelfall modifizieren.

Instabile Affektsysteme und Affektregulation können unternehmensinterne Prozesse negativ beeinflussen, wenn Krisen und Konflikte zwischen Mitarbeitern und Vorgesetzten zu bewältigen sind, etwa bei Umstrukturierungs- und Rationalisierungsprozessen, bei Störungen der Kommunikation wie auch bei Defiziten in sozialer Kompetenz. Gerade in »kritischen" (im Vergleich zu verbesserungswürdigen oder entspannten) Situationen (vgl. Deutscher Bundesverband Coaching 2012) benötigt das Management nicht perfekte Lösungen – die eine Illusion sind –, sondern Authentizität im Umgang.

Vor allem anderen sind es Versagungen im Bereich elementarer Grundbedürfnisse, die Über- oder Untersteuerung einzelner Emotionen und damit eine Instabilität von Affektsystemen und Affektregulation nach sich ziehen. Das zentrale Bedürfnis ist es dabei, im eigenen Sein und Tun anerkannt und wertgeschätzt zu sein. Wenn diesem Bedürfnis nicht entsprochen wird, können Leistungen und insbesondere die Kreativität nicht dauerhaft erhalten bleiben. Versagungen in diesem Bereich führen in Form einer Schichtung (◘ Abb. 10.1) zu Blockaden, die mit negativen, störenden oder sogar selbstzerstörerischen Verhaltensweisen verbunden sind.

Veränderungen in Organisationen und Veränderungen von Menschen sind unausweichlich mit dem Risiko behaftet, dass Menschen sich in Frage gestellt und in ihrem Sein und Tun nicht anerkannt erleben. Deshalb benötigen gerade Change-Prozesse die besondere Kompetenz der Führungskräfte, um mit den emotionalen Kosten von Veränderungen so umzugehen, dass die Leistungsfähigkeit und die Kreativität der Mitarbeitenden erhalten bleiben.

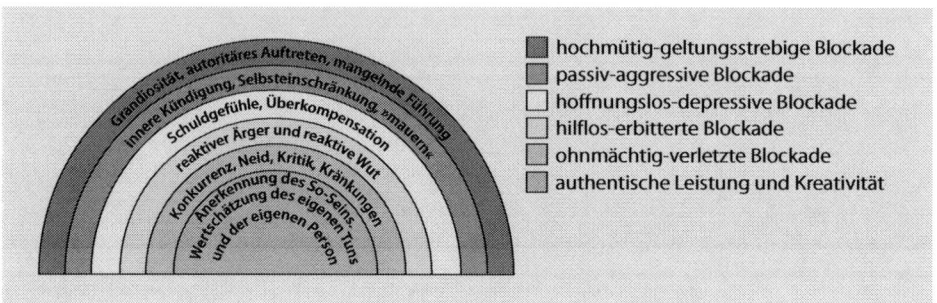

□ **Abb. 10.1**   Grundbedürfnisse und Blockierungen, die aus ihrer Versagung folgen

10.1   Modus der authentischen, hinsichtlich ihrer Expression selektiven Antwort

In seiner authentischen Reaktion bringt der Vorgesetzte modifiziert zur Sprache, was ein Mitarbeiter in ihm auslöst: »Wenn Sie sich so oder so verhalten, dann erlebe ich Sie so oder so, dann fühle ich dieses oder jenes Ihnen gegenüber.« Der Vorgesetzte zeigt sich als unterschiedliche Person und ist für Kollegen und Mitarbeiter als ein sie ernst nehmendes Gegenüber deutlich spürbar, ohne dass dies eine Entwertung enthält. Eine authentische Antwort bedeutet eine Chance, nicht nur den Anderen, sondern auch sich selbst von einer anderen Seite kennenzulernen.

Fallbeispiel Anfang

Herr A. hat zum wiederholten Mal eine Stelle als Betriebsleiter im Maschinenbau verloren. Er kann sich nicht erklären, warum ihm nach zwei bis drei Jahren immer wieder gekündigt wird, obwohl man mit seiner fachlichen Kompetenz völlig zufrieden ist. In einem Vorstellungsgespräch bei einem mittelständischen Unternehmen wird er stellvertretend für den Eigentümer von dessen Tochter interviewt. Er empfindet dies als Kränkung, denn er ist überzeugt, dass eine Frau seine Fachkompetenz als Diplom-Ingenieur der Verfahrenstechnik nicht beurteilen kann. Als er dies im Interview anklingen lässt (»Ich hätte doch einen kompetenten Fachkollegen als Interviewpartner erwartet«), ist die Juniorchefin verärgert und verspürt den Impuls, das Interview abzubrechen (vgl. West-Leuer 2015). Jedoch hat sie vor kurzem eine Coaching-Weiterbildung in psychodynamischer Beratung absolviert und weiß nun, dass sich hinter männlichen Dominanzallüren (vgl. die äußere Blockadeschicht in □ Abb. 10.1) häufig Konkurrenz- und Kritikängste verbergen (vgl. die Schicht der ohnmächtig-verletzten Blockade in □ Abb. 10.1). Außerdem ist ihr Herr A. trotz dieser Respektlosigkeit nicht unsympathisch.

Statt das Interview abzubrechen, versucht sie, ihn mit Hilfe einer authentischen Antwort zu erreichen: »Ich sehe, Sie haben in letzter Zeit häufig die Arbeitsstelle gewechselt, wobei Ihre Fachkompetenz ja unbestritten scheint. Aber wie steht es mit Ihrer zwischenmenschlichen Kompetenz? Ich lege im Unternehmen Wert darauf, dass besonders die Führungskräfte menschlich achtsam und wertschätzend mit den Mitarbeitern umgehen. Ihre Bemerkung hat leisen Zweifel in mir ausgelöst, ob Sie in unser Unternehmen passen. Wenn Sie jetzt schon meinen, Sie wüssten besser als ich, wer das Interview mit Ihnen führen sollte, wird es in Zukunft schwierig mit uns beiden. Denn dann geht es Ihnen in erster Linie darum, wer von uns beiden ‚oben‘ und wer ‚unten‘ ist. Und daraus könnte eine Schwierigkeit in der Zusammenarbeit werden, die, wie ich meine, weder mir noch Ihnen nützt!«

Diese Antwort, dass Überlegenheitsgesten von Vorgesetzten nicht akzeptiert werden, ist zwar konfrontativ, erfolgt aber in einer Weise, die es dem Interviewten ermöglicht, sich so weit wahrgenommen und anerkannt zu fühlen, dass er die Konfrontation als nützliche und klare Rückmeldung annehmen kann. Damit gelingt es ihm, die hinderlichen Wirkungen vorhandener Blockaden zu verringern. Herr A. bekommt die Stelle, nachdem er einwilligt, ein Coaching zur Mitarbeiterführung zu absolvieren. In diesem geht es auch um seine Ängste und frühen negativen Überzeugungen, sich ganz groß machen zu müssen, um nicht ganz klein gemacht zu werden. Ein Feedback nach vier Jahren zeigt, dass es ihm gelungen ist, seine sozialen Kompetenzen, besonders sein »Verständnis" für Vorgesetzte und Mitarbeiter, in kleinen Schritten zu erweitern.

Welches sind im Einzelnen die Schritte, die eine selektiv-expressive, authentische Antwort ermöglichen? Das erste ist hier sicherlich die Fähigkeit und Bereitschaft der Führungsperson, sich der Einflussnahme durch das Gegenüber soweit zu öffnen, dass die erste, spontane innere Reaktion wahrgenommen werden kann. Affekte sind ein ganzheitliches, leib-seelisches Geschehen, d.h. die im Gespräch entstehenden Affekte und Gefühle bringen mentale ebenso wie körperliche Resonanzen mit sich, die wahrzunehmen der erste Schritt ist, um selektiv-authentisch antwortend handeln zu können.

Das ist insoweit kein leichter Schritt, als es vielen Führungspersonen eine Selbstverständlichkeit ist, in ihrem Handeln Maximen von Nüchternheit, Sachlichkeit und Rationalität zu folgen. So zweckmäßig solche Maximen auch sind, so sind sie oft mit dem Nachteil verbunden, dass der Aufmerksamkeitsfokus in Interaktion und Kommunikation rasch bei »der Sache« oder bei »dem Problem« ist, während die eigene affektive Reaktion gar nicht oder nur sehr unscharf wahrgenommen wird. Ein solches Nicht-Wahrnehmen hätte dazu führen können, dass Herr A. aufgrund seiner fachlichen Kompetenzen eingestellt worden wäre, dass seine Konkurrenzstrebigkeit aber schon bald zu interaktionellen Verwerfungen geführt hätten, die eine Weiterbeschäftigung in Frage gestellt hätten. Eine lediglich unscharfe Wahrnehmung der eigenen affektiven Reaktion der Interviewerin hätte diese dazu führen können, Herrn A.´s Einstellung aus der vagen Wahrnehmung heraus, er sei wohl »etwas schwierig«, abzulehnen, und so wäre es nicht dazu gekommen, dass sie die wertvolle fachliche Kompetenz für ihr Unternehmen hätte nutzen können.

Notwendig ist also die Bereitschaft, im Gespräch einen kurzen Moment – erfahrungsgemäß sind dies wenige Momente bis zu einigen wenigen Sekunden – innezuhalten und die Aufmerksamkeit auf das eigene Innere, das eigene Körpererleben und den eigenen mentalen Zustand auszurichten (tatsächlich gelingt das mit einiger Übung fast unmerklich schnell). Dies reicht allerdings nicht aus. Ein nächster Schritt besteht darin, das Wahrgenommene zu überdenken, um sich Fragen zu beantworten wie: »Was geht hier gerade vor sich? Wie werde ich gerade mutmaßlich wahrgenommen? In welche Rolle und/oder Funktion fühle ich mich gerade versetzt (abgesehen von der offenkundigen Rolle, die ich aufgrund meiner Position in der Organisation und aufgrund des Gesprächsrahmens ohnehin innehabe)? In welcher mutmaßlichen Verfassung ist mein Gegenüber, so dass er oder sie mir in der Weise begegnet, wie dies gerade geschieht? Wo sind aktuell ihre oder seine empfindlichen Punkte, an denen es subjektiv zu einer Überschreitung von Erträglichkeitsgrenzen kommen könnte?« Zur Formulierung der selektiv authentischen Antwort führt dann die letzte Erwägung: »Welches ist die aktuell bestimmende Einschränkung, welches die Einseitigkeit der Situationsauffassung meines Gegenübers, auf die ich mit meiner Antwort zielen muss, um eine als hinderlich oder störend erlebte kommunikative Situation zu modifizieren?«

In der konkreten Formulierung der selektiv-expressiven Antwort hat es sich bewährt, durch Wortwahl und Sprachklang Bedachtheit, Achtsamkeit, manchmal sogar eine Art Zaudern zu signalisieren. In unserem Beispiel geschah dies durch die Formulierung: »Ihre Bemerkung hat *leisen Zweifel* in mir ausgelöst…«, was geeignet ist, dem Gegenüber zwar einerseits deutlich zu vermitteln, dass sein Verhalten auf Missbilligung stößt, was aber andererseits durch die behutsame Ausdrucksweise signalisiert, dass noch nicht »alle Türen zugeschlagen« sind.

10.2   Affektidentifizierung und Affektklarifizierung

> » Wenn die Mitarbeiter von ihrem Chef als von einem ,sachlichen' oder ,kühlen' Menschen sprechen und meinen, er habe keinen gefühlsmäßigen Bezug zu den Menschen, so hat er sehr wohl einen – nur eben einen schlechten!
> (Bayer 1995)

Tatsächlich verfügt der beschriebene Vorgesetzte nur über eine reduzierte Wahrnehmung der eigenen Affekte und kann folglich auch die Affekte seiner Mitarbeiter nicht entschlüsseln oder motivierend beantworten. Im Modus der authentischen Antwort besteht für den Vorgesetzten dieser Führungskraft die Chance, sich vorsichtig an das Problem der fehlenden Gefühlswahrnehmung heranzutasten und zu sondieren, ob es Entwicklungspotenzial gibt.

Authentisch antwortend lässt sich die Führungskraft von Kollegen und Mitarbeitern emotional erreichen und vermittelt dies auch: »Du bist jemand, der mich gefühlsmäßig ansprechen und bewegen kann. Umgekehrt bin auch ich jemand, der bei dir Gefühle in Bewegung setzt, ohne dass ich dabei meine Führungsfunktion aufgebe. So kommt es zwischen uns zum Austausch, zur Abstimmung, zu Anregungen und zu bewegten Abläufen teils freundlicher, teils kritischer, eventuell auch aggressiver Natur.« Der Mitarbeiter, egal in welcher Funktion er sich befindet, kann dann auf offensichtliche Hemmungen und Unterdrückung seiner Gefühle oder unkontrolliertes Agieren und Übertreibung von Affekten mit dem Ziel angesprochen werden, eine adäquate und nützliche Steuerung der Emotionen zu erreichen.

Damit dies gelingt, muss natürlich auch die Führungskraft über elementares Grundwissen und über Erfahrungen im Umgang mit Affekten und Emotionen verfügen, so wie es in diesem Buch diskutiert wird. Nützlich ist es dazu, sich den Unterschied von Affekten und Emotionen einerseits und Gefühlen andererseits zu verdeutlichen und sich auch klar zu machen, dass affektive und emotionale Kommunikation sich verschiedener Kommunikationskanäle bedient, die nicht notwendigerweise gut miteinander harmonieren. Schließlich ist es noch nützlich, verschiedene Klassen von Affekten zu unterscheiden, die jeweils eine unterschiedliche kommunikative Rolle spielen.

Die psychologische Affektforschung beschreibt verschiedene **basale** Affekte. Diese und auch alle anderen Affekte sind durch charakteristische Muster von mimischem Display gekennzeichnet und mit physiologischen Veränderungen sowie mit Verhaltensanbahnungen im Bereich der Motorik (motivationale Komponente) verbunden. Auf diese Art und Weise kann man Affekte **haben**, ohne sich dessen gewahr zu werden (manchmal merken es dann bloß die Anderen). In diesen Fällen spricht man auch von der »occurring emotion«. Wenn diese »occurring emotion« von der Person selbst wahrgenommen wird, kann von einer »felt emotion« oder »Gefühl« gesprochen werden (Krause 1987). Und wenn es dann noch gelingt, sie sprachlich zu benennen und in ihren persönlichen und biographischen Bezügen einzuordnen, kann von »self-empathy« gesprochen werden.

Eine Voraussetzung dafür, um affektive Muster zu erkennen und auf sie einzuwirken, ist das Verfügen über ein Vokabular, um Emotionen auszudrücken und über sie nachzudenken (was ohne die passenden Worte nicht geht). Wo eine Differenzierung von Affekten nicht möglich ist, wo die unterschiedlichen Qualitäten der Gefühle nicht differenziert werden können, empfinden sich Menschen lediglich als »gut drauf« oder als »schlecht drauf«, sie fühlen sich »super« oder »mies«, empfinden Behagen oder Missbehagen (Streeck u. Leichsenring 2011). Besonders die negativen Gefühle haben dann oftmals die Qualität eines nahezu körperlichen, psycho-physischen Missbehagens, was die Betreffenden dann oftmals erleben lässt, sie seien körperlich krank, wo es doch eigentlich um eine negativ bewertete Emotion geht.

Bei einigen wenigen Menschen geht das Repertoire von Gefühlen über **Wut, Trauer, Freude** und **Angst** nicht hinaus. Die meisten würden wohl noch **Liebe** und **Hass, Dankbarkeit, Enttäuschung, Zärtlichkeit** und **Zuneigung** einschließen und wenige z.B. **Jammer, Glückseligkeit** oder **Groll**. In jedem Fall können neben basalen Grundgefühlen (genannt werden sollen hier **Trauer, Freude, Zorn** und **Angst**, aber auch **Begehren, Ekel, Mut** und **Scheu**) andere beziehungsregulierende Affekte, selbstreflexive Affekte, soziale Affekte, nachtragende Affekte und informationsverarbeitungsinitiierende Affekte benannt werden. Zu Letzteren zählen **Neugier, Interesse**, das **Stutzen** und ebenso die mit rascher, fokussierter Aufmerksamkeitszuwendung verbundene **Alarmreaktion**. Zu den selbstreflexiven Affekten sind **Scham, Schuld** oder auch **Reue** zu zählen. Beziehungsregulierend sind Affekte, die darauf abzielen, Einfluss auf einen Interaktionspartner zu nehmen, wie dies für **Wut, Verachtung** oder **Freude** gilt. Manche Affekte sind sozialer Natur, dies gilt z.B. für **Scham**, nicht hingegen für **Schuld** oder **Dankbarkeit**, denn Scham ist an die reale oder zumindest vorgestellte Anwesenheit eines sozialen Anderen geknüpft (im Verborgenen und wenn Menschen mit sich alleine sind, entsteht meist keine Scham). Vor allem die nachtragenden Affekte können schädliche Auswirkungen im Beziehungsgeschehen nach sich ziehen. Hierzu zählen: **Grimm, Groll, Hader, Rachsucht** oder **Bitterkeit**.

Besonders die grundlegenden Affekte können als Antworten auf charakteristische, zum Teil existenzielle Erfahrungen aufgefasst werden. Trauer ist eine Antwort auf Verlust, Freude die Antwort auf eine günstige Gelegenheit, Wut und Zorn auf die Übertretung einer Grenze. Furcht antwortet auf einen Fehlschlag, Mut antwortet auf Gefahr, Scham auf die befürchtete Verachtung der sozialen Bezugsgruppe, Hader auf vermeintliches Unrecht, das einem geschehen ist. Damit verbunden ist, dass diese grundlegenden Affekte auch in Bezug stehen zu elementaren menschlichen Bedürfnisregulierungen. Welches diese grundlegenden Bedürfnisse sind, wird aus verschiedener theoretischer Perspektive unterschiedlich beantwortet. So postuliert Rudolf (2004) Grundbedürfnisse der Beziehung und Kommunikation, der Bindung, der Autonomie und der Identität. Sachse (2002) geht aus von den zentralen Beziehungsmotiven der Anerkennung (Liebe, Zuwendung), der Wichtigkeit (für andere Bedeutung zu haben), der Verlässlichkeit, der Solidarität, der Selbstbestimmung (Autonomie) und der Territorialität (Unverletzlichkeit von Grenzen). In jedem Fall gilt, dass bestimmte Emotionen in Reaktion auf die Befriedigung oder auch die Entbehrung bestimmter Bedürfnisse entstehen, dass Emotionen aber auch ihrerseits bestimmte Grundbedürfnisse fördern und neue Emotionen entstehen lassen. So unterstützt beispielsweise **Trauer** das **Bedürfnis nach Zugehörigkeit, Freude** stärkt eine **bestehende Ordnung, Zorn** setzt die **Achtung** durch, **Furcht** sucht nach **Sicherheit, Mut** inspiriert **Kreativität, Scham** lässt **Einsamkeit** entstehen, und **Hader** ruft **Ohnmacht** wach.

Im Modus des authentischen Antworten geht es nun darum, Affekte in ihrer Beziehung zur Situation, zur eigenen Person oder zu anderen zu klären, was aber nicht in der Weise geschehen kann, dass man z.B. bestimmten körperlichen Gesten eine jeweils spezifische gefühlshafte Bedeutung zuordnet (ein solches Verständnis wird manchmal in Seminaren über »Körpersprache« nahe gelegt). Es ist also keineswegs so, dass, wer sich am Kopf kratzt, immer verlegen ist oder dass, wer die Arme verschränkt, immer auf Abwehr aus ist. Wenn also eine Führungskraft in dieser Art und Weise versucht, den körperlichen Gefühlsausdruck von Mitarbeitern quasi zu »übersetzen«, dann führt dies oft genug nur dazu, dass ein solcher Mitarbeiter das Gefühl hat, sich gegenüber seiner Umgebung nicht hinlänglich abschirmen zu können. Er wird dann versuchen, seine Körpersprache mehr und mehr zu kontrollieren, was am Ende zu einem verstärkten Erleben von innerem Druck führt und den Zugang zu den Affekten weiter versperrt.

Wichtig ist es, dass in solchen Fällen die Führungskraft affektive Äußerungen von Mitarbeitern nicht hinweisend, sondern allenfalls in diskreter, fragender Form kommentiert. Dabei können sprachliche Formulierung hilfreich sein wie: »Ich meine, bei Ihnen gerade ein leises Zurückweichen wahrgenommen zu haben…« (wenn ein Affektausdruck wahrgenommen wird, der auf Angst hindeutet), oder: »Könnte es sein, dass die vorgeschlagene Übereinkunft nicht ihre Billigung findet? Ich meine, so etwas gerade wahrgenommen zu haben…« (wenn ein Affektausdruck wahrgenommen wird, der auf Ärger hindeutet). Diese vorsichtige, fragende Gesprächsführung respektiert die Selbstregulierung des Gegenübers und erlaubt es so, Blockierungen zu lockern, wodurch sich die Binnenkommunikation und die Eigenwahrnehmung der Affekte auf der Seite des Gegenübers verbessern. Wenn so in einem ersten Schritt die Affekttoleranz vergrößert wurde, dann kann es in einem zweiten Schritt darum gehen, eine differenziertere Eigenwahrnehmung von Affekten und Gefühlszuständen zu fördern. Diesen Prozess kann eine Führungskraft dadurch unterstützen, dass in konkreter Weise Benennungen möglicher emotionaler Zustände vorgeschlagen werden: »Wenn ich entschieden habe, dass Sie zukünftig den Bereich der Großverbraucherkunden Ihrer Kollegin XY überlassen sollen – und ich meine da bei Ihnen eine etwas verhaltene Reaktion wahrgenommen zu haben –, dann frage ich mich, ob Sie verärgert sind, weil Sie das doch bisher als Ihren Bereich angesehen hatten, oder ob Sie besorgt sind, weil Sie fürchten, dass Ihre Arbeit von mir nicht hinreichend anerkannt wird. Vielleicht gibt es aber auch noch ein ganz anderes Empfinden, das Sie mir mitteilen können. Ich wäre Ihnen jedenfalls dankbar, wenn wir auch darüber sprechen könnten, was meine Entscheidung für Sie gefühlsmäßig bedeutet, denn ich möchte nicht, dass unsere Arbeitsbeziehung eine Störung erfahren muss!«

Insgesamt geht es für Führungskräfte darum, ihre Mitarbeiter bei der Steuerung und Kontrolle von Affekten und Emotionen zu unterstützen, besonders wenn diese einen heftigen und drängenden Charakter annehmen, wie dies vor allem bei nachtragenden Affekten wie Bitterkeit, Grimm, Groll, Hader oder Racheimpulsen der Fall ist. Gelingt es einer nachgeordneten Führungskraft, solche Affekte bei sich zu identifizieren, kann sie lernen, diese in ihrem Entstehungszusammenhang zu verstehen und angemessen zu verarbeiten. Dabei kann es notwendig sein, klare und unmissverständliche Grenzziehungen vorzunehmen, die einen gegebenenfalls vorliegenden Mangel an innerer Orientierung zu kompensieren vermögen. Eine solche Grenzziehung kann beispielsweise im Verweis auf institutionelle oder hierarchische Gegebenheiten oder auch in einem als solchem ausdrücklich gekennzeichneten Kritikgespräch bestehen.

Wenn es gelingt, affektiven und emotionalen Äußerungen ihre heftige und drängende Qualität zu nehmen, dann können andere, angemessenere Formen der Affektverarbeitung zur Verfügung stehen. Eine solche Form ist das Erklären-Können: Bereits die Selbstreflexion, das Finden einer kognitiven Erklärung für ein Gefühl trägt dazu bei, einen Affekt zu mindern. Schon das Bewusstwerden des in einem Gefühl vermittelten kommunikativen Appells überführt das passive Ausgeliefertsein an einen Affekt in eine aktive Haltung, welche Kontrolle über die Situation und die Übernahme von Verantwortung ermöglicht. Eine solche kognitive Erklärung kann von einer Führungskraft durch ein entsprechendes kommunikatives Angebot gefördert werden, wie in dem vorangehenden Beispiel dargestellt: »…dann frage ich mich, ob Sie verärgert sind, weil Sie das doch bisher als Ihren Bereich angesehen hatten, oder ob Sie besorgt sind, weil Sie fürchten, dass Ihre Arbeit von mir nicht hinreichend anerkannt wird…«.

Eine weitere nützliche Form emotionaler Deaktivierung kann durch eine nachdenkende Neubewertung zustande kommen. Hier geht es darum, die Gewichte zu verschieben, was im einfachsten Fall bedeuten kann, zu dem Gedanken zu kommen: »So schlimm ist es auch wieder nicht!« Menschen oder Umstände, die negative Affekte auslösen, können auch als besonders wertvoll angesehen werden, da sie eine Konfrontation mit Grenzen, Ängsten und fehlerhaften Vorannahmen bedeuten. In diesem Sinne gilt: Jede Enttäuschung ist auch eine Ent-Täuschung, die sich als nützlich erweisen kann. Eine nachdenkende Neubewertung kann das, was ärgert oder zornig macht, zu einem Ausgangspunkt für eigene Weiterentwicklung werden lassen.

10.3 Übernahme einer Hilfs-Ich-Funktion

In schwierigen kommunikativen Situationen hat der Vorgesetzte die Aufgabe, dann, wenn nachgeordneten Führungskräften oder Mitarbeitern die entsprechenden Fertigkeiten nicht zur Verfügung stehen, diese mittels der vorübergehenden hilfsweisen Übernahme von »Ich-Funktionen« darauf aufmerksam zu machen, dass Alternativstrategien zu problematischen Verhaltensweisen erforderlich sind.

Als »Ich« kann man im psychodynamischen Verständnis den »Kern« oder die »Struktur« der Persönlichkeit bezeichnen, ein dynamisches, steuerndes und wertendes Organisationsprinzip, das Erlebnisse und Handlungen des Individuums bestimmt und sich dabei von Vernunft und Besonnenheit leiten lässt (vgl. Freud 1923, S. 253). Ich-Funktionen bezeichnen in diesem Sinne allgemein psychologische Funktionen, die der Anpassung und der Auseinandersetzung mit der Realität dienen. Zweifellos gehört dazu die Fähigkeit, Bedürfnisse und Wünsche, aber auch innere Normen und Ideale wahrzunehmen und zu verbalisieren. Diese Fähigkeit bildet ein Kernstück dessen, was als sog. »synthetische« Ich-Funktion daran mitwirkt, potenziell diskrepante oder widersprüchliche Erfahrungen und Eindrücke zu integrieren (vgl. Freud 1926, S. 223: »Das Ich ist eine Organisation, ausgezeichnet durch ein sehr merkwürdiges Streben nach Vereinheitlichung und Synthese«). Diese Fähigkeit zur und das Streben nach Integration ist unerlässlich für die Gewinnung von Identität und damit auch für die Fähigkeit, sich mit einer Unternehmung oder Institution, für die man tätig ist, soweit zu identifizieren, dass man seine Leistung erfolgreich in deren Dienst stellen kann, dass man empfinden und ausdrücken kann: »Ja, ich stehe hinter unserer gemeinsamen Sache!«

Diese komplexe synthetische Ich-Funktion beruht ihrerseits auf Subfunktionen wie Realitätsprüfung, Frustrationstoleranz und Befriedigungsaufschub, Nähe-Distanz-Regulierung, einer Fähigkeit zum Registrieren und Verändern von dysfunktionalen Widerständen, der Wahrnehmung anderer als eigenständig, Antizipationsfähigkeit und folgeorientierter Verhaltenssteuerung, Regressions- und Abstraktionsvermögen u.a.m.

Realitätsprüfung ist die Fähigkeit, zu erkennen, ob eine Erinnerung oder eine Wahrnehmung in der Außenwelt ihren Ursprung hat oder in inneren, z.B. wunschgeleiteten Vorstellungen. Tatsächlich ist die Wahrnehmung der Außenwelt keineswegs immer untrüglich, wie jeder weiß, der z.B. schon einmal in der Dämmerung unterwegs war und einen Strauch am Wegesrand zunächst für eine menschliche Gestalt gehalten hat, oder jeder, der schon einmal erlebt hat, sich im Stimmengewirr einer Veranstaltung angesprochen zu fühlen ohne tatsächlich angesprochen worden zu sein. Je unübersichtlicher eine Situation, je unklarer ein Wahrnehmungsfeld ist, desto schwieriger ist es im Allgemeinen, eindeutig den Realitätsgehalt eigener Wahrnehmungen zu bestimmen. Dies betrifft natürlich auch z.B. beiläufig Gehörtes in Konferenzen und Besprechungen oder flüchtig in Präsentationen und kollegialem Austausch Wahrgenommenes. Hier können sich besonders dann Verfälschungen einschleichen – die dann nachteilige kommunikative Folgen nach sich ziehen –, wenn die Ich-Funktion der Realitätsprüfung nicht mit der erstrebenswerten Selbstverständlichkeit und Präzision funktioniert.

Fallbeispiel
Bei Herrn B. stellt der Vorgesetzte fest, dass Herr B. immer wieder in die gleiche Falle läuft. Er wiederholt ein bestimmtes Verhalten, das ihn bereits einmal seinen Arbeitsplatz gekostet hat, indem er versucht, sein Team durch herrschsüchtiges und autoritäres Verhalten zu dominieren. Als der Vorgesetzte ihn warnt, dass aus seinem Verhalten negative Folgen resultieren könnten, dreht Herr B. den Spieß um. Er verleugnet und bagatellisiert die Angelegenheit. Zu Hause erzählt er seiner Frau: »Stell' Dir vor, was mir passiert ist!«, und er berichtet davon, wie ungerecht, kritisch und von oben herab er behandelt worden sei. Als der Vorgesetzte ihm schließlich ankündigt, dass die Firma sich von ihm trennen werde, ist Herr B. ganz erstaunt und kontert: »Sie waren doch mit meiner fachlichen Leistung so sehr zufrieden. Wollen Sie mir etwa sagen, dass es hier irgendetwas an mir auszusetzen geben soll?!« In so einer Situation kann es dann die Aufgabe des Vorgesetzten sein, die Realitätsprüfung, die Herrn B. fehlt, für ihn zu übernehmen: »Dann haben Sie die Situation und meine Warnungen wohl vor sich verharmlost. Es tut mir leid, dass es jetzt so weit gekommen ist, aber nun ist dieser Schritt nicht mehr abzuwenden« (Ott u. West-Leuer 2003).

Die Fähigkeit zu Frustrationstoleranz und Befriedigungsaufschub sind elementar für einen kompetenten Umgang mit zwischenmenschlichen Spannungen und mit drohenden oder auch real erfolgten Kränkungen, wie sie in einem kompetitiven Umfeld oft unvermeidlich sind. Hier geht es um die Frage, inwieweit Aufschub- und Kontrollmechanismen im Sinne von Über- bzw. Unterkontrolliertheit wirksam sind. Es geht auch um die Frage, in welcher Weise und in welchem Ausmaß ein Mensch Impulse in das eigene Denken, den affektiven Ausdruck und in manifeste Verhaltensweisen zu integrieren vermag.

Die Regulierung von Nähe und Distanz kann sich auf der Spanne zwischen Kumpanei, Kameraderie oder unangemessenem Korpsgeist einerseits und Einzelgängertum und Zurückgezogenheit andererseits abspielen. Für kooperative Arbeitsbeziehungen sind solche Extreme üblicherweise schädlich. Eine gelingende Nähe- und Distanzregulierung wird in der Regel zu Beziehungen führen, die von Wechselseitigkeit geprägt sind und von der Fähigkeit, andere in ihrer Andersartigkeit gelten zu lassen und sie anzuerkennen. Dies wird besonders wichtig in international tätigen Unternehmungen oder auch, wenn sich im Zuge von Change-Prozessen unterschiedliche Unternehmenskulturen zusammenfinden müssen.

Die Fähigkeit, dysfunktionale Widerstände zu registrieren und zu verändern, bezieht sich zum einen auf den Umgang von Führungspersonen mit ihrem eigenen Inneren, zum anderen auf die Fähigkeit, mühelos, dabei aber achtsam und sorgsam das Geschehen in den Gruppen wahrzunehmen, in denen sich Führungshandeln abspielt. Führungshandeln beginnt aus psychodynamischer Sicht im eigenen Inneren. Eine Organisation zu führen kann nur sehr begrenzt gelingen, wenn die eigene, persönliche Selbst-Führung nicht gelingt. Keine Führungskraft kann eine Quelle positiver Energie für die Kollegen und Mitarbeiter sein, wenn sie selbst über keine Energie verfügt. Es wird auch kaum gelingen, andere zu inspirieren, wenn man sich selbst ausgelaugt und uninspiriert fühlt. Dysfunktionale Widerstände können eine Führungskraft an der notwendigen Selbst-Führung hindern, indem beispielsweise an einem perfektionistischen, von Ängsten oder Befürchtungen bestimmten oder einseitigen Bild der eigenen Person festgehalten wird. Dysfunktionale Widerstände aufgeben heißt, eigene Grenzen und Einseitigkeiten zu überwinden, und schafft so auch die Basis für Empathie und Wertschätzung anderen gegenüber. Das Registrieren dysfunktionaler Widerstände in Gruppen setzt wiederum die aus psychodynamischer Sicht als »Triangulierung« bezeichnete Fähigkeit voraus, sich selbst lediglich als einen »Knoten« in einer komplexen Beziehungsmatrix zu erleben, als Teil eines durch Multilateralität bestimmten interpersonellen Netzwerks. Dysfunktionale Widerstände können mithin erkannt und verändert werden, wenn es gelingt, monistische – nur von Einzelnem oder Einzelnen ausgehende – und egozentrische Perspektiven zu reduzieren. Die Wahrnehmung von anderen als eigenständig ist insoweit auch eine Voraussetzung dafür, dysfunktionale Widerstände im Zwischenmenschlichen zu überwinden.

Fallbeispiel

Der nationale Personalchef eines international aufgestellten Wirtschaftsunternehmens hat vor einem Jahr auf Vermittlung von Herrn C., seinem Vorgesetzten, in einem Intensiv-Coaching einen Burnout und einen langfristigen krankheitsbedingten Ausfall abwenden können. Die Krise war entstanden, nachdem die Konzernspitze tiefe Personaleinschnitte in der HR-Abteilung beschloss. Der Personalchef hat diese unter erheblichem Stress organisiert und durchgeführt. Der Personalabbau in seiner Abteilung wurde in der Öffentlichkeit massiv angegriffen, unternehmensintern jedoch als Leuchtturmprojekt gefeiert. Der Konzern war auf dem Wege der Konsolidierung, so wollte es zunächst scheinen.

Nun wird Herr C. von der Konzernspitze informiert, dass weitere tiefe Einschnitte nötig werden. Der Standort, an dem er und sein Personalchef arbeiten, wird geschlossen. Den Mitarbeitern wird eine Umsiedlung in ein anderes Bundesland angeboten. Ca. 20% der Personaler würden jedoch nicht weiter beschäftigt. Herr C. benötigt die internen Kenntnisse seines Personalchefs und seine guten Beziehungen zu den verbleibenden Mitarbeitern für den strukturellen Umbau der alten Einheit. Doch dieser möchte eine Umsetzung erreichen und mit neuen Mitarbeitern ein neues Projekt aufbauen. Als Herr C. diesem Wunsch nicht folgt, lässt sich der Personalchef von seinem Hausarzt krankschreiben.

Aus der Konzernspitze hört er, dass eine Führungskraft, die innerhalb eines Jahres zweimal stressbedingt ausfällt, als »instabil« einzustufen sei. So gern er den Personalchef im Konzern halten möchte, muss Herr C. diesen Machtkampf für sich entscheiden (vgl. West-Leuer 2015).

Als Hilfsangebot initiiert er ein Gespräch, in dem es ihm darum geht, dem Personalchef die strategischen und objektiven Notwendigkeiten für die Veränderungsprozesse nochmals zu erläutern und ihn zu bitten und dazu aufzufordern, bei diesen Prozessen mitzuwirken. Es wird ihm dann aber die starre Verweigerungshaltung des Gegenübers rasch deutlich und ebenso, dass der Personalchef bei seiner Flucht in die Krankheit in völliger Übereinstimmung mit sich selbst ist (Hartkamp u. Heigl-Evers 1995). Ihm stehen Affekte des Bedauerns darüber, dass die Konsolidierung des Unternehmens bisher nicht gelungen ist, nicht zur Verfügung. Er fühlt keine Angst vor dem Verlust des Arbeitsplatzes, sondern kalte Wut über die Zumutung, seine Abteilung aufzulösen. Diese Wut versucht er moralisch zu rechtfertigen und übersieht dabei geflissentlich, dass er seine Mitarbeiter pro-aktiv durch die Übernahme eines neuen Projekts im Stich lassen wollte und durch seine Erkrankung tatsächlich im Stich gelassen hat.

Herr C. spürt bei sich den Impuls, sich zu distanzieren, weil der Personalchef seine dysfunktionale Strategie nicht aufgeben kann. Er muss die Hilfs-Ich-Position aufgeben und sich für eine authentische Antwort entscheiden: »Sie haben sich sehr um das Unternehmen und Ihre Mitarbeiter verdient gemacht. Aber ich kann Sie bei Ihrem momentanen Feldzug nicht unterstützen. Ein neues Projekt erhalten Sie zum jetzigen Zeitpunkt trotz all Ihrer Verdienste nicht. Wenn ich Ihrem Wunsch nachgebe, schade ich nicht nur mir und dem Ansehen meiner Funktion, sondern auch Ihnen und dem Unternehmen. Ich weiß nicht, ob das Unternehmen überleben wird. Aber Bitterkeit und Groll helfen Ihnen nicht, mir nicht, und dem Unternehmen auch nicht.«

Führungskräfte können nicht selbstverständlich davon ausgehen, dass ihre Kollegen und Mitarbeiter immer über erwünschte und erforderliche Ich-Funktionen in ausreichendem Maße verfügen. Dort, wo dies nicht der Fall ist, können Führungskräfte hilfsweise im Sinne von Demonstration und Anleitung, zum Teil auch im Sinne eines »Mentoring« (Kram 1983) solche Ich- Funktionen übernehmen. Die Übernahme dieser Hilfs-Ich-Funktionen stellt ein Unterstützungs- und Identifizierungsangebot dar: »Wie wäre es, wenn Sie es einmal so oder ähnlich versuchen würden.« »Ich, Ihr Vorgesetzter, würde in einer solchen Situation so und so, also anders als Sie, reagieren oder handeln.« Dabei gilt es, das Machtgefälle zu beachten, welches die nachgeordnete Führungskraft oder einen Mitarbeiter zu einer nur vordergründigen Pseudo-Anpassung oder gar zu prinzipiellem Widerstand (»Reaktanz«) veranlassen könnte.

Tatsächlich wird ja ein Versuch, das Verhalten einer anderen Person zu beeinflussen, nur dann erfolgreich sein können, wenn dieser Versuch auf Akzeptanz stößt. Akzeptanz meint hier nicht lediglich eine tolerierende Einstellung gegenüber den Beeinflussungsversuchen durch eine andere Person, sondern die Bereitschaft, die Einflussnahme zuzulassen und das eigene Verhalten entsprechend neu auszurichten. Der notwendigen **Akzeptanz** steht häufig mit der **Reaktanz** (Brehm 1966; Miron u. Brehm 2006) ein motivationaler Spannungszustand entgegen, der darauf zielt, sich einer als bedrohlich erlebten Einengung zu entziehen, um einen wahrgenommenen ursprünglichen Verhaltensspielraum zurückzugewinnen. Reaktanz muss vermieden werden, und dies geschieht am besten dadurch, dass die Führungsperson versucht, Empathie auszudrücken, die die Wahrnehmung von Diskrepanzen zwischen aktuellem Verhalten und persönlich wichtigen Zielen und Werten fördert, indem sie zur Wahrnehmung neuer Perspektiven einlädt und die Überzeugung der nachgeordneten Führungskraft oder des Mitarbeiters stärkt, sich selbst in einer förderlichen Weise verändern zu können (Miller u. Rollnick 2002).

Führung in Change-Prozessen vom Affekt zum Gefühl bedeutet, die Wichtigkeit von persönlicher Authentizität in Beziehungen anzuerkennen, die Bedeutung von Gefühlen und Affekten als kommunikative Wegweiser im eigenen Inneren und im Zwischenmenschlichen zu nutzen und in wertschätzender, dabei gelegentlich aber auch direktiver Weise die Nutzung reifer Ich-Funktionen zu fördern.

Literatur

Ashkanasy, N. M., & Tse, B. (2000) Transformational leadership as management of emotion: A conceptual review. In N. M. Ashkanasy, C. Härtel, & W. J. Zerbe (Hrsg.), *Emotions in the Workplace: Research, Theory, and Practice* (S. 221–235). Westport, CT: Quorum Books.

Bayer, H.-P. (1995). *Coaching-Kompetenz. Persönlichkeit und Führungspsychologie.* München: Reinhardt.

Brehm, J. W. (1966). *A theory of psychological reactance.* New York: Academic Press.

Damasio, A. R. (1994). *Descartes' Irrtum: Fühlen, Denken und das menschliche Gehirn.* München: List.

Deutscher Bundesverband Coaching e. V. (Hrsg.) (2012). *Leitlinien und Empfehlungen für die Entwicklung von Coaching als Profession. Kompendium mit den Professionsstandards des DBVC* (4. Aufl.). Osnabrück: DBVC-Geschäftsstelle.

Freud, S. (1923). *Das Ich und das Es.* Gesammelte Werke (Bd. XIII, S. 235-289). Frankfurt a. M.: Fischer.

Freud, S. (1926). *Die Frage der Laienanalyse.* Gesammelte Werke (Bd. XIV, S. 209-286). Frankfurt a. M.: Fischer.

George, J. M. (2000). Emotions and leadership: The role of emotional intelligence. *Human Relations* 53, 1027–1055.

Hartkamp, N., & Heigl-Evers, A. (1995). Feinstrukturen einer analytischen Supervision. *Z Psychosom Med* 41, 253–267.

Kram, K. E. (1983). Phases of the mentor relationship. *Academy of Management J* 26, 608–625.

Krause, R. (1987). Psychodynamik der Emotionsstörungen. In K. U. Scherer (Hrsg.), *Psychologie der Emotion. Enzyklopädie der Psychologie* (Bd. C-IV-3, S. 630-705). Göttingen: Hogrefe.

Matzke, N. J. (2009). *Survival of the Pithiest.* ► http://pandasthumb.org/archives/2009/09/survival-of-the-1.html.

Mayer, J. D., & Salovey, P. (1997). What is emotional intelligence: Implications for educators. In P. Salovey & D. Sluyter (Hrsg.), *Emotional development, emotional literacy, and emotional intelligence* (S. 3–31). New York: Basic Books.

Miller, W. R., & Rollnick, S. (2002). *Motivational Interviewing. Preparing People for Change.* New York: Guilford.

Miron, A. M., & Brehm, J. W. (2006). Reactance Theory – 40 Years Later. *Z Sozialpsychol 37*, 3–12.

Ott, J., & West-Leuer, B. (2003). »Präsenz, Respekt, emotionale Akzeptanz und Authentizität«: Interaktionelle Prinzipien nicht nur für das Coaching im Krisenfall. In B. West-Leuer, & C. Sies (Hrsg.), *Coaching – Ein Kursbuch für die Psychodynamische Beratung* (S. 125–147). Stuttgart: Pfeiffer bei Klett-Cotta.

Rudolf, G. (2004). *Strukturbezogene Psychotherapie. Leitfaden zur psychodynamischer Therapie struktureller Störungen.* Stuttgart: Schattauer.

Sachse, R. (2002). *Klärungsorientierte Psychotherapie.* Göttingen: Hogrefe.

Streeck, U. (2007). *Psychotherapie komplexer Persönlichkeitsstörungen. Grundlagen der psychoanalytisch-interaktionellen Methode.* Stuttgart: Klett-Cotta.

Streeck, U., & Leichsenring, F. (2011). *Handbuch psychoanalytisch-interaktionelle Therapie. Behandlung von Patienten mit strukturellen Störungen und schweren Persönlichkeitsstörungen.* Göttingen: Vandenhoek & Ruprecht.

West-Leuer, B. (2015). Emotionen im Kontext von Coaching. In A. Schreyögg, & C. Schmidt-Lellek, *Die Professionalisierung von Coaching. Ein Lesebuch für den Coach.* Wiesbaden: Springer VS.

Wirtschaftsführer in der Öffentlichkeit

Eva-Maria Lewkowicz, Beate West-Leuer

E.-M. Lewkowicz, B. West-Leuer (Hrsg.), *Führung und Gefühl*,
DOI 10.1007/978-3-662-48920-8_11, © Springer-Verlag Berlin Heidelberg 2016

11.1   »The Boss of It All«

2006 hatte Lars von Triers Filmkomödie »The Boss of It All« Premiere – eine Wirtschafts-satire, in der sich der Eigentümer einer dänischen IT-Firma als Stellvertreter des angeblich in den USA lebenden Firmenchefs ausgibt. Bei jeder unpopulären Entscheidung verweist er auf diesen Vorgesetzen – den »Boss des Ganzen« –, der aber in Wirklichkeit gar nicht existiert. Die abwesende Autoritätsfigur symbolisiert eine allmächtige Instanz, die verbindlich weiß und selbst danach handelt, was richtig und gut ist, um wirtschaftliches Wachstum zu mehren. Sie entlastet Eigentümer wie Mitarbeiter und trägt die Verantwortung – nimmt die Schuld auf sich –, wenn etwas schief geht.

Als Allegorie über den Umgang mit Autorität und Führung, wie er gegenwärtig in kapitalistischen Wirtschafts- und Gesellschaftssystemen praktiziert wird, wirft die Satire interessante Perspektiven auf. Bereits der Titel »The Boss of It All« setzt Wirtschaftsbosse Gott gleich, den es dann aber doch nicht gibt, und deutet so kollektives Wunschdenken an. Im Verlauf der Geschichte unterstellt die Satire Firmeneigentümern wie Firmenmanagern eine Tendenz, die »Schuld« zu leugnen, um nicht in die Verantwortung genommen zu werden, wenn Wachstum und/oder eine die Kapitalkosten übersteigende Rendite ausbleiben, vielleicht gar Liquiditätskrisen entstehen oder eine Überschuldung im Raum steht: »Diese Aufgabe er-scheint übergroß« (Freud 1930/2009, S. 229). Darf man seine Verzagtheit eingestehen? (vgl. ebenda).

Dieses Verhalten wird nachvollziehbar und verständlich, wenn man sich auf eine – zuge-benermaßen ungewöhnliche – tiefenpsychologische Sichtweise einlässt. Mit Türcke (2015, vgl. auch Freud 1912–1913) kann dann das Streben nach wirtschaftlichem Wachstum als eine Form kollektiver Schreck- und Schuld(en)bewältigung verstanden werden: Die Anhäufung von materiellem Reichtum steht wie ein Schutzwall gegen das Wirken unbekannter, grau-samer Schicksalsmächte, die man im Notfall mit Geld befrieden kann, so die ins Unbewusste verdrängte, kollektive Strategie. Entsprechend konnte im Kapitalismus profanes Wirtschafts-wachstum zum Leitmotiv modernen Lebens werden und Wirtschaftsunternehmen zur Leitin-stanz dieses Motivs. Die Verantwortung für Erfolg oder Scheitern dieser Schreck- und Schuld-bewältigung wird von »Autoritäten« getragen, von Führungspersonen, denen es gelingt, die Schicksalsmächte zu befrieden, ohne dass »Köpfe[1] rollen«. Davon profitiert das ganze Kollektiv, so dass den Führungspersonen für ihr Know-How ein erhebliches Honorar (Ehrenanteil) zu-steht. Als Hoffnungsträger heute unbewusster säkularer Erlöserphantasien mögen sich Unter-nehmer und Top-Manager mit narzisstischen und machtorientierten Charaktermerkmalen zwar geschmeichelt fühlen, doch haben sie genug Realitätssinn, um zu ahnen, dass sie nicht allmächtig sind, um alle Heilsphantasien und die damit verbundenen Entschuldungswünsche zu befrieden. Wenn Wachstum stockt oder der Reichtum der Gesellschaft schrumpft, wird sich die Öffentlichkeit wie eine unstrukturierte Masse (Canetti 1960) verhalten und unter den Wirt-schaftsbossen die Schuldigen suchen.

Führungspersonen werden daher Schutzmaßnahmen ergreifen und Verantwortung nach oben delegieren, gegebenenfalls auch auf fiktive Schicksalsmächte – ganz so wie der Eigen-tümer der It-Firma in »The Boss of It All«. Unternehmen zeichnen sich heute dadurch aus, dass an die Stelle überschaubarer hierarchischer Strukturen hochkomplexe unüberschaubare Netz-werke getreten sind, in denen ein »Chef des Ganzen« nicht auszumachen ist (Lewkowicz u. West-Leuer 2015). Die gravierenden Wirtschafts- und Finanzkrisen der letzten Jahre mündeten

---

1   In »Kapitalismus« steckt Caput (n), lat. = der Kopf und verweist auf Menschenopfer aus der Frühzeit vor-symbolischer Menschheitsgeschichte.

dennoch in eine Vertrauenskrise in die Seriosität ökonomischen Handelns des weitgehend anonymen Managements. Die Illusion eines allmächtigen »Boss of It All« wurde zur Chimäre, ein bösartiges Mischwesen aus Profitgier, Machtstreben und Verantwortungslosigkeit. Dieses hätte den Verlust verbindlicher Ordnungen und ethischer Orientierung bewirkt und so die Krisen entscheidend verursacht. Globale ordnungspolitische Kontrollen des Wirtschafts- und Finanzsystems sollen in Zukunft Abhilfe schaffen und für verantwortliches Verhalten der Marktteilnehmer sorgen, so das offizielle Diktum. Dass die »Plusmacherei« (Türcke 2015) bis an die Grenzen des Wachstums auch kollektiven Wünschen entspricht, wird dabei erfolgreich verdrängt.

11.2 Lichtgestalten

11.2.1 Wirtschaftsführer »ohne Fehl und Tadel«

In der öffentlichen Darstellung wirken Top-Manager oft perfekt. Da strahlt Kaspar Rorsted, der laut einer Studie des Medienanalyseunternehmens Unicepta beliebteste Manager des Jahres 2014 (Meck 2014), frisch und ausgeruht vor dem Henkel-Logo. Sein neuer Vollbart beschäftigt die Öffentlichkeit genauso wie die Diversity-Offensive von Henkel, die er zu verantworten hat. Er gilt als sportlicher und smarter Familienmensch. Dass er damit zitiert wird, in der Firma keine Freunde zu haben, und auch davon abrät, unter Kollegen Freundschaften zu führen (»Be always friendly but not friend«, Kowalewsky 2013), passt in das Bild des kühlen Managers, der alles im Griff hat. Auch Simone Bagel-Trah, als Vorsitzende des Aufsichtsrates von Henkel seine direkte Vorgesetzte, weiß zu beeindrucken. Als wohl mächtigste Frau im DAX wirkt die promovierte Biologin nicht nur allzeit gelassen, sondern schafft es, neben dieser Position als Chefaufseherin von Henkel auch noch als geschäftsführende Gesellschafterin eines Biotech-Dienstleisters und Mutter von zwei Kindern erfolgreich zu sein (Kapalschinsky 2011).

Mit diesen Top-Managern verbinden wir wohl alle Disziplin, Gelassenheit, Kompetenz und Organisationstalent. Die Vorstellung, auch diese Lichtgestalten könnten einmal traurig und hoffnungslos sein, anstatt Niederlagen kühl zu analysieren, wütend werden, anstatt sachliches Feedback zu geben oder gar angesichts ihrer verantwortungsvollen Tätigkeiten Angst haben, anstatt die Verantwortung jederzeit als Herausforderung zu empfinden, passt da nicht ins Bild. Dies könnte ja zu Verunsicherungen führen und kollektive Rettungs- und Heilsphantasien als Größenphantasien ad absurdum führen.

Selbst Josef Ackermann, einige Zeit der Buhmann der Bankenbranche, erschien der Öffentlichkeit als Inbegriff des Profit-Maximierers vielleicht kaltherzig und über Leichen gehend, aber niemals als ein Mensch mit allen Facetten des Gefühlslebens. Aggressivität wurde ihm durchaus zugetraut, doch ob dieser Mann auch mal unsicher war oder gar Ängste hatte, hätte der Eine oder Andere mit einem glatten »Nein« beantwortet.

Die Antwort, die wir mit diesem Buch geben, ist eine andere. Weder sind Top-Manager qua Funktion Sonnengestalten, denen alles mühelos gelingt, noch sind sie als Vertreter des Kapitalismus automatisch gefühllose, ausschließlich kalt kalkulierende Wesen. Sie sind Menschen wir wie alle. Sie leben aber in einer Welt, die es ihnen sehr schwer macht, diese Gefühle auszuleben. Manch einer mag darüber auch verlernt haben, sie noch zu empfinden (▶ Kap. 1).

11.2.2 Vom Homo oeconomicus zum »falschen« Selbst

Um den Zuschreibungen von wirtschaftlicher Allmacht mit Erlöserpotenzial zu entkommen und sie gleichzeitig zu erfüllen, schlüpfen viele Top-Manager in eine Rolle, in der Regel in die Rolle des »homo oeconomicus«[2]. Gefühle haben dabei scheinbei keinen Platz. Professionalität wird häufig mit Rationalität als Gegensatz zur Emotionalität gleichgesetzt und dabei nicht als Verhalten, sondern als Seins-Zustand missverstanden. Strategisches Taktieren gehört dazu; die Methoden werden im Rahmen der Spieltheorie in wirtschaftswissenschaftlichen Studiengängen vermittelt. Der »homo oeconomicus«, der dieser Modellierung zugrunde liegt, ist ein beschränkt rationaler Nutzenmaximierer. Die »Beschränktheit« bezieht sich in dieser Modellwelt ausschließlich auf die unvermeidlichen Informationsdefizite des Handelnden; sein Handeln angesichts der verfügbaren Informationen wird hingegen immer als strikt rational modelliert. Da diese Annahme letztlich daraus resultiert, dass strategisches Verhalten ohne eine solche Annahme nicht modellierbar und rechenbar wäre (nicht umsonst gilt John Nash, ein Mathematiker, als einer der bedeutendsten Vordenker der Spieltheorie), zeigen die Studien der experimentellen Ökonomik, dass sich Menschen im Labor anders verhalten (Ockenfels 1998). Diese Studien zeigen aber auch, dass sich Studenten der Wirtschaftswissenschaften in diesem Sinne deutlich »rationaler« verhalten als andere Menschen (Marwell u. Ames 1981, S. 306; Carter u. Irons 1991). So hat sich in den Wirtschaftswissenschaften ein Klima entwickelt, in dem rational mit »gut« gleichgesetzt wird und Emotionen als störend empfunden werden.

Tatsächlich konstituiert diese Rolle nur einen Teil der sozialen Identität des Unternehmensführers oder Top-Managers. Die persönliche Identität, das »I« bekommt die Öffentlichkeit ebenso wenig zu sehen wie die Zuschauer im Theater den Schauspieler hinter der Bühne (Mead 1934; Goffman 1994). Die Psychoanalyse kennt dieses Phänomen der doppelten Identität als Aufspaltung des Ich in Persona und Schatten. Diese Aufspaltung erinnert an das psychoanalytische Konzept des »falschen Selbst« (Winnicott 1965) Es beschreibt eine spezifische Abwehrorganisation des Ich: Dabei reicht der Spielraum von dem gesunden, situativ angepassten Aspekt des Selbst bis zum abgespaltenen gefügigen falschen Selbst. Das falsche Selbst wird dann vom Gegenüber – hier von der Öffentlichkeit – irrtümlich für die reale Person gehalten (Winnicott 1965, S. 196) und fungiert als »Als-ob-Persönlichkeit«.

Dieser Persönlichkeitstyp zeichnet sich durch eine äußerlich hervorragend angepasste Persönlichkeitsschale bei gleichzeitiger Außerachtlassung eigener Impulse und Gefühle aus. Die Fähigkeit, in fast perfekter Weise die Erwartungen der Anderen, auch eines Kollektivs, zu antizipieren und diesen Außenansprüchen zu entsprechen, macht diese Menschen zu Personen, die sich nach außen perfekt inszenieren. Ihnen fehlt aber die Fähigkeit zu echten, tiefen Gefühlen, und deshalb geraten sie in schwerste Krisen, wenn steuernde Strukturen oder Halt gebende Mitarbeiter wegfallen oder sie von Vorgesetzten kritisiert werden (vgl. Auchter u. Strauss 2003, S. 37).

Die intrapsychische Aufspaltung in Persona und Schatten verweist auf intrapsychische Dramen, die auf früheren Erfahrungen basieren. Ganze »Szenen« werden verinnerlicht und als cholerische Ausbrüche, intrigantes Paktieren, Hochstapelei, Aussitzen o.ä. reinszeniert und wiederholt, in der Hoffnung, die damals erlittenen Verletzungen heute wiedergutzumachen. Biographisch ist nicht davon auszugehen, dass jede Führungskraft in einem Umfeld aufwachsen konnte, das die Entwicklung vom Affekt zum Gefühl zum Mitgefühl ermöglichen konnte (▶ Kap. 2). Vielmehr sind die heute in der Verantwortung Stehenden oftmals Kinder derjenigen, denen im Krieg diese Entwicklung verunmöglicht wurde, Kinder derjenigen, die

---

2   Es gibt heute ein Umdenken.

sich ihren Weg nach dem Krieg, den sie selber als Kinder erlebt haben, in das Leben mühsam erkämpft haben und die die Fundamente einer in diesem Sinne »gesunden« Entwicklung selber nicht umfassend mitbekommen haben. »Auch wenn seelische Gesundheit trotz einer traumatischen Kindheit in mancher Hinsicht ein ‚Rätsel‘ bleibt« (Tress 1986; Moré 2013), und daher keinerlei generelle Zuschreibung mit dieser historischen Tatsache verbunden sein darf, öffnet sie den Blick dafür, dass die ideale Entwicklung zu einem »gesunden Selbst« nicht jedem vorbehalten war.

Vielleicht zieht die Welt der Wirtschaft viele an, die in den scheinbar klaren Regeln des Wettbewerbs ihre Chance suchen, frühe emotionale Entbehrungen und Verletzungen mit Aufstieg, Macht, Status und Geld zu heilen oder zumindest zu kompensieren, die so aber nicht geheilt werden können. So dient Erfolg in der Berufswelt wohl immer (auch) als Stütze für das Selbst; je schwächer das Selbst, umso mehr muss im Außen Ersatz gesucht werden (▶ Kap. 2).

11.2.3 Biographie als Risiko und Chance

Die Regeln des Wirtschaftens haben sich dem angepasst. So ist mit den – auch humanistisch geprägten – Vorstellungen vom »ehrbaren Kaufmann« heute wohl nur wenig Staat zu machen. Doch gibt es auch Gegenbeispiele. Die Karriere von Sheryl Sandberg ist sehr eindrucksvoll. Nach einem Bachelor-Studium an der Harvard University kam sie über Stationen bei der Weltbank, McKinsey & Company, dem US-Finanzministerium und Google 2007 als CEO zu Facebook (Wikipedia). Sie folgt diesem mit ihrer beispiellosen Karriere vorgelebten Perfektionismus sogar in der Trauer um ihren Mann, der im Frühjahr 2015 plötzlich verstarb. Als sie sich vier Wochen nach seinem Tod öffentlich äußerte, tat sie das über Facebook, also über die Firma, die angetreten ist, es Menschen einfacher zu machen, Beziehungen zu gestalten (Piskorski et al. 2014). So steht sie selbst in dieser extremen Lebensphase als Testimonial für ihre Firma ein. Mit dem, was sie schreibt, erlaubt sie aber einen Blick auf sich, der sie anders zeigt, als nur als öffentliche, extrem erfolgreiche Managerin.

» Dave was my rock. When I got upset, he stayed calm. When I was worried, he said it would be ok. When I wasn't sure what to do, he figured it out. He was completely dedicated to his children in every way – and their strength these past few days is the best sign I could have that Dave is still here with us in spirit.
(Facebook: Sheryl Sandberg)

Führung kann vor diesem Hintergrund nur gelingen, wenn im Blickfeld bleibt: Top-Manager, Manager und Mitarbeiter sind Menschen mit Gefühlen (▶ Kap. 3). Die Gefühle wirken in das zweckrationale Gescheinen hinein und bringen es durcheinander – und zum Leben. Damit Führungskräfte konstruktiv arbeiten können, ist es unabdingbar, dass sie darum wissen. Dies ist jedoch einfacher gesagt, als getan. Genau, wie andere Menschen, tragen Führungskräfte ihre Biographie und alle damit verbundenen Prägungen jederzeit mit sich.

Gehen wir davon aus, dass zumindest ein bestimmter Anteil der Top-Manager, Führungskräfte und Mitarbeiter, die heute in der Verantwortung stehen, nicht jeder Herausforderung jederzeit souverän begegnen können, sind Störungen im institutionellen Gefüge mehr als wahrscheinlich. So unterschiedlich die persönlichen Schwachstellen auch sein mögen, so werden sie immer da offenbar, wo sich zwei treffen, deren Erfahrungen – im Sinne projektiver Zuschreibungen – zueinander passen. Dies geschieht auf jeder Hierarchieebene im Unternehmen; es geschieht jeden Tag. Mag man das noch zustimmend im Sinne eines »So ist das Leben eben«

kommentieren, so muss man sich doch klar machen, dass es da zum Problem wird, wo es nicht besprochen werden kann. Dann wird aus der sprichwörtlichen »Mücke« ganz schnell der ebenso sprichwörtliche »Elefant«. Je höher in der Hierarchie entsprechende Konflikte ausgetragen werden, desto größer ist die Ausstrahlung auf die Organisation, prägt doch das Verhalten und prägen doch die Normen des Führungsteams die Normen der Institution insgesamt. Das einleitende Filmbeispiel bietet ein Bild dieser intra-organisationalen Übertragungsphänomene.

Der Versuch, diese zum Menschen gehörenden intrapsychischen und interpsychischen Konflikte mit (betriebswirtschaftlicher) »Sachlichkeit« zu Leibe zu rücken, ist nicht nur zum Scheitern verurteilt, sondern verschärft das Problem sogar bis hin zu einer Verunmöglichung seiner Lösung: Dadurch, dass die emotionalen Konflikte keinen Raum bekommen, überhaupt nur geäußert zu werden, sind sie einer Bearbeitung nicht weiter zugänglich und wirken im Verborgenen umso mächtiger weiter.

So sind die Regeln (Organisationsstruktur und Prozesse), die in den Unternehmen helfen sollen, die vielen Aufgaben zu strukturieren und die Aktivitäten der Mitglieder auf das gemeinsame Ziel hin auszurichten, sehr stark auf **sachliche** und **bewusste** Zusammenhänge ausgerichtet. Dies führt dazu, dass Führungskräfte a) eine sehr hohe Reflexionsfähigkeit benötigen, um die damit verbundenen emotionalen Herausforderungen zu bewältigen (▶ Kap. 3) und b) häufig gerade die Menschen aufsteigen (können und wollen), die mit dieser »Kälte« klarzukommen scheinen. Hierzu gehören zum einen, wie oben gezeigt, narzisstisch strukturierte Führungspersonen mit ihrer nach außen perfekt angepassten und Erfolg versprechenden »Alsob-Persönlichkeit«, zum anderen aber auch sachorientierte Personen, die Nähe meiden, dafür aber machtvoll die wirtschaftlichen Wachstumsziele des Unternehmens verfolgen; aufgrund ihres Erfolgs wird ihnen die Mitarbeiterschaft dann nolens volens folgen. Beide bieten sich als Topführungskräfte nicht zuletzt auch deswegen an, weil sich ihre emotionalen Abwehr- und Bewältigungsmechanismen eins zu eins mit denen strukturierter und unstrukturierter Massen spiegeln – allen voran Spaltungsvorgänge bei Angst- und Schuldgefühlen. Wie im Miteinander des Top Teams gilt auch hier: Damit sich diese Übereinstimmungen nicht destruktiv auswirken, ist es unabdingbar, dass Führungskräfte darum wissen und im Krisenfall gegensteuern können.

11.3   Exkurs: Zum Ursprung des kollektiven Strebens nach »Mehr«

Die meisten Wirtschaftsführer sind – anders als politische Führer – in der Öffentlichkeit weder hörbar noch sichtbar. Ausnahmen bestätigen die Regel. Das mag erstaunen, liegt doch in einem kapitalistischen System ein Höchstmaß an wirtschaftlicher und gesellschaftlicher Gestaltungsmacht in den Händen von Wirtschaftsführern.

Kommt der eine oder andere Unternehmenschef[3] dann doch in die Presse, ist dies häufig mit Negativschlagzeilen verbunden: Das betreffende Unternehmen befindet sich in einer wirtschaftlichen Schieflage, oder eine Branche bringt das gesamte Wirtschaftssystem ins Taumeln. Zusätzliche Informationen über Salär- und Boni-Zahlungen führen schnell zu emotional heftigen Reaktionen der öffentlichen Meinungen, die anschließend in Diskussionen über soziale Gerechtigkeit kanalisiert werden. Geht man im Sinne von Türcke (2015) davon aus, dass die Öffentlichkeit von hervorragenden Vertretern der Wirtschaftseliten auch die Bewältigung transgenerativ überkommener Schrecken und kollektiv abgewehrter Schuldgefühle

---

3   Wir wählen an dieser Stelle bewusst die männliche Form, da es sich bei den so prominenten nach wie vor – »for better or worse« – überwiegend um Männer handelt.

erwartet, wird die Spaltung der Wirtschaftsführer in »sichtbare Persona und verborgener Schatten« verständlich.

Um die Unberechenbarkeit grausamer Naturmächte zu befrieden, wurden in prähistorischen Zeiten hervorragende Mitglieder des Kollektivs geopfert; das Blut der Auserwählten wurde vergossen, damit die Götter das Kollektiv verschonen sollten. Einer für alle! Der Gemeinschaft schien das der Preis für Verschonung, den man den Göttern schuldig war. Doch blieben das Grauen und die Schuld. Mit der allmählichen Entwicklung von Imagination und Symbolik konnte das menschliche Opfer durch nicht-menschliche Vertreter, sog. Ersatzobjekte, ersetzt werden (Freud 1912–1913; Türcke 2008). Doch diese symbolischen Opfer – Tier, Getreide Metalle, Gold und Geld – waren nicht gleichwertig und wurden unter Furcht und Zittern dargebracht, verstießen sie doch gegen den imaginierten kategorischen Imperativ, durch den die höhere Macht geradezu definiert war: »Du musst deinesgleichen schlachten, ich verlange es« (Türcke 2015, S. 45). Gleichzeitig musste der Vollzug des Menschenopfers im kollektiven Gedächtnis gelöscht werden. Die Schuld war zu unerträglich. Hierbei half die Verdrängung. Um die List des Tauschs zu kaschieren, sollte das qualitativ unersetzliche menschliche Opfer durch ein quantitatives »Mehr« ausgeglichen werden. Nur Autoritäten, Führer der Stämme, konnten einen solchen Prozess verantworten und den Ritus ändern. Als die Opferbräuche komplizierter wurden, so dass sie ein regelrechtes Know-How verlangten, wurden Priester und Häuptlingsfunktion entkoppelt. In gewisser Weise traten die Priester nun in die Fußstapfen der auserwählten Menschenopfer, denen dafür, dass sie zur Verschonung der anderen den Tod erlitten, höchste Wertschätzung entgegengebracht worden war (Türcke 2015, S. 78f.).

In wettbewerbsorientierten Wirtschaftssystemen wird diese nun unkenntlich gemachte Schreck- und Schuldbewältigung nicht länger von religiösen, sondern von wirtschaftlichen Führern erwartet. Solange diese Führer wirtschaftliches Wachstum und ein »Mehr« an Geld als ein phantastisches Mittel (Tuckett 2011) der Entschuldung aller Art in Aussicht stellen, werden sie als Lichtgestalten gefeiert. Zeigen sich die Schatten des Scheiterns in Form eines Zusammenbruchs der »Plusmacherei« löst dies in der Öffentlichkeit regelmäßig Angst und Panik aus. Schuldige müssen her. Und dann werden nach wie vor häufig die Führer geopfert, als Ersatz und zur Befriedung der unberechenbaren Mächte des Schicksals.

In einer aktuellen Befragung der Bevölkerung bringen nur 21% der Befragten der Berufsposition von Managern und Unternehmern Wertschätzung entgegen. Die Anerkennung ist derzeit so schlecht wie seit 1968 nicht mehr. Dabei galten die wirtschaftlichen Eliten zu Beginn des 21. Jahrhunderts für knapp 60% der Befragten noch als Hoffnungsträger, die die Gesellschaft voranbringen. Wirtschaftskrisen, Missmanagement und Wirtschaftskriminalität haben das Bild des Wirtschaftsführers in der Öffentlichkeit radikal verändert. Heute steht das Wirtschaftssystem mit seinen zentralen Akteuren bei vielen Menschen unter Generalverdacht (Marg u. Walter 2015a, S. 11). So nah liegen »Hosianna« und »Kreuzige ihn« für die Wirtschaftsführer beieinander. Sie wurden auserwählt, weil sie schneidig argumentieren und schnelle Lösungen präsentieren konnten; unbeachtet blieb, dass sie den Erfolg als Stütze des eigenen Egos bitter nötig hatten. Im Falle ihres Scheiterns werden sie zwar heute nicht mehr getötet, aber dennoch geopfert. Dass es auch die überzogenen »Heilserwartungen« der kollektiven Öffentlichkeit sind, die immer wieder die »Falschen« an die Spitze katapultieren, wird dabei von den Stakeholdern und den Shareholdern genauso geflissentlich übersehen wie von den Sprechern der Öffentlichkeit.

Die Negativität der emotionalen Reaktionen mag Vorsichtmaßnahmen verursachen: Konfrontiert mit der Alternative eines »Hosianna« oder »Kreuzige ihn« wird nachvollziehbar, dass sie sich freiwillig nur mit ihrer erfolgreichen Seite – der Lichtseite – der Öffentlichkeit präsentieren; doch kann dies nicht darüber hinwegtäuschen, dass Schatten vom Anfang der Menschheit an ganz notwendig dazugehört.

11.4   Führungshandeln im Verdrängungsmodus

Die Öffentlichkeit verzichtet in der Regel auf eine umfassende – nicht nur betriebswissenschaftliche – Perspektive, die über das Bild der Wirtschaftselite als »homo oeconomicus« hinausgeht. Zwar wurde bereits vor über vierzig Jahren der Erkenntnismangel über die »farbigste Figur auf der Bühne des Kapitalismus« beklagt (Marg u. Walter 2015a, S. 11f.). Doch die Theatermetapher demonstriert: Das Interesse gilt gewissen »farbigen« Aspekten der Rolle, dem Teil der sozialen Identität, die eben als Lichtgestalt daherkommt. So wird das falsche Selbst von der Öffentlichkeit hofiert.

Manager von Dax-Konzernen, Geschäftsführer von mittelständischen Unternehmen oder unternehmerisch tätige Familienclans sind zunächst jedoch äußerst zurückhaltend und pflegen traditionell eine Kultur der Verschwiegenheit (Marg u. Walter 2015a, S. 13). Ausnahmen bestätigen da die Regel. In ihrem Herausgeberband über die »Sprachlose Elite« geben Walter und Marg (2015) diesen eine Stimme. Die Auswertung anonymisierter Interviews ergeben differenziertere Einblicke in das Denken und Handeln der Wirtschaftselite, in ihre Passion für Leistung und ihr Bemühen um Verantwortung, aber auch in ihre Sorgen und Nöte, ihren Ärger, wenn sie sich als Opfer einer Neidgesellschaft sehen, und ihren Wunsch, sich einer »göttlichen Mission« verpflichtet zu fühlen (vgl. Druyen 2012).

Dabei wird schnell deutlich, dass sie nichts »wissen« über ihren überkommenen Auftrag kollektiver Schreck- und Schuldbewältigung. In welch archaischer Gefahr sie sich als Repräsentanten gelingender oder misslingender Heilsphantasien begeben, blitzt jedoch in manchen Aussagen auf.

> **»** Wenn Sie ein Unternehmen führen, dann bedeutet das ja für Sie ein Ereignis oder Lebensumstände, welche Ihr gesamtes persönliches Leben beeinflussen. Sie haben ja immer den Kopf auf der Guillotine, und Sie arbeiten. Also, Sie sind nicht frei.
> (Micus 2015, S. 265)

Denn weder die kollektive noch die individuelle Verdrängung funktioniert perfekt. Immer hinterlässt sie Spuren und Reste, und immer droht das Verdrängte in mehr oder weniger entstellter Form wiederzukehren (Freud 1915; Türcke 2015, S. 21).

Dies wird in den Interviews besonders deutlich, wenn die befragten Leader über die Medien sprechen. In ihr Visier zu geraten, ist das Menetekel schlechthin, gleichsam der Vorhof zur Hölle. Kein Stichwort bringt sie – je höher im Management angesiedelt umso stärker – mehr in Rage als die Medien. Sofort verlieren sie Contenance und Zurückhaltung und setzen mit furiosen Episteln an: Medien pauschalieren, skandalisieren, betreiben »Hetzjagden«, »treten Lawinen los«, »schlachten Menschen«, »vernichten Personen«, »zerstören Lebensleistungen«, »nageln Menschen an die Wand«, »schmeißen mit Dreck«. Nirgendwo sonst fallen die Charakterisierungen und Etikettierungen so martialisch aus, oft geradezu mit tiefer Verachtung und größter Abscheu ausgespien. Gerade diejenigen Spitzenmanager, die in den letzten Jahren schlimme Rückschläge oder gar einen tiefen Fall hatten ertragen müssen, gaben an, dass ihnen nichts so zugesetzt hätte, wie das »Säurebad« der über Medien hergestellten Öffentlichkeit (Marg u. Walter 2015b, S. 315f.).

Die Drohungen, die Manager den Medien entnehmen, stehen im krassen Gegensatz zur Selbsteinschätzung, verstehen sie sich doch als die Leistungsträger schlechthin, die Hochleister der deutschen Elite (Micus 2015, S. 255). Zu der Leistung gehört die Verantwortung, ein Wert, der sich mit der sozialen Identität als Führungsperson regelrecht symbiotisch zu verbinden scheint. Verantwortung heißt in erster Linie Selbstverantwortung, eigenverantwortliches Denken, Selbstbestimmung. Dieses positive Verständnis der Selbstverantwortung schlägt um, wenn sich der Blick auf die weniger Erfolgreichen richtet, und mündet bisweilen in sehr hart und emotional unterkühlt anmutende Urteile. Hier kristallisiert sich eine Trennlinie zu denjenigen Wirtschaftsgestaltern heraus, von den sich die Interviewten distanzieren, die sie als verantwortungslos brandmarken, denen sie unverhältnismäßig hohe Gehälter vorwerfen, die Wirtschaftsskandale der Vergangenheit zuordnen und die sie für den schlechten Ruf der Branche beziehungsweise ihres Berufsstandes verantwortlich machen (el Sehity 2012, S. 148f; Micus 2015, S. 261).

In diesen Äußerungen werden projektive Prozesse nachvollziehbar sichtbar, die dem Schutz der Selbstwahrnehmung als »Lichtgestalt« dienen sollen. Charaktereigenschaften, die nicht mit den Idealvorstellungen von sich selbst übereinstimmen, die man nicht sehen oder akzeptieren will, projiziert man auf die Anderen: auf die Medien mit ihren Vorurteilen und auf die schwarzen Schafe des eigenen Berufsstandes. Es scheint kein Bewusstsein dafür zu existieren, dass die Interviewten als Manager von Dax-Konzernen, Geschäftsführer von mittelständischen Unternehmen oder unternehmerisch tätige Familienclans immer auch an vergleichsweise hohen Gehältern teilhaben. Sie mögen sich nicht eingestehen, wie leicht es passieren kann, im Laufe der Karriere zu der einen oder anderen, kleineren oder größeren Unregelmäßigkeit verführt worden zu sein. Solange sie nicht entdeckt werden, muss das Größen-Selbst nicht korrigiert werden. Hier zeigt sich: Die Angst vor existenzieller Vernichtung verführt zur Verleugnung der eigenen Schattenseiten. Dieser Verführung gibt man gerne nach, bei bestem Wissen und Gewissen.

Beneidet werden Manager der angelsächsischen Länder und der USA, die als »schöpferische Zerstörer« (Schumpeter 1942/2005) Fehler dort riskieren könnten, wo andere sie vermeiden. Dazu gehöre aus Sicht der Befragten auch, dass sich diese Unternehmer ganz ungeniert und selbstbewusst als Missionar und Visionäre darstellen, die charismatisch Furcht, Zweifel und unternehmensinterne Widerstände überwinden und sich auf einer »göttlichen Mission« befinden (Micus 2015, S. 268). Hier scheinen sie durch, die Allmachtphantasien des »Boss of It All«. Die öffentlichen Inszenierungen als Lichtgestalten finden in diesen Aussagen ihr Pendant im persönlichen Größen-Selbst, das sich als unersetzlicher Geburtshelfer eines göttlichen Plans versteht.

Anders ein anderer Unternehmer:

» Also, ich gehe nicht über das Gelände und sage: Das hast du alles aufgebaut. So ein Gefühl habe ich nicht. Zumal, das kann alles auch innerhalb kürzester Zeit wieder verfallen. Sie brauchen nur Pech haben … Wenn der liebe Gott es nicht will, dann haben sie auch kein Glück. … Die Menschen sind alle in Gottes Hand oder mit Schiller gesagt: Mit des Geschickes Mächten ist kein ew'ger Bund zu flechten.
(Micus 2015, S. 277)

Hier wird die existenzielle Abhängigkeit des Menschen in den Blick genommen, und dass Autorität und Macht immer nur geliehen sind. Top-Management und Unternehmensführern obliegt die Verwaltung und Vermehrung von Wirtschaftsgütern als Leihgabe, nicht mehr, aber auch nicht weniger. Diese Aufgabe zeugt von den Ursprüngen des Managements im Priesteramt, zuständig für die Opferdarbietung und für die Verwaltung der geopferten Schätze (vgl. Türcke 2015).

Die Mehrheit der Interviewten sieht sich jedoch eher als Nachfolger von Kämpfern als von Priestern. Sie verstehen sich als Männer (und Frauen) der Tat, des Konkreten, des Realen, der Abstraktionen. »Hamlet« ist nicht die Figur, der sie nacheifern (vgl. Lewkowicz u. West-Leuer 2015). Menschen, die ihre Sensibilität und Schwächen zelebrieren, ausufernd sinnieren, Skrupel offenbaren, zu Zweifeln neigen, sind ihnen fremd. Zumindest dürfen sie derlei bei sich selbst nicht zulassen. Im Wettbewerb um den Aufstieg und im Wettbewerb am Markt sind schnelle Lösungen gefragt. Wer da mal inne hält und zweifelnd fragt, ob die vom Vorgesetzten oder Kunden oder Markt gestellten Anforderungen überhaupt sinnvoll sind und ob er diese Anforderungen so ungefragt bedienen möchte, bietet eine offene Flanke, die Konkurrenten in aller Regel zu nutzen wissen. Es muss immer weitergehen, schneller laufen, höher steigen.

Wer drängt die Spitzenmanager dazu, sich freiwillige einem 24-Stunden-Arbeitstag zu unterwerfen? Warum hat man viele Karrierewege von Spitzenmanagern verfolgen können, auf denen die Dosis der Suchtbefriedigung – noch mehr Arbeit, noch üppigere Ausstattung, noch mehr Ruhm – schier unaufhaltsam gesteigert werden musste, bis der Zusammenbruch, der Burnout nicht mehr aufzuhalten war? (Marg u. Walter 2015b, S. 326).

Die Forschung gibt hier keine Antwort. Ihr Interesse bezieht sich überwiegend auf die gesellschaftliche Verantwortung von Unternehmen (Corporate Social Responsibility) sowie auf einzelne Teilbereiche hiervon. Aber auch hier sind es rechtlich die Vorstände/Geschäftsführer, die haften – im Falle struktureller Defizite bei der Einrichtung der entsprechenden Compliance-Regeln, die sie zu verantworten haben, sogar gesamtschuldnerisch. Die Aufmerksamkeit richtet sich nur scheinbar auf das Unternehmen als Organisation, welches nach einer anderen Logik funktioniert als der Unternehmer als Individuum. Im Falle des Scheiterns sind es – wenn auch symbolisch – doch wieder einzelne Köpfe, die rollen. Droht das Scheitern an die Öffentlichkeit zu geraten, greift der Verdrängungsmodus des Führungsagierens nicht mehr. Nun werden die Lichtseiten schwächer (bis unsichtbar), und die Schattenseiten breiten sich übermächtig zu einem schwarzen Loch aus. In dieser Situation scheint den Betroffenen manchmal nur noch der Weg der Selbstopferung. Die Selbsttötung von Adolf Merckle im Januar 2009, zu dessen Imperium die Firmen Ratiopharm, der Baustoffhersteller HeidelbergCement und die VEM Vermögensverwaltung gehörten, zeigt dieses Extrem. Seine Familie schreibt:

» Die durch die Finanzkrise verursachte wirtschaftliche Notlage seiner Firmen und die damit verbundenen Unsicherheiten der letzten Wochen sowie die Ohnmacht, nicht mehr handeln zu können, haben den leidenschaftlichen Familienunternehmer gebrochen, und er hat sein Leben beendet.
(o.V. 2009)

Ein Stück Hybris bleibt auch hier: Sich selbst zum Opfer auszuwählen heißt immer auch, sich als tauglich zu taxieren, die Schuld zu begleichen, die man nie allein, sondern immer mit anderen gemeinsam angehäuft hat. Angemessener wäre die Akzeptanz von Trauer über das eigene Scheitern und vorbildlich zur Einleitung kollektiver Schuldbearbeitung (vgl. Türcke 2015, S. 40).

11.5   Resümee: Der Weg zu Akzeptanz von Angst und Schrecken

In einer Welt, in der religiöse durch wirtschaftliche Heilserwartungen ersetzt werden, sind es die Top-Manager und Unternehmensführer, die qua Funktion und Rolle Zukunftsängste eindämmen, Zuversicht verkörpern, letztendlich ein Bollwerk gegen den Tod (der Menschheit) aufbauen sollen. Diese unmögliche Aufgabe wirkt wie ein Extrakt lang verdrängter traumatischer Kollektiverfahrungen aus den Kindertagen der Menschheit (Türcke 2015, S. 465). Da wundert es nicht, dass Mitglieder der Führungseliten Affekte und Gefühle aus den eigenen Kindertagen, die an diese prähistorischen Traumata erinnern oder andocken würden, vor sich selbst und vor der Öffentlichkeit weitgehend verdrängen. Die Last wird sonst zu groß.

Denn Wirtschaftseliten sind genau wie politische Eliten eingebunden in archaische Gruppenphänomene von destruktiven Ausmaßen. Unternehmen und Organisationen kontrollieren ihre Destruktivität durch eine formale Struktur. Anders agiert die unstrukturierte Masse der Öffentlichkeit. Turquet (1977) bezeichnet die Neigung zur Gewalttätigkeit als eines der wichtigsten Kennzeichen der großen Gruppe (vgl. auch Le Bon 1911/2007). Die Öffentlichkeit phantasiert bei öffentlichen Personen aus Politik Wirtschaft und Gesellschaft Hochmut, Geiz, Neid, Zorn, Wollust und Maßlosigkeit. Gleichzeitig erwartet sie, dass die Führungseliten diese gemeinen Todsünden in Schach halten, ganz so, als glaubte sie, dass die Führungseliten durch ihr Verhalten die destruktiven Emotionen der Öffentlichkeit widerspiegeln und entfachen könnten, um so den Ausbruch von archaischer Gewalt zu beschleunigen (Turquet 1977, S. 122).

Die Beispiele aus den Interviews zeigen, wie sich diese Unterstellungen in den Top-Managern und Unternehmensführern als Erfahrung aufdrängt, die Öffentlichkeit sei froh, wenn sie versagen. Sie haben das Gefühl, dass sie mit Kräften ringen, die sie daran hindern wollen, die notwendigen Konzepte zur Veränderung einer krisenhaften Situation zu finden. Diese Schwierigkeiten haben häufig zur Folge, dass sie hektischer intervenieren, als sie dies ohne den Stress von außen tun würden.

» Nicht, dass Fitschen und Jain, seit 2012 Co-Chefs im Amt (der Deutschen Bank) etwas unversucht gelassen hätten. Sie verschafften der Bank neues Kapital – und hechelten doch hinter den steigenden Vorgaben der Regulierer her.
   (o.V. 2015, S. 23)

Vom technischen Standpunkt ist dies vielleicht klug, da häufigere Interventionen einen stabilisierenden und normativen Effekt haben. Allerdings fördern sie auch die Neigung, sich als negative Projektionsfigur missbrauchen zu lassen.

Top-Manager haben dann das Gefühl, dass ganz plötzlich Wut in ihnen aufsteigt. Es ist nun ihre Aufgabe, Möglichkeiten zu finden, um über diese Gefühle zu sprechen und sie konstruktiv zu nutzen. Häufig glaubt die Öffentlichkeit nicht, dass Wirtschaftsführer sich authentisch äußern. Dann befinden sich diese in einer Sackgasse. Die ungläubige Reaktion der Öffentlichkeit schweigend über sich ergehen lassen, bedeutet, unterzugehen. Sich verbal durchzusetzen, bedeutet, Gewalt anzuwenden. Ein Weg zur Lösung dieses Dilemmas liegt in der Interpretation beider Aspekte – entweder unterzugehen oder mithilfe eines dominierenden Verhaltens zu überleben (vgl. Turquet 1977, S. 123f.).

Die Tendenz zur Gewalttätigkeit steht in Zusammenhang mit der Frage der Verantwortlichkeit. Für verbale Gewalt im Umgang mit den wirtschafts- oder auch gesellschaftspolitischen Führern scheint niemand persönlich Verantwortung zu tragen (vgl. Freud 1921). Vielmehr herrscht in der Öffentlichkeit die Vorstellung vor, die Wirtschaftsbosse könnten jeden Trick ausspielen und seien in jedem Fall die Gewinner, auf Kosten des Einzelnen. Autorität und Verantwortung werden als besondere Merkmale von Führung empfunden und gleichzeitig als Gegner bekämpft. Es hat den Anschein, als ob das Gefühl des Aufgehobenseins des Individuums in der Gesellschaft und vielleicht auch die Aufrechterhaltung des Selbstbildes des Einzelnen gerade von dem erfolgreichen Kampf gegen die Führung abhängen.

Wir sind in diesem Buch einen anderen Weg gegangen und haben die Facetten der Emotionen beleuchtet, die für Unternehmensführer tabuisiert sind (Lust, Angst, Neid, Scham, Trauer, Aggression), um so einen Raum zu öffnen, sich selbstreflexiv mit diesen Themen auseinander zu setzen. Dabei soll deutlich werden, dass das Wahrnehmen von Gefühlen, auch von den unerwünschten, nicht das Ende der Welt ist, sondern die Handlungsspielräume weitet: Die Wahrnehmung von Gefühlen bei sich selbst ist nicht mit einer (erzwungenen) Offenlegung von Gefühlen gleichzusetzen. Ganz im Gegenteil. So kann erreicht werden, dass sie nicht ausagiert werden müssen, was für die Führungskräfte selbst, die Organisation und die Öffentlichkeit viel günstiger ist. Und dann können sie ihren Auftrag erfüllen. Wohlstand zu erzeugen, um den Schrecken zu beschwören, er möge aufhören. Wer immer Wohlstand begehrt, begehrt etwas anderes: Trost, Genugtuung, Geborgenheit, Genuss, Potenz. Das ist und bleibt eine Grundbestimmung, auch wenn sie niemals erfüllt wird.

Internetquellen

1. ► https://www.facebook.com/pages/Sheryl-Sandberg/115484035170768?fref=ts (Zugriff: 15.06.2015)
2. ► http://www.handelsblattcom/unternehmen/management/portraetserie-deutschlands-wichtigste-managerinnen/4303262-all.html (Zugriff: 30.06.2015)
3. ► http://www.rp-online.de/wirtschaft/unternehmen/deutschland-ist-die-saeule-unseres-erfolgs-aid-1.3486805 (Zugriff: 30.06.2015)
4. ► http://www.faz.net/aktuell/wirtschaft/unternehmen/studie-ueber-die-besten-manager-2014-13333264.html (Zugriff: 30.06.2015)
5. ► http://www.spiegel.de/wirtschaft/milliardaer-merckle-tot-selbstmord-eines-schwaebischen-spekulanten-a-599815.html (Zugriff: 30.06.2015)
6. ► http://www.zeit.de/2015/24/deutsche-bank-john-cryan-jain-fitschen (Zugriff: 30.06.2015)
7. ► https://de.wikipedia.org/wiki/Sheryl_Sandberg (Zugriff: 30.06.2015)

Literatur

Auchter, T. & Strauss, L. V. (2003). *Kleines Wörterbuch der Psychoanalyse*. Göttingen: Vandenhoeck & Ruprecht.
Canetti, E. (1960/1992). *Masse und Macht*. Frankfurt a. M.: Fischer.
Carter, J. R., & Michael D. I. (1991). Are economists different, and if so, why? *Journal of Economic Perspectives* 5(2), 171–177.
Druyen, T. (2012). *Verantwortung und Bewährung. Eine vermögenskulturelle Studie*. Wiesbaden: Springer.
el Sehity, T. (2012). Der Preis des Erfolgs. Skizzen zur Psychologie des Vermögens und des Geldes. In T. Druyen (Hrsg.), *Verantwortung und Bewährung. Eine vermögenskulturelle Studie* (S. 147–173). Wiesbaden: Springer.
Freud, S. (1912-1913/1991). *Totem und Tabu. Einige Übereinstimmungen im Seelenleben der Wilden und der Neurotiker*. Frankfurt a. M.: Fischer.
Freud, S. (1915/1997). Die Verdrängung. In S. Freud, *Psychologie des Unbewussten* (Bd. 3, S. 103–118). Frankfurt a. M.: Fischer.
Freud, S. (1921/1993). *Massenpsychologie und Ich-Analyse*. Frankfurt a. M.: Fischer.
Freud, S. (1930[1929]/2009). Das Unbehagen in der Kultur. In S. Freud, *Fragen der Gesellschaft Ursprünge der Religion* (S. 191–270). Frankfurt a. M.: Fischer.
Goffman, E. (1994). *Interaktion und Geschlecht*. Frankfurt a. M.: Campus.
Le Bon, G. (1911/2007). *Psychologie der Massen*. Neuenkirchen: RaBaKa Publishing.
Lewkowicz, E. M., & West-Leuer, B. (2015). Coaching in Multinationalen Unternehmen - was ist anders? *OSC Organisationsberatung Supervision Coaching* 23(3), im Druck.
Marg, S., & Walter, F. (2015a). Unternehmer und Gesellschaft. Einleitende Bemerkungen zum Vorgehen und zur Methodik. In F. Walter, & S. Marg (Hrsg.), *Sprachlose Elite? Wie Unternehmer Politik und Gesellschaft sehen* (S. 9–29). Reinbek bei Hamburg: Rowohlt.
Marg, S., & Walter, F. (2015b). «The business of business is business, not civics«. Unternehmer in Deutschland – Fazit und Ausblick. In F. Walter, & S. Marg (Hrsg.), *Sprachlose Elite? Wie Unternehmer Politik und Gesellschaft sehen* (S. 286–350). Reinbek bei Hamburg: Rowohlt.

Marwell, G., & Ames, R. (1981). Economists free ride, does anyone else? Experiments on the provision of public goods, IV. *Journal of Public Economics* 15(3), 295–310.

Mead, G. H. (1934/1993). *Geist, Identität und Gesellschaft.* Frankfurt a. M.: Suhrkamp.

Micus, M. (2015). «Der Steuermann lenkt sein Schiff.« Normative Bindungen deutscher Unternehmer. In F. Walter, & S. Marg (Hrsg.), *Sprachlose Elite? Wie Unternehmer Politik und Gesellschaft sehen* (S. 242–285). Reinbek bei Hamburg: Rowohlt.

Moré, A. (2013). Die unbewusste Weitergabe von Traumata und Schuldverstrickungen an nachfolgende Generationen. *Journal für Psychologie* 21(2), 1–34.

Ockenfels, A. (1998). *Fairness, Reziprozität und Eigennutz: Ökonomische Theorie und experimentelle Evidenz.* Dissertation. Fakultät für Wirtschaftswissenschaft, Magdeburg. Tübingen: Mohr-Siebeck.

Piskorski, M. J., Eisenmann, T. R., & Smith, A. (2014). *Facebook.* HBS Cases 808-128. Cambridge: Harvard Business School Press.

Schumpeter, J. A. (1942/2005). *Kapitalismus, Sozialismus und Demokratie.* Stuttgart: UTB.

Tress, W. (1986). *Das Rätsel der seelischen Gesundheit. Traumatische Kindheit und früher Schutz gegen psychogene Störungen. Eine retrospektive epidemiologische Studie an Risikopersonen.* Göttingen: Verlag für Medizinische Psychologie im Verlag Vandenhoeck & Ruprecht.

Tuckett, D. (2011). *Minding the Markets. An Emotional Finance View of Financial Instability.* New York, N.Y.: Palgrave Macmillan.

Türcke, C. (2008). *Philosophie des Traums.* München: Beck.

Türcke, C. (2015). *Mehr! Philosophie des Geldes.* München: Beck.

Turquett, P. (1977). Bedrohung der Identität in der großen Gruppe. In L. Kreeger (Hrsg.), *Die Großgruppe* (S. 81–139). Stuttgart: Klett-Cotta.

Walter, F., & Marg, S. (Hrsg.) (2015). *Sprachlose Elite? Wie Unternehmer Politik und Gesellschaft sehen.* Reinbek bei Hamburg: Rowohlt.

Winnicott, D. W. (1965/1988). *Reifungsprozess und fördernde Umwelt. Studien zur Theorie der emotionalen Entwicklung.* Frankfurt a. M.: Fischer.

Serviceteil

E.-M. Lewkowicz, B. West-Leuer (Hrsg.), *Führung und Gefühl*,
DOI 10.1007/978-3-662-48920-8, © Springer-Verlag Berlin Heidelberg 2016

Stichwortverzeichnis

14429930R00105

Printed in Poland
by Amazon Fulfillment
Poland Sp. z o.o., Wrocław